JN412409

ST-IT CONVERGENCE

위성 지상국 융합기술

은종원 · 최명진 · 이동진 공저

지구관측위성을 중심으로

Convergent Technologies for Satellite Earth Station based on the Earth Observation Satellites

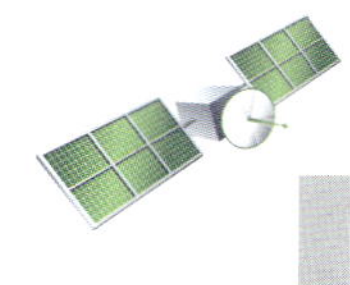

머리말

IT 기술의 발달로 세계는 지식 및 정보가 경제발전 원동력인 지식기반 정보사회로 진화해 가고 있다. 이러한 세계적 흐름 속에 우리가 앞서 나아가기 위해서, 우리는 지식기반정보화를 국가핵심정책으로 삼고 다가오는 새로운 지식정보시대를 대비해야 할 것이다.

위성을 활용한 정보획득의 장점은 직접 사람이 가지 않아도 촬영이 가능하며, 넓은 지역을 손쉽게 촬영할 수 있다는 것이다. 또한 인공위성은 발전에 발전을 거듭하여 현재 1 m 이하의 서브 미터급 광학위성과 적외선 위성, 레이더 위성, 초 분광 위성 등 다양한 센서를 탑재한 위성들이 개발되었다.

지구관측위성의 활용범위는 매우 다양하다. 대표적으로 농업, 임업, 해양, 수자원, 지도제작, 지질자원, 재해, 환경, 기상기후 등이 있다.

최근 지구온난화에 의한 이상기후현상으로 기후변화에 대한 관심이 높이지고 있다. 이러한 이상기후현상의 원인을 분석하고 앞으로의 상황을 모델링하는 등의 작업에도 위성자료를 활용할 수 있다.

미항공우주국 NASA에서는 식생지수자료, 지열자료, 토양수분자료 등 위성자료를 활용하여 작물의 스트레스지수를 분석하였다. 작물의 스트레스지수 맵을 활용하여 NASA는 작물의 생육에 최적화된 솔루션을 제공하고 있다.

한편 우리나라는 1992년 우리나라 최초의 국내위성인 우리별 1호와 1999년 우리나라 최초의 실용위성인 아리랑위성 1호 발사 이후, 지구관측위성 기술은 정보통신기술의 비약적인 발전과 함께 눈부신 성장을 해오고 있다.

특히 지구관측, 위치기반, 통신방송 서비스 등의 실용 서비스 부문과 항법, 우주과학 등의 과학응용부문에서 균형 있게 발전해 오고 있다. 그 동안 우리나라 정부가 국가우주개발중장기계획을 수립하고 이를 바탕으로 전문연구소, 산업체 그리고 학계와 협력을 통하여 우주기술 연구개발에 막대한 자원과 노력을 투입했기에 가능한 결과라 하겠다.

또한 우주기술은 "항공우주, 전기전자, 정보통신, 재료, 기계, 물리, 화학 및 컴퓨터 등의 첨단과학기술 집합체로서 막대한 경제 · 산업적 효익 뿐만 아니라, 국가의 기술수준과 위상을 나타내는 종합 지표"라고 한다. 이는 과학기술계 뿐만 아니라 사회적으로 공감대가 형성되었다는 점도 국내우주사업의 급성장에 주요 요인으로 볼 수 있다.

본 책자는 이러한 취지로 지구관측위성 지상국 개발 계획 수립 시 기초자료로 활용하고자, 국내외 지구관측위성 기술 변화를 분석하고 주요 지구관측위성 지상국기술의 개발동향을 분석하여 향후 발전 방향을 조명하였다.

아무쪼록 본 책자가 지구관측위성 및 우주산업 관계자 또는 위성 지상국 융합기술을 공부하는 학생들에게 유익한 정보로 활용되길 희망한다.

끝으로 본 책자가 완성될 때까지 물심양면으로 도와주신 사랑하는 가족, 위성통신 및 우주산업 관계자 여러분과 본 책자가 적시에 편집될 수 있도록 도움을 준 남서울대학교 대학원 정보통신공학과 이은규, 이병수 조교 그리고 도서출판 영 종사자 여러분들에게 진심으로 감사를 전한다.

2015년 12월

남서울대학교 정보통신공학과 교수 은종원
(주)인스페이스 대표이사 최명진
(주) 하이게인 안테나 상무 이동진

차례

제6부 위성정보가치

제1부

지구관측위성

제1장

지구관측위성의 역사 및 운용 현황

1.1 지구관측위성의 역사

지구관측위성(Earth observation satellites)은 지구 궤도를 돌면서 지구를 관측하는 인공위성을 말한다. 군사용 정찰 위성과 비슷하나, 자원 탐사, 환경 감시, 지도 작성 등 비군사용 목적으로 사용되는 인공위성이다.

지구관측위성은 기본적으로 물과 에너지의 순환, 대양의 변화, 대기의 화학반응, 지표면, 그리고 극지역의 얼음 등을 연구함으로써 이들이 기후에 미치는 영향과 환경의 변화를 예측하게 한다. 특히 우주로부터의 지구관측은 지표면이 얼마나 명확하게 동적으로 변화하는가를 보여 줄 수 있다. 지구관측위성의 영상은 도시나 농촌개발계획 입안자들에게 환경에 미치는 영향을 최소화하도록 도와준다. 삼림회사들은 다음 수백 년 동안 산림이 잘 성장하도록 벌채와 식목을 하는 데 이러한 원격탐사데이터를 이용한다. 한편 농업에 종사하는 사람들은 토양과 수자원을 보존하는 정밀농업을 수행하기 위해 위성데이터를 이용한다. 이 정보들은 지구환경을 보전하는 데 크게 공헌하고 있으며 실생활에도 많은 도움을 주고 있다.

지구관측위성에 탑재되는 관측 장비로는 가시광역 센서, 적외선 센서, 수직온도 분포 관측 센서, 전파 센서, 레이더 등이 있다.

다음 그림 1-1은 미항공우주국 NASA와 JAXA가 공동 개발한 지구관측위성 ALOS의 형상이다.

그림 1-1 NASA와 JAXA가 공동 개발한 지구관측위성 ALOS [출처: NASA]

바다의 바람은 파도부터 대형 해류까지 바닷물의 움직임을 좌우하는 힘이다. 지구관측위성이 보내주는 해양풍 데이터를 이용하면 해양풍이 대기와 해양 사이의 열, 습기 그리고 온실효과 가스의 교환에 미치는 영향 등을 감시할 수 있다. 이는 지역의 기후 패턴과 전 지구의 날씨를 예측하는 데 이용된다.

해양관측 카메라를 이용해 태양빛이 도달하는 해양표면 근처에 부유하는 플랑크톤 색깔의 변화를 살필 수 있다. 이를 통해 바다의 건강 상태와 화학 반응, 어군의 형성을 예측할 수 있다. 어부들이 이 정보를 이용하면 고기잡이를 훨씬 수월하게 할 수 있다.

다음 그림 1-2는NASA의 지구관측위성 Terra MODIS 센서를 이용하여 획득한 2005~2008년 7월 평균 구름의 양이다.

지구관측위성의 고해상도, 고정밀 영상은 전자지도 제작에도 이용된다. 이는 기존 지도의 축적도를 높여 지도를 더 정밀하게 만들 수 있게 한다.

대표적인 지구관측위성은 미 항공우주국(NASA)의 랜샛(Landsat) 위성이다. 이 위성은 1972년 7월 고도 900 km의 태양동기궤도로 발사돼 하루에 14회씩 지구를 돌면서 지구를 관

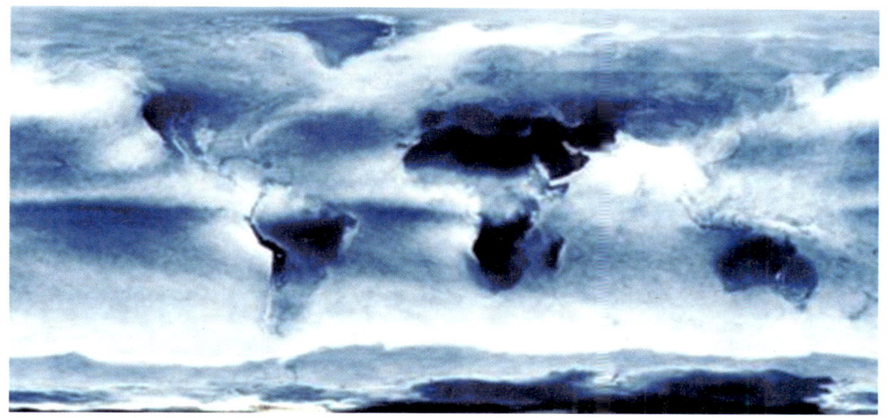

그림 1-2 NASA의 지구관측위성 Terra MODIS 센서를 이용한 영상 사진 [출처: NASA]

측했다. 이 위성은 18일마다 같은 시간에 같은 지점을 통과할 수 있어 동일한 장소의 변화를 계속 관찰할 수 있게 하였다.

우리나라 최초 지구관측위성인 아리랑 1호는 1999년 12월에 발사돼 2008년 2월까지 지구를 돌며 관측영상을 제공했다.

2006년 7월 발사된 아리랑 2호는 1 m급 해상도를 갖춘 800 kg급 지구 저궤도용 정밀실용위성으로 해양오염, 자원탐사, 농업재해 모니터링, 해양 적조 감지, 정밀지도제작 등에 활용되고 있다.

2012년 5월 18일 일본의 다네가시마 우주센터에서 H2A 로켓에 실려 발사된 아리랑 3호 위성은 버스와 승용차를 구분하는 아리랑 2호의 해상도에 비하여 2배 이상 정밀한 해상도를 갖추었으며, 위성체의 고속 자세제어 기동 능력도 향상되었다.

아리랑 3호 위성영상 정보는 지리정보시스템(GIS) 구축 및 환경 · 농업 · 해양 등의 관련 분야에 활용되고 있다.

2013년 8월 22일 러시아 야스니 발사장에서 발사된 아리랑 5호는 아리랑 1호와 아리랑 2호와는 달리 SAR(Synthetic Aperture Radar)가 부착되어 있어 날씨에 상관없이 전천후로 지구 관측이 가능하다. 해양 유류사고, 화산 폭발 같은 재난 감시와 지리정보시스템(GIS) 구축 등에 활용되고 있다.

2015년 3월 26일 발사된 아리랑 3A호는 밤낮과 날씨에 상관없이 24시간 지구를 관측할 수 있는 아리랑 3A호는 55 cm급 고해상도 전자광학 카메라와 5.5 m급 적외선 센서를 이용해 정밀하게 지구를 관측하는 위성이다. 현재 운용 중인 70 cm급 아리랑 3호에 비해 해상도가 2배 이상 높고, 세계에서 네 번째로 적외선 영상 탑재체를 장착해 야간이나 악천후에도 고해상도 영상을 확보할 수 있다.

다음 **표 1–1**은 지구관측위성을 이용한 지구관측표를 나타낸다.

표 1–1 지구관측표

1957~1961	미 국	• 1959년 8월 – 익스플로러6호 지구 사진 최초 촬영 • 1960년 4월 – 타이로스1호, 최초 기상 위성 • 1960년 8월 – 디스커버러14호, 지구 사진 필름 최초 회수
1962~1966	러시아	• 1962년 4월 – 코스모스4호, 소련 최초 (군) 원격탐사위성
	미 국	• 1964년 8월 – 님부스(Nimbus) 1호, 최초 기상연구 위성 • 1965년 11월 – GEOS–A, 최초 측지 위성 • 1966년 2월 – ESSA–1, 최초 운용 기상 위성
	유 럽	• 1966년 2월 – Diapason, 프랑스 최초 측지 위성
1967~1971	러시아	• 1967년 2월 – 코스모스144호, 소련 최초 기상 위성
1972~1976	러시아	• 1975년 9월 – 코스모스771호, 소련 최초 지구 자원 위성
	미 국	• 1972년 7월 – Landsat 1호, 최초 민간 지구관측 위성 • 1974년 5월 – SMS–1, 최초 지구 정지 궤도 기상 위성
	유 럽	• 1975년 2월 – Starlette, 프랑스 레이저 역반사 위성
1977~1981	미 국	• 1978년 6월 – Seasat, 최초 해양 위성 • 1979년 2월 – SAGE, 최초 대기오염 관측 위성
1982~1986	유 럽	• 1982년 7월 – Spot Image, 최초 우주 영상 회사 • 1986년 2월 – Spot 1호, 프랑스 최초 원격탐사위성
	그 외	• 1982년 4월 – Insat 1A, 인도 최초 지구정지궤도 기상 위성
1987~1991	러시아	• 1987년 7월 – 코스모스1870, 소련 최초 레이더 원격탐사위성
	미 국	• 1991년 9월 – UARS, 최초 대기연구용 대형 위성
	유 럽	• 1991년 7월 – ERS–1, ESA 최초 레이더 원격탐사위성
	그 외	• 1987년 2월 – MOS–1a, 일본 최초 지구관측위성 • 1988년 9월 – Ofeq 1호, 이스라엘 최초 원격탐사위성 • 1988년 9월 – Feng Yun 1A, 중국 최초 기상 위성

1992~1996	러시아	• 1994년 10월 – Elektro 1호, 러시아 최초 지구정지궤도 기상 위성 • 1995년 8월 – Sich 1호, 우크라이나 최초 해양 위성
	미 국	• 1996년 7월 – TOMS-EP, 최초 오존 감시용 위성
	유 럽	• 1992년 8월 – 토펙스-포세이돈(Topex-Poseidon), 미국-프랑스 공동 해양 위성
	그 외	• 1995년 11월 – Radarsat 1호, 캐나다 최초 레이더 원격탐사위성
1997~2000	미 국	• 1999년 9월 – Ikonos 1호, 최초 상업용 원격탐사위성
	그 외	• 1997년 6월 – Feng Yun 2A, 중국 최초 지구정지궤도 기상 위성 • 1999년 5월 – Oceansat 1호, 인도 최초 해양 위성 • 1999년 10월 – CBERS-1호, 최초 중국/브라질 공동 원격탐사위성 • 1999년 12월 – 아리랑1호, 한국 최초 지구관측위성
2001~2006	유 럽	• 2001년 10월 – Proba 1호, ESA 소형 원격탐사 시연 위성 • 2001년 12월 – Jason 1호, 미국-프랑스 공동 해양 위성 • 2002년 3월 – Envisat, ESA 대형 환경 위성 • 2002년 8월 – MSG-1, 유럽 2세대 지구정지궤도 기상 위성Apr • 2006년 4월 – Calipso, 미국-프랑스 공동 대기 위성 • 2006년 10월 – MetOp 1호, 유럽 최초 태양-정지궤도 기상 위성
	그 외	• 2002년 5월 – Hai Yang 1A, 중국 최초 해양 위성 • 2004년 5월 – RoCSat 2호, 대만 최초 원격탐사위성 • 2006년 4월 – Yaogan 1호, 중국 최초 레이더 원격탐사위성
2007 이후	유 럽	• 2007년 6월 – Cosmo-SkyMed 1호, 이탈리아 레이더 원격탐사위성 • 2007년 6월 – TerraSAR-X, 독일 레이더 원격탐사위성
	그 외	• 2010년 6월 – 천리안위성 1호, 한국 정지궤도 통신 · 해양 · 기상위성 • 2012년 5월 – 아리랑 3호, 한국 초고해상도(70 cm급) 지구관측위성 • 2013년 8월 – 아리랑 5호, 한국 최초 SAR 지구관측위성 • 2015년 3월 – 아리랑 3A호, 한국 최초 IR 지구관측위성

1.2 지구관측위성의 운용현황

아프리카 북부의 사하라사막(Sahara-Desert)은 옛날부터 사막이 아니었고, 기후 등의 영향으로 지표토양의 수분(水分)이 점차적으로 줄어진 것이 원인이다. 만약에 지구의 어느 지역에서 그 같은 이변이 생기면 안 되기 때문에 그 예방조치의 일환으로 지구 전체 토양 수분의 변동을 인공위성(지구수분관측위성, SMAP; Satellite, Moisture Active Passive)을 활용하여 감시함으로써, 사막화예방을 하자는 것이 미국 NASA의 계획이었다.

위성 'SMAP'은 마이크로파를 이용하는 2대의 센서가 탑재되어 2일마다 지구표층 5 cm의 수분의 양을 측정한다. 'SMAP'로 측정된 위성정보에 따라 토양수분지도를 작성해서 한발의 조기경계경보를 낼 수 있게 한다. 한발 발생의 예측이 가능하게 되면, 농가에서의 취수 계획 변경이나, 농작물의 파종 시기 조정 등으로 한발대책을 미리 강구할 길이 열리게 되었다.

아리랑 2호는 2006년 7월 28일 대한민국의 한국항공우주연구원(KARI)가 발사한 다목적 실용위성(KOMPSAT−2)이다. 대한민국이 개발한 10번째 인공위성인 이 위성은 러시아의 플레세츠크 우주 기지에서 ICBM을 개량한 흐루니체프사의 고체 연료 추진 방식 발사체인 로콧(ROCKOT)에 실려 고도 685 km로 발사되었다. 아리랑 2호는 지구 위 685 km의 궤도를 하루 열네 바퀴 반씩 공전하도록 설계되었다.

우리나라는 아리랑 2호의 성공으로 미국, 러시아, 프랑스, 독일, 이스라엘, 일본에 이어 세계 7번째 1미터급 해상도 관측 위성 보유국이 되었다.

오늘날 지구관측위성 기술은 가정과 직장에서 새로운 응용분야로 움직이게 하는 정보혁명을 주도한다. 이러한 정보의 필요성은 전자지도를 만드는 매핑(mapping)기술의 개발을 유도하고 있다.

최근에는 지구관측위성을 활용한 고해상도영상사업이 미국 정부의 적극적인 지원과 방위산업체의 주도로 이루어지고 있다. 이러한 고해상도 첨단위성영상의 제한 없는 취득과 국제사업화는 조만간 지구촌의 영상정보 네트워크화를 가능하게 할 것이다. 고해상도와 고정밀도 영상에 의한 정보는 기존지도제작의 축척(縮尺)을 향상시킴은 물론 저해상도의 판독한계를 자동화, 수치화함으로써 우리 생활에 여러 가지의 응용분야를 창출시킬 것이다. 이에 대한 예는 다음과 같다.

- 약 2,400 : 1의 3차원 정밀 전자지도 제작
- 삼림의 정량적 관리 및 운용
- 농산물 상황파악 및 경제성 유지
- 도시계획 및 지적도 제작

- 해양자원의 보호와 관리
- 각종 재해와 같은 비상사태 상황관리 및 대비
- 안보와 국방정보의 수집 및 관리
- 통신시스템(기지국 설치 등)의 효율적인 운용 등

다음 그림 1-3은 우리나라 아리랑호 위성 활용 사례를 나타낸다.

지구관측위성인 미국의 랜셋(Landsat)과 프랑스의 스폿위성은 다양한 파장에서 영상을 수집한다. 이들은 농작물의 작황을 보거나 지구자원을 탐사하고, 지구환경과 지구의 변화를 연구하는 데 이용된다. 그 밖에도 IRS, JERS, 레이더셋(Radarsat), 그리고 우리나라의 한국항공우주연구원에서 개발한 아리랑위성이 지구관측위성에 해당한다. 지구관측위성은 고성능광역카메라나 CCD를 이용한 전자광학카메라 또는 합성개구레이더와 같은 최첨단 장비를 사용한다.

1990년대 초 미 정부에서는 고해상도 위성영상에 대한 상용판매를 허용함으로써 각국에서는 1 m급 상용고해상도 위성영상을 개발하여 영상의 상용화를 추진하기 시작하였다. 지리정보시스템(GIS)을 구축하기 위해 고해상도의 위성영상을 사용하는 것은 중요한 응용 중의 하나이다. 우리가 흔히 보는 지도는 25,000:1의 축척을 가진 2차원 선형지도지만, 1 m급 위성영상을 활용하면 2,400:1의 3차원 전자지도를 만들 수 있다. 이 정도면 2 m 이내의 정밀도를 지닌다.

'제2경부고속도로를 어떻게 낼까' 혹은 '이동통신 기지국을 어디에 설치할까' 등의 일을 위해 지금까지는 사람이 일일이 측량을 해야 했다. 그러나 1 m급 3차원 위성영상을 이용하면 컴퓨터 화면을 보면서 마우스로 클릭만 하면 된다. 3차원으로 이뤄져 있기 때문에 산과 같은 장애물을 쉽게 파악할 수 있고, 컴퓨터를 이용한 다양한 시뮬레이션을 해볼 수 있는 것이 장점이다.

나무와 같이 일반 지도상에 표시되지 않는 것도 관리할 수 있다. 나무의 뿌리는 커가면서 가스관이나 배수관 등을 망가뜨리는데, 위성영상은 나무가 있는 곳을 파악함으로써 배관들의 위험성을 미리 알 수 있다. 수해가 날 경우에는 나기 전과 난 후의 상황을 위성영상을 통해 비교할 수 있기 때문에 보험금을 산정해야 하는 보험회사나 피해액을 집계해야 하는 정부에 큰 도움이 된다. 물론 지진이나 화재 시에도 마찬가지이다. 이처럼 1 m급 위성영상은 도로건설, 재난관리, 농작물의 작황파악, 산림자원관리, 도시계획, 수자원관리 등 그 쓰임새

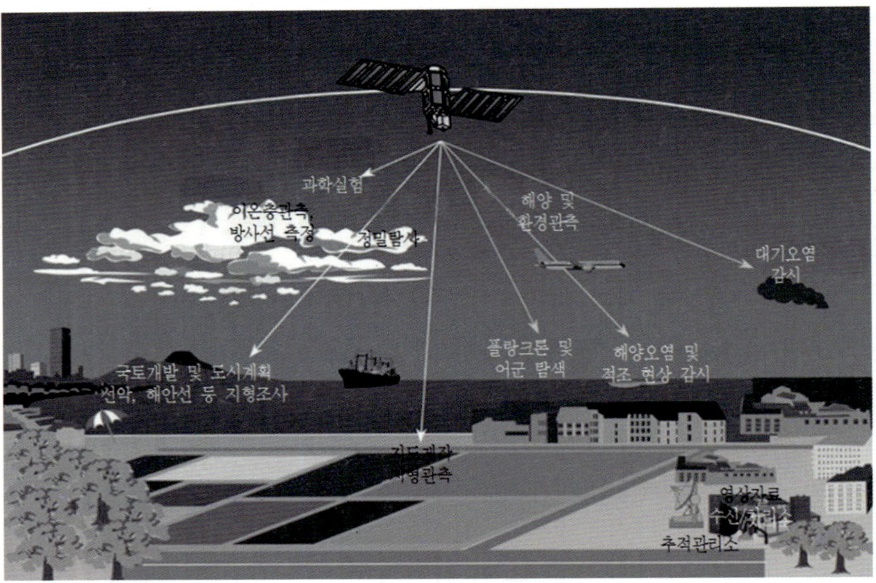

그림 1-3 저궤도위성인 아리랑호 위성 활용 사례

가 많다. 시간과 인력의 효율성과 경비절감이라는 두 마리 토끼를 잡게 해주기 때문이다.

제2장

지구관측위성 시스템

2.1 버스체

다음 그림 1-4는 위성의 일반적인 구조를 나타낸다. 인공위성은 탑재체와 버스체로 구성되고 버스체는 구조/열제어계, 전력계, 자세제어계, 원격계측추적 명령계, 추진계의 부분체로 나뉘어진다. 자세제어계는 자이로(Gyro), 반작용휠(reaction wheel), 센서(sensor) 등으로 구성된다.

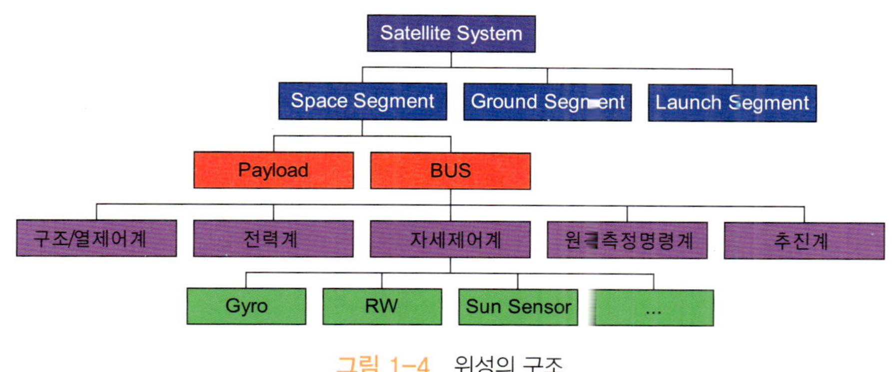

그림 1-4 위성의 구조

구조계는 실제 위성의 뼈대를 말하며, 탑재체와 버스시스템에 안정적이고 강력한 플렛홈(platform)과 패널(panel)을 제공한다.

열 제어계는 온도 균형과 모든 서브시스템의 적절한 성능 발휘를 위해서 필요하다. 고온에 의한 열응력은 태양 때문에 발생하며, 저온에 의한 열 응력은 태양빛이 보이지 않는 동안에 일어난다. 또한, 열 제어계는 위성이 임무를 수행하는 동안 어떠한 열 환경 하에서도 모든 위성 부품/시스템이 적정 온도범위를 유지하도록 하는 것으로 능동 열 제어와 수동 열 제어 방식이 있다.

자세 및 궤도제어계는 궤도에서 위성체의 자세 및 궤도에 영향을 미치는 교란 요소에 대해 임무수행 중 원하는 방향으로 위성체를 지향시키며 안정화시킨다. 외부교란에 의해 발생하는 자세오차를 감지하기 위해서는 각종 센서들을 사용한다.

전력계는 위성이 1년 365일, 하루 24시간 내내 계속되는 전력공급원을 제공하는 장치로, 대부분의 위성에 장착하는 주전력원은 태양전지 및 고성능 배터리이다.

전력계의 기능은 위성체 운용기간중 소요 전력의 생성 및 저장과 생성된 전력의 조절 및 분배한다. 전력원은 태양전지판, 배터리 등이다. 전력계는 태양전지판에서 전력을 얻고 축전지에서 그 전력을 저장하며 전력분배 장치에서 위성의 각 시스템에 전력을 분배하며 지나친 전력을 차단하기 위해서 전력조절 및 제어하는 기능이 있다.

추진계는 위성의 자세 및 궤도제어계의 기능을 수행하기 위한 속도 및 토크 제어를 제공하여 주며, 원지점 진입 모터(Apogee Kick Motor; AKM)를 이용하여 위성을 저궤도에서 보다 높은 궤도 또는 원하는 임무궤도로 전환하는 기능이 있다. 또한, 추진계는 궤도상에서 위성의 위치유지, 궤도전이 및 자세제어용 추력 및 토크를 제공한다.

원격계측, 추적 및 명령계는 지구의 지상국과 데이터를 연속적으로 주고받을 수 있게 하며, 지상의 제어국이 위성을 추적하여 위성의 건강상태를 검사하는데 필요하다. 또, 중계기(transponder)의 송수신 전환과 여타의 장치 사이의 변환 등과 같은 다양한 일을 수행하도록 명령을 보낼 수 있게 한다. 또한, 원격계측, 추적 및 명령계는 지상으로부터의 원격명령을 수신해서 위성에 분배하며, 위성의 상태를 지상으로 전송하는 기능이 있다.

다음 그림 1-5는 아리랑위성 3호 형상이다.

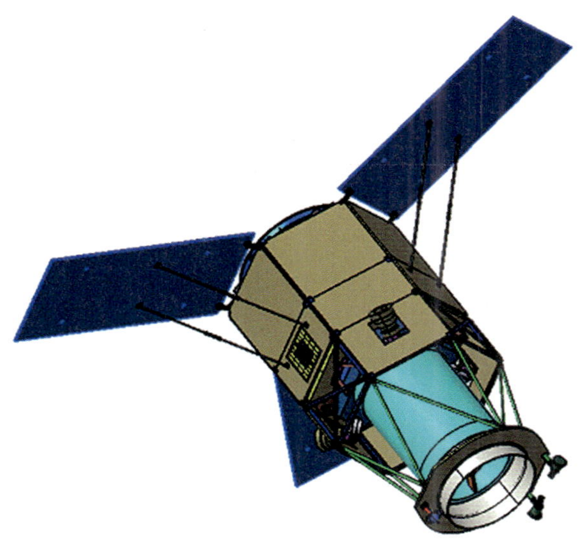

그림 1-5 아리랑위성 3호 형상 [출처: 한국항공우주연구원(KARI)]

천리안위성 개발 종료시점에서의 기술자립화 수준은 표 1-2와 같다.

다음 표 1-3은 버스체 기술 분야별로 국내 기술자립도와 기술성숙도(TRL; Technical Readiness Level)을 비교하였다.

국내 기술진이 주도한 시스템, 기계 구조계, 열 제어계 그리고 AIT 기술은 천리안위성 개발과 다목적 실용위성 개발에서 입증이 되어 TRL 8로 평가된다. 전력계와 원격측정 명령계는 저궤도 위성 기술에서는 TRL 9에 해당하는 기술을 보유하고 있지만 정지궤도 위성기술에는 적용 한 바가 없는 실정이며 이 분야의 기술은 서로 대등한 기술이나 우주환경과 수명 측면에서 차이점이 존재하고 있다. 추진계는 저궤도 위성 기술과는 상당한 차이가 존재하며 아직 국내에서 설계 및 제작이 전무한 상태이나 관련 기술의 개념이나 기술적용에 대하여 공식화 하고 있는 실정이므로 TRL 2로 분류된다. 자세제어 기술은 다목적 실용위성 개발에서 많은 경험을 하였음에도 불구하고 각 시스템마다 다르게 적용되는 로직 개발과 성능 검증환경이 아직 조성이 되어 있지 않으므로 TRL 3에 해당된다. 비행소프트웨어는 일반적으로 알고리즘을 개발하거나 코딩을 하는 기술은 상당한 수준에 있으나 이 분야 역시 자세제어계와 동일하게 시스템에 따라 각각 다른 고유 기술이 있고 위성의 고유 모델에 속해 있는 기술 분야로써 기술의 입증이나 검증이 상당히 중요한 기술 완숙도의 기준이 된다.

표 1-2 정지궤도 위성 버스체 기술자립화 수준

분야	통신해양기상위성 개발 착수 시점 기술자립화 수준(%)	통신해양기상위성 개발 종료시점 기술자립화 수준(%)
시스템	72	72
기계/구조계	77	76
열제어계	73	73
추진계	43	46
자세제어계	62	62
전력계	63	66
원격측정명령계	67	69
관측자료송수신계	71	70
탑재소프트웨어계	73	77
관측영상보정 시스템	71	74

[기술 자립화 수준 산출근거: KARI 정지궤도위성 국산화 전략]

표 1-3 위성 버스체 기술성숙도

기술 분류	국내기술 자립화 수준(%)	TRL*
시스템	72	8
기계구조계	76	8
열제어계	73	8
추진계	46	2
자세제어계	62	3
전력계	66	6
원격 측정 명령계	69	6
비행소프트웨어	77	2

[TRL 산출근거: KARI 추정치]

2.2 탑재체

현재 인류는 다양한 환경적 문제에 직면해 있다. 과다한 화석연료의 사용, 자원 개발을 통한 지표면의 변화, 물 사용량의 증가 등은 인류로 하여금 온실효과 및 지구전역의 기후변화(엘리뇨, 라니냐 등)를 경험하게 하고 있는 것이 현실이다.

이런 환경적 문제에 대한 현상파악 및 해결책의 마련을 위해 지구전역에 대해 장기간에 걸친 관측 자료가 필요하다. 이런 요구에 부합하는 것이 바로 위성을 이용한 지구관측이다. 지구관측위성이란 지구상공의 궤도에서 지구 표면, 대기, 해양 등을 관측하는 위성을 의미한다.

TIROS 위성의 성공을 바탕으로 한 1964년 8월 NIMBUS-1호 위성의 발사를 기점으로 NIMBUS 위성계획이 시작되었다. NIMBUS 위성은 세계 기상연구를 위해 TIROS 위성의 후속 기술시험위성으로서 계획되었으며, 지표면 관측 및 대기 관측 등 서로운 원격탐사의 장을 제시하였다.

본격적인 지구관측위성으로는 미국의 LANDSAT이 효시라고 할 수 있다. LANDSAT은 NIMBUS를 바탕으로 개발되었으며, 1972년 발사된 LANDSAT-1은 지구상공 910 km의 고도에서 103분의 주기로 지구궤도상에서 관측을 수행 하였으며, 흑백 40 m 그리고 컬러 79 m의 해상도를 갖는 탑재체를 보유하였다.

LANDSAT 시리즈 이외에 지금까지 개발 되어온 주요 지구관측위성으로는 프랑스의 SPOT 시리즈, 인도의 IRS 시리즈와 최근 발사된 미국의 고해상도 상용의성인 IKONOS, Quick Bird, OrbView 등이 있으며, 레이더 관측위성으로는 1978년 발사된 미국의 SEASAT 이후 캐나다의 RADARSAT, 유럽의 ERS 및 ENVISAT, 일본의 JERS 등이 대표적이다.

우리나라의 경우 1999년 지구관측위성인 다목적실용위성 1호(흑백해상도 6.6 m)과 2006년 다목적실용위성 2호(흑백 해상도 1 m, 칼라 해상도 4 m)를 발사하여 운용하였다.

관측 탑재체의 세계적인 기술 발전 추세를 따라가며, 우리나라 상황에 갖는 관측 탑재체 개발이 요구된다. 그리고, 전 지구적 환경보호라는 대명제하에 국제협력에 의한 지구관측위성 개발계획이 추진되어 지구관측 자료의 교환, 탑재체(센서) 및 위성의 공동개발 등이 폭넓게 행해지고 있으며, 유럽우주기구(ESA)의 환경관측위성 ENVISAT이나, 미국과 일본 등이 공동개발한 열대 강우량관측위성(TRMM)이 그 대표적인 사례이다. 보다 효과적인 협력 체계를 구축하기 위하여 지구관측위성위원회(CEOS; Committee on Earth Observation Satellites) 등을 통해 전 지구적 환경관측임무 등이 계획되고 있다.

저궤도 지구관측위성 탑재체는 꾸준한 인공위성 프로그램 진행을 통하여 상당부분 기술 자립화를 이룬 것으로 평가할 수 있다. 한국항공우주연구원의 자체평가에 따르면 2009년을 기준으로 다목적실용위성2호의 본체와 탑재체 기술자립도는 각각 79%와 43%이다. 지구관측위성 기술 개발이 초기에 시스템 기술 개발에 중점이 두어졌던 것을 고려하면, 탑재체 기술 자립도가 50% 미만인 것은 당연하다고 볼 수도 있다. 하지만, 선진국과의 공동개발로 습득된 탑재체 기술을 기반으로 충분히 자체 개발이 가능하다고 판단된다. 다만, 지구관측위성 탑재체, 즉 많은 관측 센서들 중에서 우리나라 실정에 맞는 것을 우선 개발하여야 할 것이다.

현존하거나 개발예정인 지구관측위성의 탑재체는 관측 특성에 따라 다음 **표 1-4**과 같은 14개의 군으로 나뉠 수 있다.

표 1-4 관측 특성에 따른 탑재체 분류

번호	분류
1	Atmospheric chemistry instruments (대기화학조성 관측 탑재체)
2	Atmospheric temperature and humidity sounders (대기온도 및 습도 관측 탑재체)
3	Cloud profile and rain radars (구름 분포 및 강우 관측 탑재체)
4	Earth radiation budget radiometers (지구복사 관측 탑재체)
5	High resolution optical imagers (고해상도 광학 탑재체)
6	Imaging multi-spectral radiometers(vis/IR) (지구대기와 표면 관측 탑재체)
7	Imaging multi-spectral radiometers(passive microwave) (전천후 지표면 관측 탑재체)
8	Imaging microwave radars (레이더이용 관측 탑재체, SAR)
9	Lidars (레이저 이용 관측 탑재체)
10	Multiple direction/polarization instruments (다기능/편광 관측 탑재체)
11	Ocean color instruments (해양관측 탑재체)
12	Radar altimeters (지구표면 형상분포 측정 탑재체)
13	Scatterometers (해양 표면 풍향/풍속 측정 탑재체)
14	Gravity, magnetic field, and geodynamic instruments (지구자장 및 중력 측정 탑재체)

광학 관측 위성의 성능은 크게 주파수 해상도, 공간 해상도 및 관측폭(swath width)에 의해 결정된다. 주파수 해상도가 높은 광학 탑재체의 경우 동일한 사물에 대하여 많은 정보를 추출할 수 있으므로 사물을 구분하는데 용이하며 이러한 이유로 국토 관리, 농업 및 군사 분야에 널리 사용되고 있다.

1970년대 이후 다대역 스캐너가 개발되어 사용되고 있으며, 현재 초광대역(hyper-spectral) 센서가 개발되어 지구관측 분야에 활용되고 있다. 초광대역 탑재체인 Hyperion은 NASA의 new millenium 시리즈 중 하나인 EO-1의 탑재체로 사용되고 있으며 0.4부터 2.5 μm의 주파수 대역을 220개 채널로 나누어 관측 대상의 주파수 응답을 관측한다. 공간 해상도는 대상물의 크기와 관련된 해상도로써 공간 해상도가 높은 센서는 작은 물체를 쉽게 식별할 수 있다. IKONOS는 1 m의 해상도를 갖고 있다. 위성 저장 장치의 저장 능력과 관측폭, 공간 해상도, 주파수 해상도는 서로 밀접한 관련을 가지고 있다. 대부분의 경우 데이터 저장 장치의 한계와 데이터 전송 능력의 한계로 인하여 공간 해상도가 높거나 주파수 해상도가 높은 탑재체를 사용하는 경우 상대적으로 좁은 영역에 대해서만 관측 데이터를 저장할 수 있다.

광학 관측 위성 개발은 기존의 임무를 연속적으로 수행하면서 동시에 보다 효율적인 임무를 수행하기 위한 탑재체 개발과 위성 본체 개발에 집중되고 있다. 지구 전역 관측을 위하여 공간 해상도를 향상시키면서 이와 동시에 넓은 관측폭을 갖도록 탑재체 및 영상저장 시스템이 개발되고 있다. 또한 특정 지역에 대한 정밀 관측을 수행하기 위하여 공간 분해능이 높은 탑재체 개발과 주파수 해상도 및 분광분해능이 높은 초광대역 탑재체 개발이 진행되고 있다.

SAR 위성은 광학 관측 위성과 달리 전천후 관측이 가능하며, 광학 관측 위성과 상호 보완적으로 활용 가능하여 많은 연구가 진행되고 있다. RADARSAT은 1995년 발사되어 원격 관측 정보를 전세계 사용자에게 제공하고 있다. RADARSAT은 45 km에서 500 km의 관측폭을 가지고 있으며 10~100 m의 공간 해상도와 20°~50°의 경사각으로 관측을 수행할 수 있다. SAR 위성에 의해 얻어지는 관측 데이터는 농업, 홍수, 산림, 지리, 해양, 환경 및 지도 제작 등 다양한 분야에 활용되고 있다. 특히 SAR 위성의 경우 데이터 처리를 하여야만 물리적인 의미를 찾을 수 있으므로 활용분야에 대한 연구도 활발하게 이루어지고 있다. 위성에서 방사하는 전파 신호와 대상에 반사되어 위성체에 들어오는 신호의 주파수 특성과 시간

지연 등의 정보를 처리하여야 영상을 얻을 수 있다.

SAR 위성은 전세계적인 위성 영상 활용을 위하여 사용자 요구에 적합한 대역폭 및 해상도를 갖도록 개발이 이루어지고 있으며, 다양한 분야에서 활용하기 위하여 10 m급 해상도에서 3 m급 해상도의 위성 개발이 진행 중이다. RADARSAT-2는 3 m급의 영상을 획득할 수 있도록 개발되고 있다. 또한, SAR 위성의 경우 광학 관측 위성과는 달리 자료처리가 필수적으로 요구되며 이러한 이유로 자료처리 및 활용에 대한 연구도 활발하게 진행되고 있다.

또한 다양한 임무를 수행하기 위해 새로운 방식의 레이저 탑재체(Lidars, LIght Dection And Ranging instruments) 등도 개발되었다. 최초의 위성탑재 레인징과 고도계 라이더는 GLAS로 2003년 1월에 발사(2010년 9월에 종료)된 NASA의 ICESat에 탑재 되었으며, 얼음 지형의 변화와 구름과 대기 특성을 연구하였다. 2006년 4월에 CALIOP 후방산란 라이더가 발사되어 구름과 에어로솔 특성을 측정하고 있다. ESA는 현재 ADM-Aeolus와 EarthCARE 두 개의 레이져 위성을 제작하고 있다. ALADIN의 고 주파수 해상도 도플러 바람 라이더는 ADM-Aeolus에 탑재되어 전세계적으로 직선방향의 바람을 측정한다. EarthCARE에 탑재된 ATLID 고 주파수 해상도 라이더는 구름과 에어로솔 광학 특성을 측정한다.

LANDSAT 위성 계열과 같이 넓은 지역을 관측하기 위하여 낮은 공간 해상도와 큰 관측폭을 갖는 위성, 높은 주파수 해상도를 가지고 있는 위성, 주파수 해상도는 낮지만 높은 공간 해상도를 가지고 있는 위성 및 레이더 위성 등으로 분류된다.

2.3 위성관제

위성관제시스템은 다음 그림 1-6과 같이 구성될 수 있다. 위성관제시스템은 정지궤도 위성으로부터 오는 원격측정 신호를 수신하여 처리하여 운영자가 위성의 상태를 감시할 수 있도록 하는 기능, 관제 운영자가 위성의 임무운영을 위해 위성에게 보낼 명령을 편집하여 명령신호로 바꾸어서 위성에 보내는 기능, 위성의 위치를 안테나로 추적하고 위성과의 거리측정을 통해 위성의 궤도를 결정하여 위성이 일정한 정지궤도 구간이 있을 수 있도록 궤도유지를 수행하는 기능, 그리고 위성의 컴퓨터로 시뮬레이션 해서 원격명령을 검증하거나 위성의 이상상태를 분석하는 기능으로 구성된다. 위와 같은 각종 관제시스템의 기능들을 TT&C, 실시간운영, 비행역학, 위성 시뮬레이터와 같은 네 개의 서브시스템으로 구성할 수 있다.

이와 같은 위성관제시스템은 주–부 관제시스템으로 운영되며 주관제 시스템과 부관제시스템의 구성은 동일해야 한다.

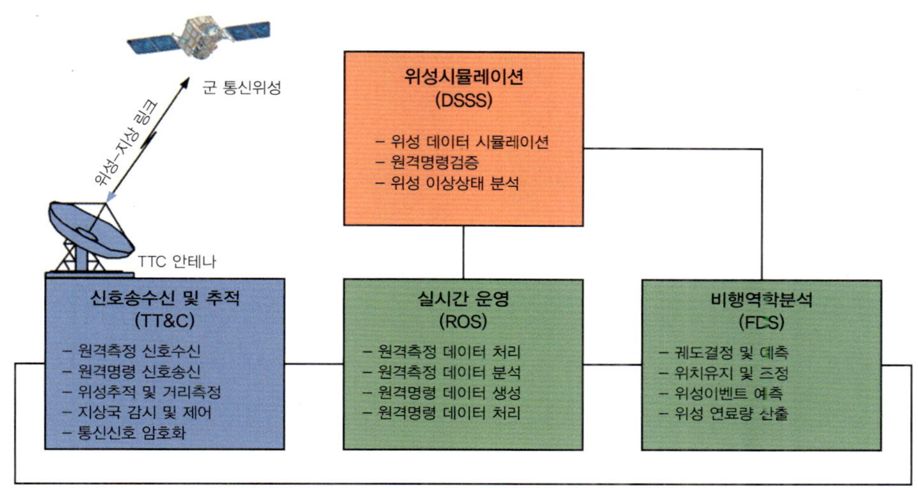

그림 1–6 위성관제시스템 구성도

위성관제시스템을 구성하는 각 서브시스템의 주요 기능은 다음 표 1–5와 같다.

표 1-5 위성관제시스템의 주요기능

서브시스템	주요 기능
TTC 서브시스템 (TT&C)	• TT&C는 위성과 직접 통신 수행 • TT&C는 TBD 대역의 신호를 이용하여 통신 • 위성에 대한 원격명령을 전송 • 위성의 원격측정 신호를 수신, 실시간운용 서브시스템으로 전송 • 비행역학 서브시스템으로부터 안테나 포인팅 데이터 수신 • 위성의 신호를 안테나로 추적 및 위성까지의 거리 측정 • 안테나 추적 및 거리 측정 데이터 비행역학에 전송 • TTC는 안테나 장비, RF 장비, MODEM/BB 장비, timining 장비 제어 및 감시하는 C&M 컴퓨터 장비로 구성 • 위성제어센터 인수시험을 위한 위성시뮬레이터와 접속 • On-station 원격측정 데이터 전송을 위한 외부 지상국과 접속
실시간운용 서브시스템 (ROS)	• 위성의 원격측정 데이터를 실시간으로 감시 • 위성에게 명령을 전송하는 역할 담당 • TT&C로부터 수신된 원격측정 데이터를 처리하여 관제 운용자가 감시 및 분석 • 임무계획 서브시스템에서 수신된 임무 및 명령계획에 따라 원격 명령 생성 • TT&C 각종 장비들을 감시 및 제어
비행역학 서브시스템 (FDS)	• 위성의 운용 지원에 필요한 궤도 및 자세역학 관련 기능 수행 • 위성의 궤도결정, 궤도 및 이벤트 예측, 연료량 산출, 위치유지조정 및 위치 이동등 위성의 비행역학에 관련 기능 수행 • 정지궤도에 위치한 위성 운영에 필요한 기능 지원
위성시뮬레이터 (DSSS)	• 소프트웨어와 하드웨어가 정합적으로 어우러져서 위성의 각종 시스템을 수학적인 모델로 모사하는 기능 수행 • 원격명령의 검증 • 위성운용 절차의 확인 • 위성 이상상태의 분석에 사용 • 위성관제 운용자의 훈련 • 실시간 운용 지원 및 원격명령에 반응하여 변경된 상태의 원격 측정 데이터를 보냄

정지궤도 위성에 대한 관제시스템의 요구 성능은 다음 **표 1-6**과 같다. 위성관제시스템의 성능은 위성의 임무에 따라서 달라질 수 있다.

표 1-6 위성관제시스템의 주요성능

서브시스템	항목	요구성능
TTC 서브시스템 (TT&C)	주파수 안정도	3.0x10–10/10 sec 이하
	거리 측정 정밀도	±10 m(rms) 이내
	추적 정밀도	~0.025 degree in rms
	추적속도 및 범위	1.0 degree deg/sec (AZ, EL) –270 deg ~ +270 deg(AZ), –5 deg ~90 deg (EL)
	안테나 가용도	Ku-band 24시간 지속 운행, 가용도 99.9% 가능
실시간운용 서브시스템 (ROS)	원격측정 데이터 배포	48초 간격으로 받은 데이터를 최대 12초 내에 배포 가능
	원격측정 데이터 알람	준실시간으로 원격측정데이터 수신에 대해 알람 발생
	원격명령 데이터 전송	복사된 원격명령 데이터를 두 SCU 모드에 모두 전송
	원격명령 검증	검증을 위해 온보드 위성으로부터 원격명령 수신 및 수행에 대한 상태 확인 기능
	오프라인에서 원격명령 및 측정 데이터 재접속	오프라인에서 원격명령 및 측정 신호는 2분 내에 재 수행이 가능해야 함
비행역학 서브시스템 (FDS)	궤도결정 및 예측	단일 지상국에서 5 km 위치 정확도와 6 km 하루 예측치 정확도
	이벤트 예측	7일 동안 60초 간격으로 이벤트 예측 가능 기능
	위치유지 및 이동	위성의 기준 경도에서 0.05도로 유지
	위성 궤도 전파기	위성 궤도전파기로 예측된 궤도는 한달 기간 동안 5 km 정확도 만족
위성시뮬레이터 (DSSS)	시뮬레이션 시간	48시간 동안 유효한 시뮬레이션 가능
	자세 정확도	정해진 롤, 피치, 요 방향의 요구 조건을 만족시킴
	궤도 정확도	태양과 달의 궤도 예측에 대해 1% 내의 오차 범위 내로 만족

2.4 위성지상국

본 장에서는 2019년 발사 예정인 Geo-KOMPSAT-2B(정지궤도 복합위성 2B)의 환경위성지상국을 예로 들어 위성지상국의 요소기술을 기술한다.

환경위성지상국은 Geo-KOMPSAT-2B의 환경데이터를 수신, 처리, 저장, 분배하는 시스템이다. Geo-KOMPSAT-2B는 해양탑재체와 환경탑재체를 탑재하여 설계수명에 따라 약 10년간 한반도를 비롯한 동아시아의 기후변화대응 기초자료를 제공할 예정이다. 따라서 Geo-KOMPSAT-2B가 획득한 데이터를 수집/처리하기 위한 지상국 시스템의 개발은 필수적이다.

효율적이고 안정적인 환경위성센터의 운영을 위해 지상국 시스템을 안테나 서브시스템, 자료수신(자료 전처리; Preprocessing) 서브시스템, 자료관리 서브시스템, 자료처리 서브시스템, 자료교환 서브시스템, 자료배포 서브시스템, 통합운영관리 서브시스템으로 구성하였다. 환경위성지상국은 향후 외국 위성 데이터를 수신, 처리, 저장, 분배할 수 있도록 확장성을 고려하여야 한다.

환경위성지상국을 건립을 위해서는 Top Level Requirements가 먼저 정의되어야 한다. Geo-KOMPSAT-2B의 발사에 따른 지상국의 최상위 수준의 요구사항은 다음과 같다.

핵심 지상국 요소

핵심 지상국 요소는 크게 다음 그림 1-8과 같이 분류된다.

- 미션 관리 : 지상국은 위성 미션 관제, 스케줄링, 위성성능상태(State Of Health ; SOH), 궤도 분석, 위성영상획득에 대한 요구사항을 충족해야 한다. 지상국은 위성에게 촬영 스케줄링을 비롯한 각종 명령(Commands)을 전송하고, 위성은 지상국에 Telemetry와 Raw Data를 송신하는 기본 요구사항을 만족시켜야 한다.
- 프로덕트 생산 : 지상국은 위성이 송신한 데이터를 수신 받아 Level0, Level1B와 Level2 프로덕트를 생산해야 한다. Level1B 프로덕트의 경우 위성으로부터 수신 받은 Raw Data에서 생산된 Level0 프로덕트가 기하보정 및 방사보정을 거치며 생산된 데이터이다.
- 프로덕트 분배 : 프로덕트 생산과정에서 만들어진 각종 프로덕트들은 다양한 수요자

및 협의체를 대상으로 분배되어야 한다. 수요자 및 협의체는 환경우 성 데이터를 직·간접적으로 활용하는 기관 및 개인이며, 생성된 환경위성 데이터는 정기적 또는 비정기적인 기간에 따라 자료교환·자료배포 서브시스템을 통해 분배되어야 한다.

- 전체 사업 관리 : 지상국 시스템의 경우, 위성-지상국 간 인터페이스를 포함한 다양한 내부 서브시스템의 기능과 요구사항을 만족해야 하므로, 전체 사업관리에 대한 요구사항이 필요하다. 전체 사업 관리를 위하여 인터페이스별 모니터링, 분석, 리포팅, 그리고 환경설정 구성에 대한 통제 권한 등에 대한 요구사항이 필요하다.
- 사회기반시설 : 지상국 운영을 위해서는 네트워크, 스토리지, 데이 터베이스와 믿을 만한 메시지 프레임워크에 대한 공동 활용이 요구된다. 상기 명시된 각각의 인프라는 지상국 내부 서브시스템을 포함하여 지상국 전체 운영을 위해 공통적으로 활용되는 사회기반시설이어야 한다.

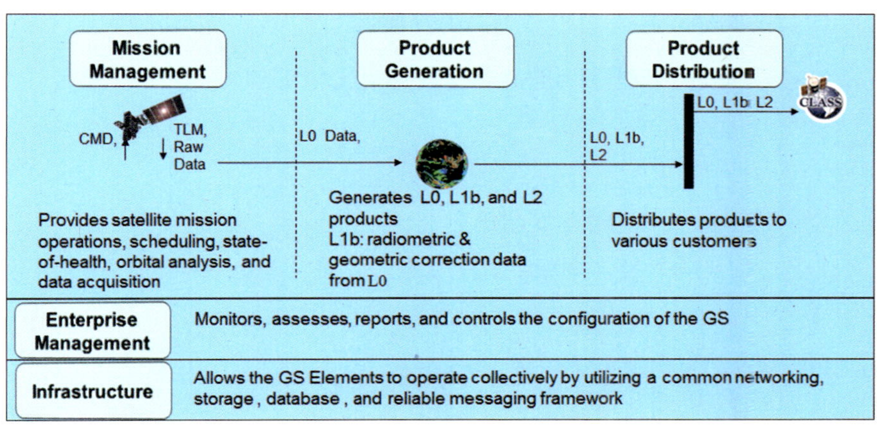

그림 1-7 지상국 핵심요소

프로덕트 생성(Product Generation ; PG)

- 고용량 및 생산지연속도 단축 데이터 프로세싱이 가능해야 함
- 증명된 알고리즘 프레임워크를 이용하여, 최소 생산지연 시간이 보장된 프로세서를 통해 프로덕트를 생성해야 함
- 실행시간 제어가 가능한 표준 알고리즘 최적화

- 적은 지연속도 프로세싱을 위한 캐시 데이터 저장소
- 효율적인 프로세서 활용을 위한 적재 균형
- 실시간 프로세서 중단 없이 신규/변경 알고리즘 삽입
- 실시간 테스트 데이터를 이용한 신규/변경 알고리즘 테스트
- 프로덕트 품질 모니터링

프로덕트 분배

- 신속하고 안전한 분배 방법의 다양성 제공
- 생산지연시간의 단축과 지속적인 프로덕트의 품질 모니터링을 수반한 데이터 전달 요구사항을 충족시키는 표준 및 고객맞춤형 분배방식 제공

종합적인 관리

- End to End 상황에 따른 심도 있는 인지/제어
- 장애 관리/환경설정 관리/계정 관리/성과 관리/보안 관리

정보 보안

- 중요 미션 정보 및 시스템 보안 임무
- 권한을 가진 사용자를 위해 높은 접근성을 보장하며 통합 솔루션을 통한 적정 제어 보장
- 데이터 및 시스템의 통합과 이용가능성 보장
- 전체적인 보안 관리와 지속적인 모니터링
- 보안이 강화된 환경설정 구성 및 준수
- 취약성 평가 및 개선
- 호스트 방화벽 및 침입방지
- 소프트웨어 분배 및 보수
- 감사 및 책임

지상국 운영을 위한 구성(안)은 다음 그림 1-8과 같다. Geo-KOMPSAT-2B를 중심으로 위성관제시스템, 환경 지상국 및 해양 지상국 시스템, 위성데이터 사용자로 분류된다.

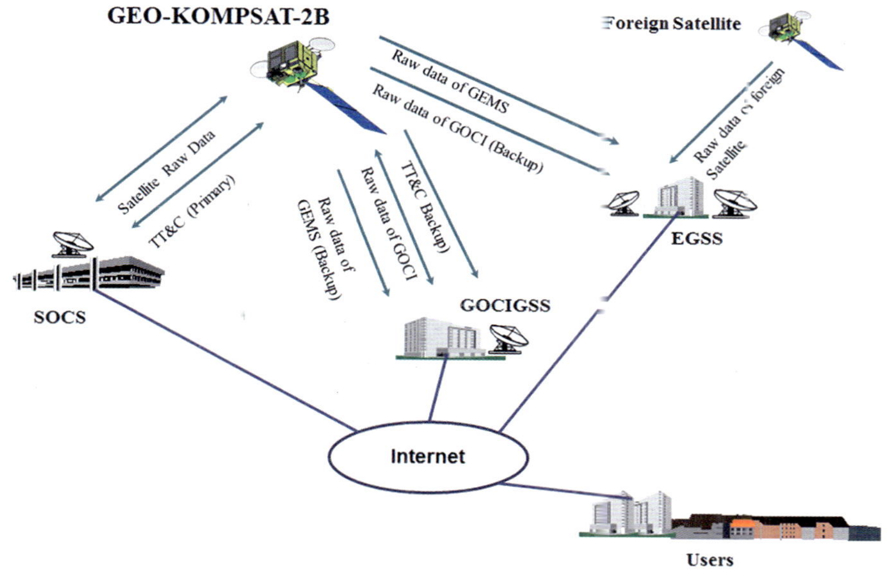

그림 1-8 지상국 Network 구조(안)

다음 그림 1-9는 지상국의 시스템 간 인터페이스이다. 환경위성지상국을 중심으로 Geo-KOMPSAT-2B, KARI, KOSC, User, 협의체 간 관계를 나타낸다.

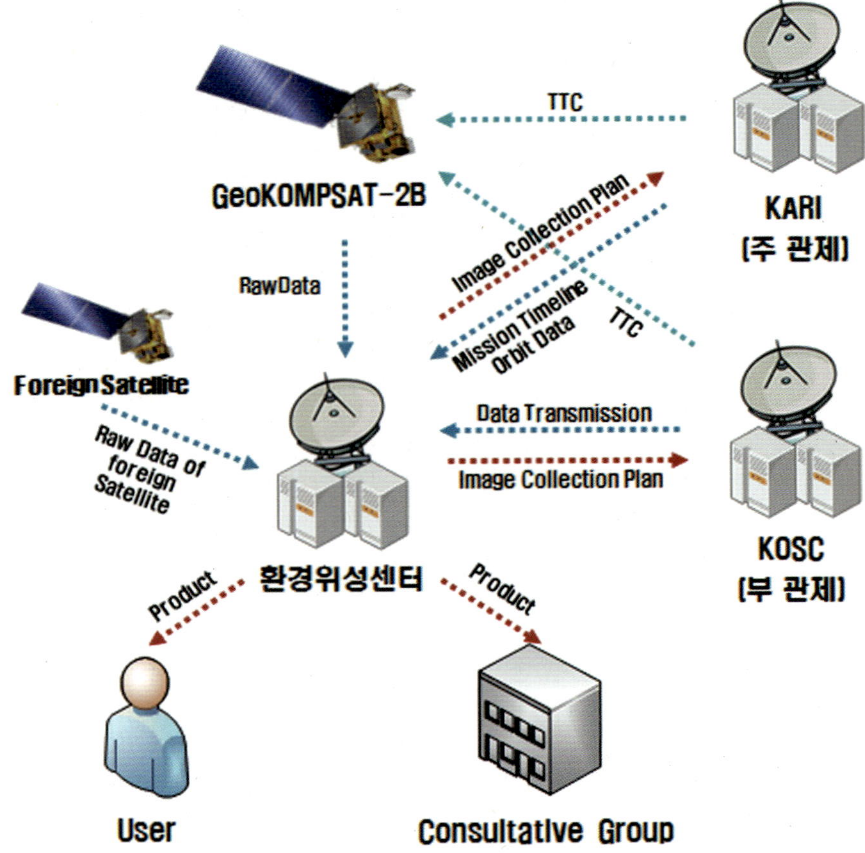

그림 1-9 지상국의 외부 인터페이스 구성(안)

제2부

지구관측위성 탑재체

제1장

인공위성의 기본개념

1.1 궤도분류

인공위성은 지구의 주위를 돌며 지표면을 관측하고 있다. 인공위성이 지구의 중력에 의해 떨어지지 않고 일정한 고도와 위치를 유지할 수 있는 이유는 위성의 원심력과 지구의 중력 간에 힘의 균형을 이루어 선회하기 때문이다. 예를 들어보자. 한 사람이 지평선을 향해 공을 던진다. 이 공은 처음엔 빠른 속도로 날아가다가 점차 지구의 중력에 의해 땅에 떨어지게 된다. 이 사람이 공을 더욱 빠르게 던지게 되어도 날아가는 거리는 증가하지만 공은 결국 땅에 떨어지게 된다. 이는 공의 속도가 지구의 중력을 거스를 만큼 빠르지 않기 때문에 나타나는 현상이다. 만약 공의 속도가 지구의 중력을 거스를 수 있는 속도라면 어떻게 될까. 공은 지구를 한바퀴 돌아 공을 던진 사람에게로 다시 돌아올 것이다. 위성이 지구의 주위를 도는 원리는 바로 이와 같다. 지구의 중력과 원심력간의 균형을 이룰 수 있는 매우 빠른 속도로 지구의 주위를 돌기 때문에 지구로 떨어지지 않는다. 만약 이러한 균형이 깨지게 된다면, 위성은 지구로 끌려들어가거나 지구의 궤도 밖으로 벗어나게 된다.

지구의 주위를 도는 위성의 길을 궤도라고 한다. 일반적으로 위성의 궤도는 크게 정지궤도(Geostationary Earth Orbit; GEO) 위성과 저궤도(Low Earth Orbit; LEO) 위성으로

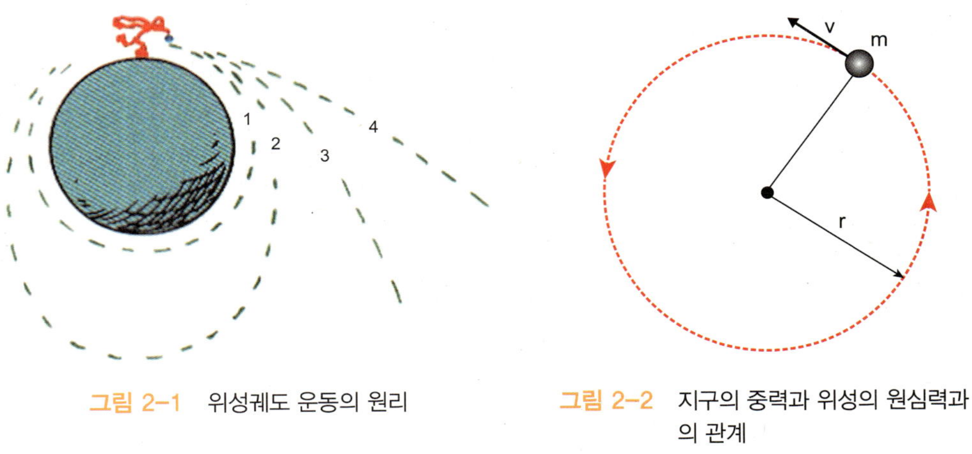

그림 2-1 위성궤도 운동의 원리

그림 2-2 지구의 중력과 위성의 원심력과의 관계

분류할 수 있다.

1.1.1 정지궤도 위성

정지궤도 위성은 지구동기궤도(GeoSynchronous Orbit; GSO) 위성이라고 부르기도 한다. 지구의 위도 0°(적도) 고도 약 36,000 km 상에서 지구의 자전속도와 같은 속도로 돌며 특정 지역을 지속적으로 관측한다. 지구의 자전주기와 동일한 방향, 동일한 속도로 움직이기 때문에 지구에서 보면 정지한 것처럼 보인다. 정지궤도 위성은 1945년 아서 C. 클라크라는 작가가 정지궤도가 통신위성의 궤도로 유용하다는 논문을 발표한 이후로 클라크 궤도라고도 불린다. 정지궤도위성은 적도의 한 지점에서 머물면서 지구의 넓은 영역을 관측할 수 있기 때문에 통신위성, 방송위성, 기상위성, 항행위성의 궤도로 많이 이용되고 있다. 그러나 위성이 항상 적도 평면에 머물러 있어 고위도 지역의 이미지가 왜곡되고, 정지궤도에 놓일 수 있는 위성의 수가 제한적이라는 단점이 있다.

1.1.2 저궤도 위성

저궤도 위성은 고도 약 200~1,500 km 상에서 관측을 수행하는 위성이다. 지구에는 대기권이 있어 높은 속도를 내는 물체는 대기와의 마찰에 의해 소멸되고 만다. 따라서 저궤도 위성은 그 고도를 위성이 대기와의 마찰에 영향을 받지 않을 고도로 유지해야 한다. 일반적으로 고도 200 km 이하에서는 물체가 연소한다. 따라서 저궤도 위성의 최소 고도는 200 km

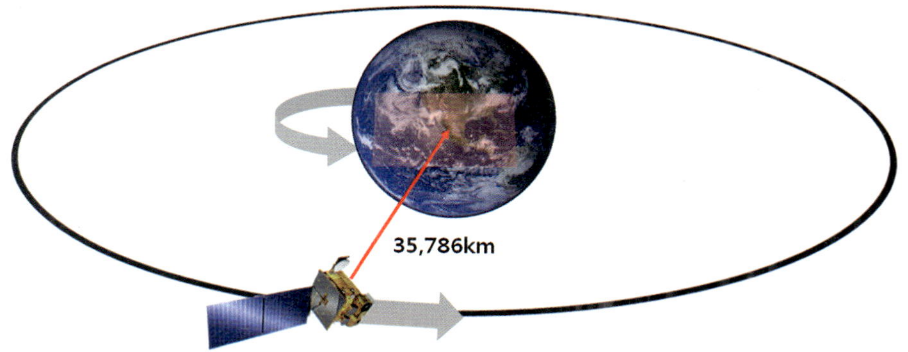

그림 2-3 정지궤도 위성의 개념

이상이 되어야 한다.

저궤도 위성의 한 종류로 극궤도 위성이 있다. 극궤도 위성은 지구의 자전축과 수직방향으로 궤도를 형성하는 위성이다. 지구의 자전을 이용하여 전 지구를 촬영할 수 있다는 장점이 있어 최근에는 많은 저궤도 위성들이 극궤도 위성으로 설계되고 있다.

정지궤도 위성과 저궤도 위성은 각각의 특성에 의해 서로 보완해서 사용이 가능하다. 정

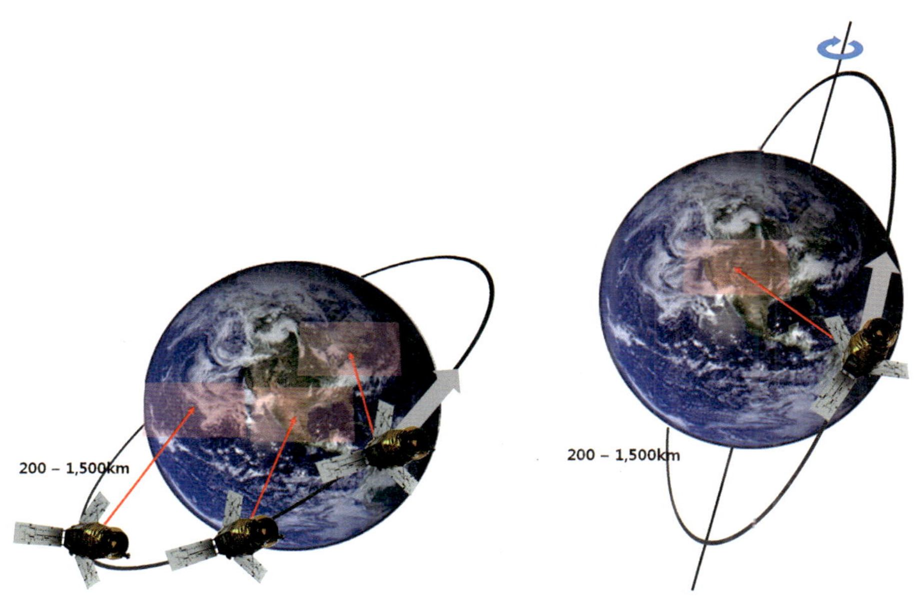

그림 2-4 저궤도 위성과 극궤도 위성의 개념(좌: 저궤도, 우: 극궤도)

표 2-1 정지궤도 위성 과 저궤도 위성의 특성 분석

위성 궤도	장점	단점
정지궤도 위성	• 높은 시간해상도로 지속적인 실시간 관측 가능	• 낮은 공간해상도 • 상대적으로 낮은 공간 커버리지
저궤도 위성	• 높은 공간해상도 • 상대적으로 높은 공간 커버리지	• 시간해상도가 낮아 지속적인 모니터링에 부적합

지궤도 위성은 높은 고도에서 특정 지역을 지속적으로 관측하기 때문에 시간해상도가 높지만 상대적으로 공간해상도 및 공간적 커버리지가 낮다. 저궤도 위성은 높은 공간해상도를 지니며 전 지구를 촬영할 수 있기 때문에 공간적 커버리지가 높지만 상대적으로 시간해상도가 낮다. 따라서 원격탐사자료 활용 시 서로의 취약점을 상호 보완하여 관측을 수행하게 된다면 높은 정확도의 연구자료를 산출해 낼 수 있다.

1.1.3 센서

인공위성의 센서는 수동형 센서와 능동형 센서로 구분할 수 있다. 수동형 센서는 태양 에너지라는 외부 에너지원을 활용한 관측을, 능동형 센서는 자체적으로 발사된 전자파가 지상의 대상물에 도달, 반사되는 수치를 기록하는 형식으로 관측을 수행한다.

수동형 센서와 능동형 센서는 각각의 특징을 가지고 있다. 수동형 센서는 대체로 높은 공간해상도와 분광해상도를 가지고 있어 지상의 물체를 쉽게 식별할 수 있다. 하지만 태양 에너지에 의존하는 관측 시스템이기 때문에 주/야간, 혹은 날씨가 관측 환경에 큰 영향을 미치게 된다. 인공위성에서 활용하고 있는 대표적인 수동형 센서로는 광학센서와 적외선 센서가 있다.

능동형 센서는 크게 레이다(Radar)와 라이다(Lidar)로 분류되는데, 두 가지 방법은 모두 기기 자체에서 발산하는 복사 에너지가 대상물에 부딪혀 돌아오는 신호를 감지하는 방법을 사용하지만, 사용되는 에너지 파장대가 다르다. 라이다는 가시광선 영역의 고 에너지 레이저를 사용하지만 레이다는 마이크로파보다 더 긴 영역의 파장대 에너지를 이용한다. 이러한 파장의 차이로 인하여 라이다는 주로 대기 중 미세입자나 기체성분을 관측할 수 있으며, 레이다는 구름이나 강수입자를 관측하는 데 사용된다.

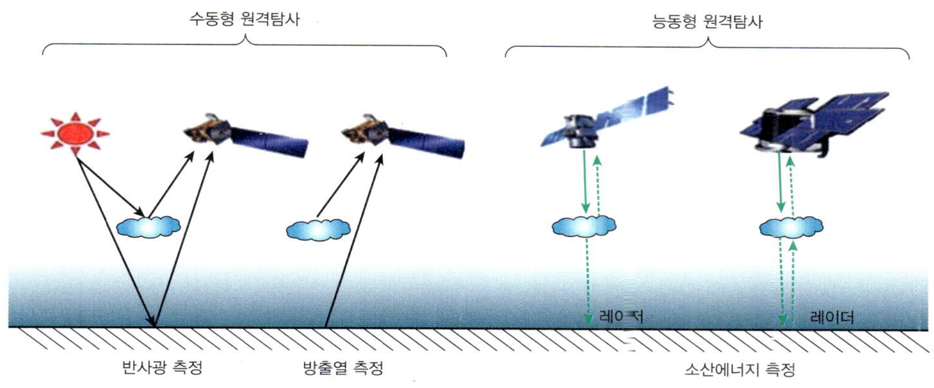

그림 2-5 능동형 센서와 수동형 센서의 개념도

1.1.4 촬영방식

인공위성은 지구를 공전하며 지표면에 대한 많은 자료들을 취득하고 있다. 이때 위성의 자료수집을 위한 촬영 방식은 크게 위스크브룸(Whiskbroom)과 푸쉬브룸(Pushbroom)으로 나뉜다. 먼저 **위스크브룸** 촬영방식은 센서 내의 거울을 이용해 위성의 이동방향과 수직방향으로 좌우를 훑듯이 촬영하는 방식이다. 위스크부름 센서는 시야각이 비교적 넓고 밴드간 화소의 가하학적 왜곡이 적다는 장점이 있으나, 거울을 회전하는 장치등의 추가 장비 설계로 구조가 복잡하여 가격대가 비싸고 무겁다는 단점이 있다. 푸쉬브룸 방식에 비해 해상도가 낮기 때문에 중저해상도 위성에 많이 이용되는 방식이다.

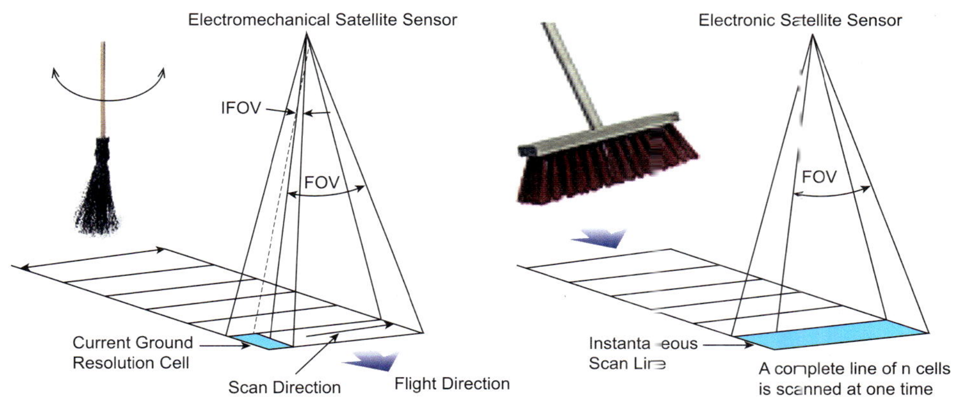

그림 2-6 위스크브룸 촬영방식과 푸쉬브룸 촬영방식의 개념도

푸쉬브룸 촬영방식은 위성의 진행방향으로 빛 검출 소자가 일렬로 배치되어 있어 한번에 촬영하는 방식을 말한다. 푸쉬브룸 센서는 위스크브룸 센서에 비해 구조가 단순하고 가격이 저렴하며, 무게 역시 가벼운 장점이 있다. 또한 일반 카메라의 장노출과 같은 노출이 가능하여 보다 많은 빛을 관측하기 때문에 명확한 이미지를 얻을 수 있다. 푸쉬브룸 촬영방식은 높은 공간해상도와 방사해상도를 가지고 있기 때문에 고해상도 위성에 사용되는 촬영방식이다.

1.2 해상도

위성영상의 품질을 결정하는 가장 중요한 요소들 중 하나로 해상도가 있다. 일반적으로 해상도는 이미지의 정밀도를 나타내는 지표 즉, 이미지를 표현하는데 몇 개의 픽셀로 나타냈는지 그 정도를 나타내는 말이다. 인공위성의 해상도는 크게 4가지 정도를 말한다. 첫 번째로 공간해상도, 두 번째로 시간해상도, 세 번째로 분광해상도, 마지막으로 방사해상도가 있다. 영상의 품질을 결정짓는 해상도로는 공간해상도와 방사해상도가 있고, 시계열 자료구축을 위한 지표로는 시간해상도가 있다. 각각의 요소를 자세히 살펴보도록 한다.

1.2.1 공간해상도

공간해상도란 한 화소가 표현 가능한 지상면적을 말한다. 즉, 이론적으로 1 m×1 m 크기의 물체를 1 m×1 m 공간해상도를 가지는 센서를 이용해 식별이 가능하다. 공간해상도가 높을수록 물체를 식별할 수 있는 능력인 공간분해능력이 높아 지상의 물체를 더욱 잘 식별할 수 있다.

공간해상도를 결정짓는 요소로는 축척이 있다. 축척은 측정이 이루어지는 시간적, 공간적 간격으로 정의되며, 연구지역의 범위나 측정단위로 결정되기도 한다(Davis and Simonett, 1991) 대축척일수록 작은 지역을 세세하게 표현할 수 있고 소축척일수록 넓은 지역을 대략적으로 표현할 수 있다. 위성영상자료의 축척의 선택은 사용자의 이용목적에 따라 다양하게 설정할 수 있으며, 활용할 영상의 선택에 있어서 고려해야 할 중요한 요소이다.

위성에 탑재된 센서는 지표면을 스캔해 가면서 영상을 제작한다. 이때 센서에서 한 번에 읽을 수 있는 영역을 IFOV(Instantaneous Field Of View)라 하며, 센서에서의 각도로 표현된다. IFOV에서 탐지되는 지표면은 지름 D를 가진 원으로 측정된다. D는 다음과 같이 계산된다.

$$D = H'\,a \tag{2-1}$$

여기서 H'는 비행고도, a는 IFOV이다. 이 IFOV에 의해 지상에서 계산되는 D의 값을 공간해상도라고 한다. 따라서 공간 해상도를 결정하는 요소는 IFOV와 비행고도라 할 수 있다. IFOV가 작을수록, 비행고도가 낮을수록 공간해상도는 높아진다. 다음 그림은 IFOV에 의한 공간해상도 계산의 개념도이다.

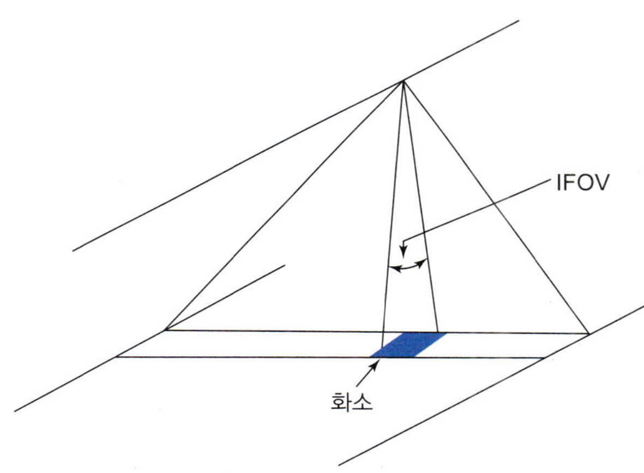

그림 2-7 IFOV와 공간해상도의 개념도 [출처: Richards, 1993]

공간해상도는 위성의 관측대상 및 목적에 따라 다양하다. 일반적으로 기상위성의 경우 공간해상도가 높지 않다. 이는 기상위성의 관측 대상이 지구의 대기환경이기 때문이다. 즉 기상위성의 관측 대상인 대기는 국가 혹은 대륙단위의 크기로 매우 커 거시적인 관측을 수행해야 한다. 또한 기상위성의 경우 대부분 정지궤도위성으로 고고도에서 관측을 수행하기 때문에 높은 공간해상도의 센서로 관측하기엔 기술적으로 구조가 매우 복잡해진다. 만약 기상관측을 매우 높은 공간해상도를 가지는 센서로 관측할 경우 영상의 크기(volume)가 매우 커져 영상획득에 매우 비효율적이게 된다. 반면에 지구표면 관측을 수행하는 위성의 경우 대개 높은 공간해상도를 가지게 되며 특히 초고해상도 상업위성의 경우 1 m 이하 급이 주를 이루고 있다. 이는 고해상도 광학위성의 목적이 지표면의 세세한 관측을 목적으로 하기 때문이다. 또한 500~1500 km의 고도를 가지는 저궤도 위성이기 때문에 높은 공간해상도를 가지는 센서를 활용함에 있어 훨씬 효율적이다. 과거 공간해상도는 수백m 급의 공간해상도를 가졌으나 최근에는 기술의 발달로 cm 급의 공간해상도를 가지는 센서들이 개발되고 있다. 다음 그림은 위성영상 비교를 통한 공간해상도의 차이를 보여준다. NOAA 위성의 경우

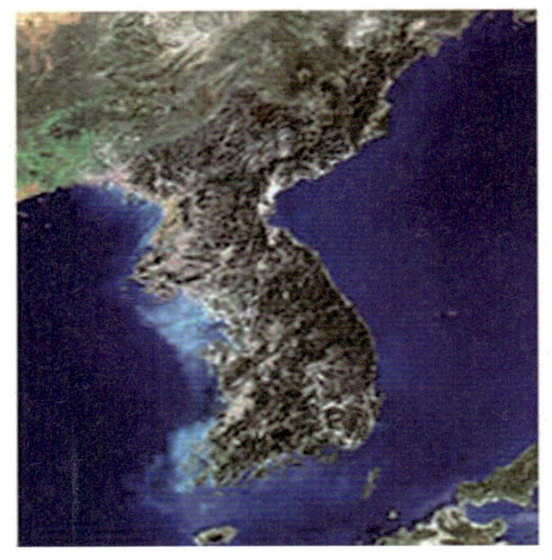

그림 2-8 NOAA. 공간해상도 1km
[출처: NOAA]

그림 2-9 LANDSAT-7 공간해상도 30m
[출처: USGS]

그림 2-10 LANDSAT-7 공간해상도 15m
[출처: USGS]

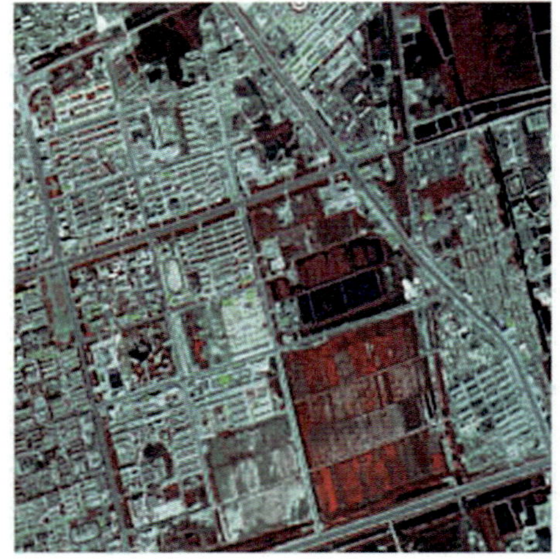

그림 2-11 SPOT-5 공간해상도 10m
[출처: SPOT Image]

촬영범위는 한반도 전체를 촬영할 수 있을 정도로 넓지만 공간해상도가 낮다. 따라서 한반도의 전체를 관측하고 있지만 세세한 지형지물의 구분은 불가능하다. 반면에 Quickbird는 0.6 m의 매우 높은 공간해상도(서브미터급)를 가져 지표면의 상세한 표현 및 관측이 가능하다.

그림 2-12 KOMPSAT-1 공간해상도 6m
[출처: 한국항공우주연구원]

그림 2-13 SPOT-5 공간해상도 2.5m
[출처: SPOT Image]

그림 2-14 IKONOS 공간해상도 1m
[출처: SPACE IMAGING]

그림 2-15 Quickbird 공간해상도 0.6m
[출처: DigitalGlobe]

1.2.2 시간해상도

시간해상도란 쉽게 말해 인공위성의 재방문 주기를 말한다. 즉 특정 지역에 대하여 얼마나 자주 영상 자료를 획득할 수 있는지를 나타내는 지표이다. 대부분의 위성은 고유의 궤도를 따라 지구 주위를 공전하며 영상을 취득하고 있다. 따라서 한 지점의 영상을 획득한 후 다시 그 지점의 영상을 획득하기 위해서 일정시간이 필요하다. 보통 인공위성자료의 시간해상도는 10~20일 전후이다. 이러한 시간해상도는 원하는 지역의 영상을 원하는 시점에 취득할 수 있는지를 결정하는 중요한 요소가 된다. 최근에는 이러한 시간해상도를 높이기 위한 많은 방법들이 연구되고 있다. 먼저 쌍둥이 위성을 운용하는 방법이 있다. 이는 같은 궤도를 일정 시간차이를 두고 두 개 이상의 위성을 운용하는 방법이다. 이 방법을 이용한다면 시간해상도를 획기적으로 높일 수 있다. 또한 영상 촬영 시 위성의 자세를 틀어서 촬영하는 방식으로 특정 지점의 영상을 반복 획득할 수 있는 방법도 있다. 다만 이 방법은 연직영상이 아니기 때문에 영상의 왜곡이 커진다는 문제점이 있다.

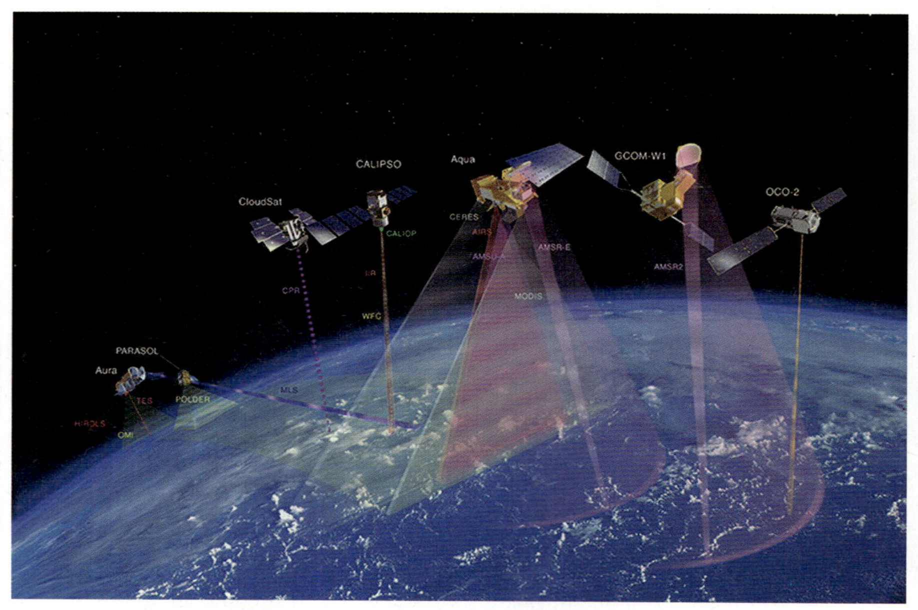

그림 2-16 NASA의 A-Train 시스템 [출처: NASA]

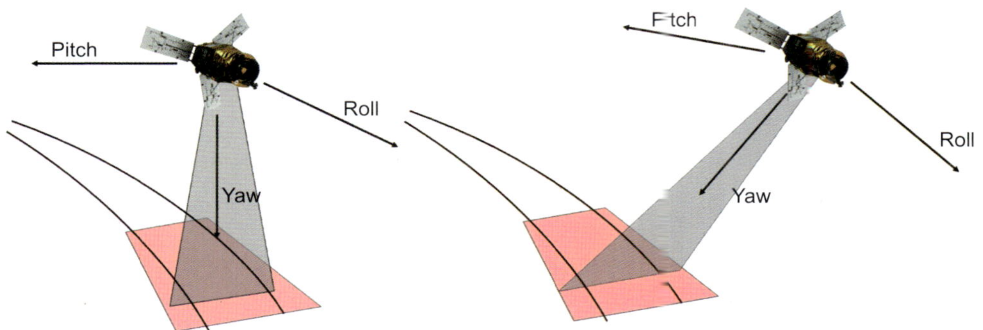

그림 2-17 위성의 자세기동을 통한 촬영으로 고시간해상도 획득

1.2.3 분광해상도

분광해상도란 센서가 기록 가능한 전자기스펙트럼의 파장범위를 말한다. 예를들어 LANDSAT-8 OLI Band1의 경우 0.43~0.45 μm의 분광해상도를 가진다고 할 수 있

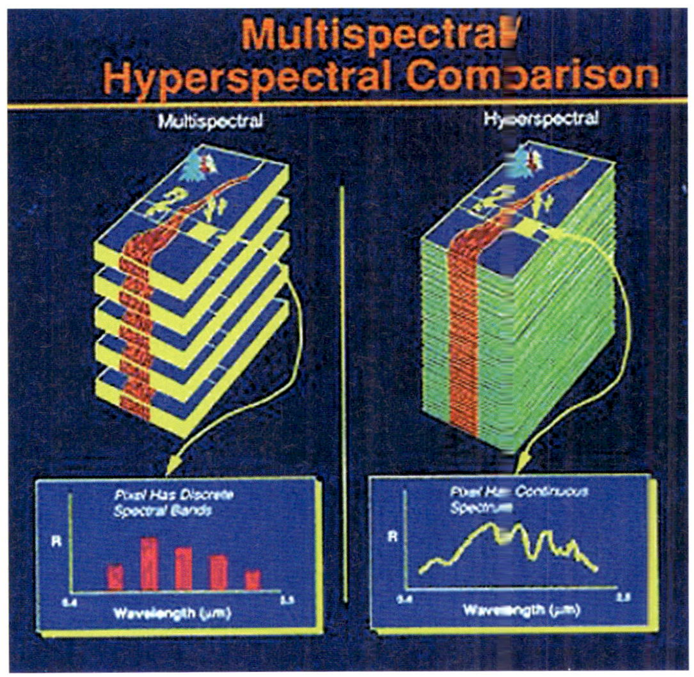

그림 2-18 다중분광 센서와 초분광 센서의 비교

다. 분광해상도는 일견 위성센서의 관측 가능한 밴드 수 개념으로 볼 수도 있다. 따라서 LANDSAT−4 TM에 비해 LANDSAT−8 OLI 센서의 분광해상도가 더욱 높다고 할 수 있다. 이는 밴드수가 많을수록 관측하는 파장대의 범위가 넓고 다양하기 때문이다. 최근에는 다중센서보다 더욱 진보된 초분광센서(Hyper Spectral Sensor)의 등장했다. 초분광 센서는 다중분광 센서의 밴드수보다 적게는 수십개에서 많게는 수백개에 이르기까지 밴드수를 나누어 더욱 촘촘한 분광특성을 관측할 수 있는 센서이다. 초분광센서 자료는 여타의 영상자료보다 분광해상도가 비약적으로 상승된 자료로 많은 분야에서 활용되고 있다.

4) 방사해상도

방사해상도란 밴드 내 픽셀 당 입력이 가능한 자료의 가짓수를 의미한다. 영상자료는 각각의 화소에 숫자형식의 자료값을 기록한다. 일반적으로 8 bit 영상자료의 경우 최소값 0에서부터 최대값 255까지의 값을 가진다. 최근 고해상도 위성자료의 경우 11 bit, 또는 16 bit의 방사해상도를 가지고 있다. 방사해상도가 높을수록 영상의 밝기값에 대한 단계가 높아지기 때문에 8 bit 자료에서 구분이 되지 않은 물체를 11 bit, 16 bit 영상자료에서는 식별이 가능해진다. 하지만 자료를 기록하는 자리수가 높아질수록 자료의 용량이 기하급수적으로 증가한다는 문제점이 발생한다.

제2장

기상 탑재체

정지궤도 기상위성은 1960년대 미 항공우주국 NASA(National Aeronautics and Space Administration)가 개발한 실험위성 ATS(Application Technology Satellite) 및 SMS(Synchronous Meteorological Satellite) 시리즈가 시작이라고 할 수 있다. 이후 1970년대 중반에 GOES(Geostationary Operational Environmental Satellite) 시리즈로 발전하게 된다. GOES 시리즈는 4호부터 7호까지의 상용화 1세대와 GOES 8호부터 12호까지의 상용화 2세대를 거쳐, 현재는 GOES N · O · P · Q 시리즈의 개발이 완료되었다. 이러한 미국의 GOES 위성 시리즈의 개발 과정의 영향으로 다른 기술 선진국에서도 정지궤도 기상위성을 개발하여 운용하게 되었다. 아래 그림 2-19는 현재까지 세계 정지궤도 기상위성의 발전 흐름을 나타낸 것이다.

미국의 GOES 1-3호의 개발 이후, 일본에서는 GMS(Geostationary Meteorological Satellite) 시리즈가 개발되었고, 이후 MTSAT(Multi-Functional Transport Satellite) 시리즈를 발사하여 운용 중이며, 인도는 다목적 위성 INSAT(Indian National Satellite)에 기상관측장치를 탑재하여 운용 중이다. 또한, 유럽에서는 EUMETSAT(European Organization for the Exploitation of Meteorological Satellites)의 주도로 METEOSAT(Meteo Satellite) 시리즈를 개발하여 운용하여 왔으며, METEOSAT의 2세대라고 할 수 있는 MSG(METEOSAT Second Generation) 시리즈를 2010년까지 운용하였다. 이후에는 3세

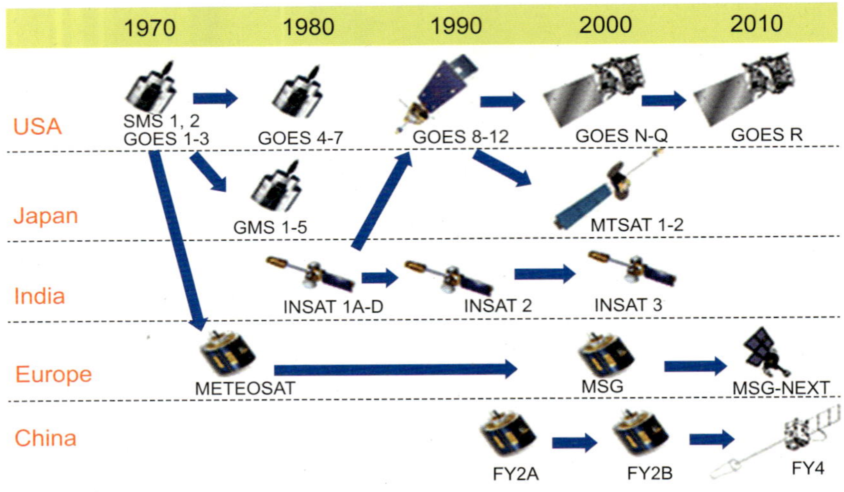

그림 2-19 정지궤도 기상위성의 역사

대 버전인 MTG(METEOSAT Third Generation)를 개발 운용 계획에 있다. 중국의 기상위성 시리즈인 풍운(風雲)은 1호와 최근 2010년도에 발사된 3호가 극궤도로 운영되고 있으며, 2호는 정지궤도 위성이다. 또한, 2010년 6월, 우리나라도 드디어 독자적인 정지궤도 기상위성을 보유하게 되었다. 기상관측용 탑재체 및 해양관측용 탑재체가 실린 국내에서 제작한 최초의 정지궤도위성인 천리안 위성이 한국시간 2010년 6월 27일, 남미 프랑스령 기아나에서 발사되었다. **표 2-2**은 전세계 정지궤도 기상 해양 위성 현황을 정리한 것이다.

지구 영상을 촬영하는 기상 탑재체는 일반적으로 전지구와 같은 광역 감시에 적합한 스캐너 방식의 탑재체를 사용하며, 이는 스캔 미러 · 렌즈 · 필터 또는 분광기 · CCD(Charge Coupled Device) 등으로 구성되어 있다. 일반적으로 렌즈는 보통 한 개가 아니고 경통이라는 특수한 통 안에 십여 장 안팎의 렌즈가 세트로 구성되어 있다. 좌우 및 상하로 회전하는 스캔 미러를 거쳐서 렌즈에 들어온 빛은 분광기 또는 필터를 거치면서 파장에 따라 여러 채널로 분해가 되는데, 예를 들어 우리나라 천리안 위성에서는 한 개의 VIS(Visible) 채널과 네 개의 IR(Infrared) 채널을 가지고 있다. 또한 기상 탑재체는 절대적인 반사도(VIS) 및 온도(IR)를 탐지하기 위해 검보정용 흑체(Black−Body) 및 Radiator/Cooler를 포함한다. 다음 그림 2-20는 일반적인 기상 탐측기의 구조를 나타낸 것이다.

이러한 영상촬영 기상 탑재체(Imager: 영상기) 외에 기상 정보를 획득하는 탑재체로서

표 2-2 최근 발사/개발 중인 기상위성

국 가 (담당기관)	위성 명칭	발사년도	비 고
일 본 (기상청)	MASAT-1R	2005	정지궤도, 기상 · 항공관제 1R: 제작 – SS/L
	MASAT-2	2006	정지궤도, 기상 · 항공관제 2: 제작 – 미쯔비시 전기 (일본)
미 국 (NASS/ NOAA)	GOES-11 GOES-M(12)	2000 2001	정지궤도 제작: SS/L
	GOES-N(13) GOES-O GOES-P	2006 2007 2008	정지궤도 제작: Boeing (미국) 시스템 (Boeing 601 버스)
유 럽 (EUMETSAT)	EUMETSAT-8(MSG-1) EUMETSAT-9(MSG-2) MSG-3~4	2002 2005 2006~12	정지궤도, 차세대 METEOSAT 제작: #8: 알카텔 (프랑스) #9: 알카텔 알레니아 스페이스 (프랑스)
중 국	풍운 2호 B(FY-2B) 풍운 2호 C(FY-2C) 풍운 2호 D	2000 2004 2006	정지궤도 (105°E) FY–Fengyun
인 도 (ISRO)	INSAT-2E INSAT-3B INSAT-3A	1999 2000 2003	정지궤도, 통신, 기상(83°E) (83°E) (93.5°E)
러시아 (전 러시아 과학연구소)	GOMS-2	2005~	정지궤도
한 국	COMS	2010	정지궤도 제작 : 항공우주연구원(한국)/아스트리움사(프랑스)

Spectrometer, 마이크로파 센서, Sounder 등이 있다. 대표적인 Spectrometer로는 현재 차세대 탐측기의 한 종류로 미국에서 연구 개발 중인 GIFTS(Geosynchronous Imaging Fourier Transform Spectrometer)가 있다. 그러나, GIFTS는 항공기 실험만이 진행되고 있는 단계이고, 차세대 위성인 GOES-R이나 MTG에도 탑재가 불투명하거나 10여년 후에나 가능할 예정이어서 시급성과 가능성은 낮은 것으로 평가되었다. 또한, 마이크로파 센서(Microwave radiometer)는 구름이 있는 지역에서의 강수 산출이 가능하여서 악기상 감시

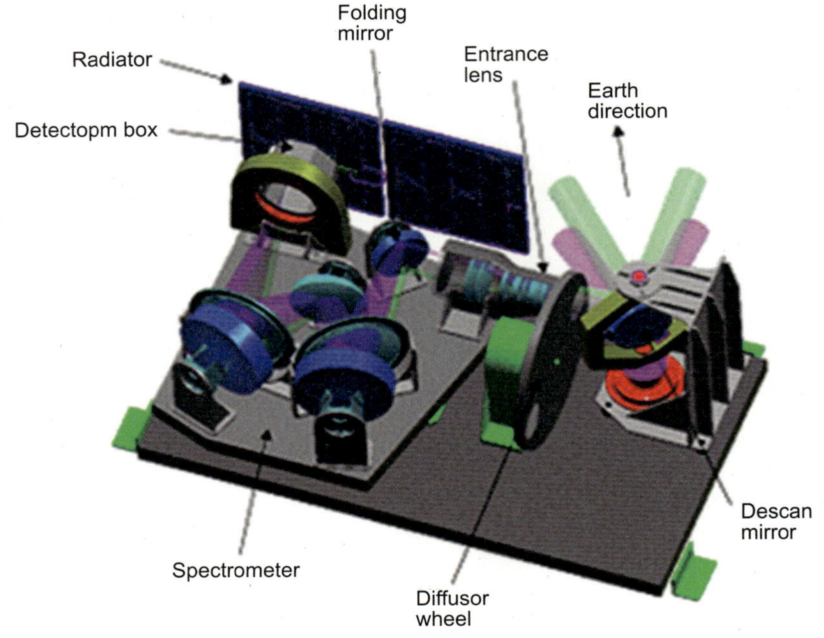

그림 2-20 일반적인 기상 탐측기(영상기)

에 크게 기여할 것으로 판단되어 중요성은 높은 평가를 받았으나, 현재 정지궤도위성에 탑재된 사례가 없고 준비 상황도 매우 초기 단계에 머물고 있어서 시급성과 가능성에서 낮은 평가를 받았다. 낙뢰 탐지기(Lightening detector)의 경우 현재 정지궤도에서 활용되고 있기 때문에 가능성은 높으나 다른 산출물에 비해 시급성, 중요성, 효율성에서는 낮은 평가를 받았다. 네 가지 기상관측 임무에 따른 탑재체의 선호도는 영상기, 탐측기, 마이크로파 센서, 낙뢰 탐지기 순으로 정리되었다. 조사에 사용된 네 가지 위성관측 임무는 기상 위성 선진국의 차세대 위성에서도 모두 고려되었던 것들로서 그 중요성 면에서는 모두 중요하다고 할 수 있으나, 현 시점의 기술력에 따른 가능성 및 시급성이 제한 사항으로 작용하는 것으로 분석되었다.

기상 탑재체(영상기)를 개발/제작하는 대표적인 회사로서 미국의 ITT를 꼽을 수 있으며, 대표적인 정지궤도 기상위성인 미국의 GEOS 시리즈, 일본의 MTSAT-2(Multifunctional Transport Satellite), 한국의 COMS(Communication, Ocean and Meteorological Satellite) 모두 이 ITT사가 개발한 기상 탑재체(MI; Meteorological Imager)를 탑재하

여 운용 중이다. 이와 유사한 레벨로 검증된 성능을 가진 기상 탑재체로서 ESA(European Satellite)가 주관이 되어 개발된 SEVIRI(Spinning Enhanced Visible and Infra-Red Imager)를 들 수 있으며, 이는 유럽의 대표적 기상위성인 MSG(Meteosat Second Generation)에 탑재되어 운용 중이다.

이 두 탑재체의 연장선 상에서 현재 개발중인 기상 탑재체 중에서는 차세대 영상기 ABI(Advanced Baseline Imager) 또는 FCI(Flexible Combined Imager)가 있다. 이들 탑재체들은 기존에 개발/검증된 모델에 비해 한 차원 높은 성능(해상도, 관측주기, 파장대역 등)을 기반으로 설계/개발되고 있다. 이들은 실제 우주에서 사용된 이력은 아직 없으며, ABI를 탑재한 GOES-R 위성은 2016년에, FCI를 탑재한 MTG 위성은 2015년에 발사될 예정이다.

표 2-3 ABI의 특징

기술적 특징		ABI	현재 기술
Spectral coverage		16 bands	5 bands
Spatial resolution	0.64 mm Visible	0.5 km	약 1 km
	Other Visible/near-IR	1.0 km	해당사항 없음
	Bands (>2 mm)	2 km	약 4 km
Spatial coverage	Full disk	시간당 4	시간당 3으로 계획
	CONUS	시간당 12	시간당 4까지
	Mesoscale	매 30초	해당사항 없음
Visible(reflective bands) On-orbit calibration		있음	없음

ABI는 통신해양기상위성의 기상 탑재체를 개발한 미국의 ITT사에서 개발 중인 탑재체로서, 현재 GOES에서 사용되고 있는 영상기에 비해 약 5배 빠른 스캔 속도를 가지는 등 아래 표 2-3에 정리되어 있는 바와 같은 개선점을 가지고 있는 것으로 평가되고 있다. 또, 아래 그림 2-21은 ABI의 구성도이다.

FCI는 유럽의 3세대 정지궤도 기상위성인 MTG의 기상 탑재체로서 프랑스의 EADS Astrium(European Aeronautic Defence and Space Company Astrium)과 TAS(Thales Alenia Space)가 경합 중이다.

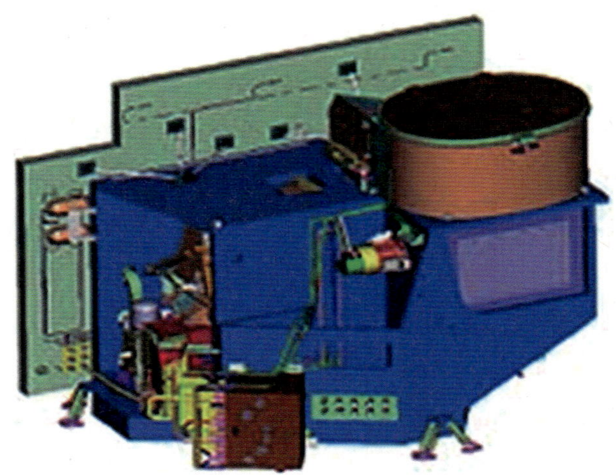

그림 2-21 ABI 구성도

위 두 종류 탑재체 외에도 다음과 같이 여러 종류의 기상 탑재체 후보들이 있다.

GIFTS

- 세계 최초로 정지궤도 위성용으로 개발된 Hyper-spectral Sounder
- EDU 제작 이후 펀드 중단 (NASA JPL)

HES(Hyperspectral Environmental Suite)

- 미국 GOES-R 탑재 예정으로 개발이 진행되었으나, 2006년 개발 중단
- 대기 온습도 수직분포 및 CO, N_2O 등 미량기체 관측, 해양관측 임무

MTG-IRS(Infra-Red Sounding)

- 유럽 MTG 탑재 예정으로 개발 중 (2017년 MTG-S 임무개시 예정)
- 대기 온습도 수직분포 및 CO, N_2O 등 미량기체 관측
- 영상기에 비해 기술 성숙도 부족, 개발비용 증가 예상

제3장

해양 탑재체

해양 탑재체는 해양의 일차 생산량 추정, 나아가 해양의 CO_2 흡수 능력을 감시하고 지구 온난화와의 관련성을 추정할 수 있어야 하며, 연안과 해양의 효율적 관리를 위한 모니터링 기능을 가짐으로써 육상 담수의 이동, 오염물의 이동과 확산, 연안해양의 오염 및 생물의 생태계 변화를 추적할 수 있어야 한다. 또한, 해양의 재해와 재난 사고 절감을 위한 실시간 해양환경 모니터링 체계를 구축하고, 적조의 발생과 확산, 유류사고 모니터링, 해일의 발생을 모니터링 해야 한다.

전지구적(Global) 또는 대양의 해수 흐름, 온도 등의 해양환경 관측은 정지궤도 기상 탑재체를 사용할 수 있기 때문에, 일반적으로 해양 탑재체라 함은 한반도 영역과 같은 연안 및 근해 영역에 대한 관측 센서를 의미한다. 이 중 해색(Ocean Color)은 플랑크톤, 적조 등과 같이 해양 수산업에 직접적인 정보를 제공하므로, 가시광선 대역의 센서가 유용하며, 이를 위해 이번 천리안 위성 해양 탑제체로 GOCI(Geostationary Ocean Color Imager)가 채택되었다.

GOCI는 부유퇴적물 외에도 바닷물에 녹아 있는 유기물과 식물성플랑크톤, 각종 오염물질의 종류와 양, 흐름까지 알아낼 수 있다. 이런 입자들은 각각 특정 파장의 빛을 흡수하거나 흩어지게 하는 특성이 있다. GOCI는 바로 이러한 특성을 이용해 바닷속 입자들을 관측한다. GOCI는 감지하는 빛의 파장 영역들을 10 nm씩으로 잘게 나눔으로써, 바닷속 특정 입자가 흡수하거나 흩어놓은 빛을 감지하면 어느 파장 영역인지 정확히 구분이 가능하다. 이 데이터로 입자의 종류와 양을 추정해내는 것이다. 파장 영역을 80~100 nm 정도로 넓게 설정하는 보통 위성들은 이런 분석이 거의 불가능하다. 아래 그림 2-22는 GOCI를 보여주고 있다.

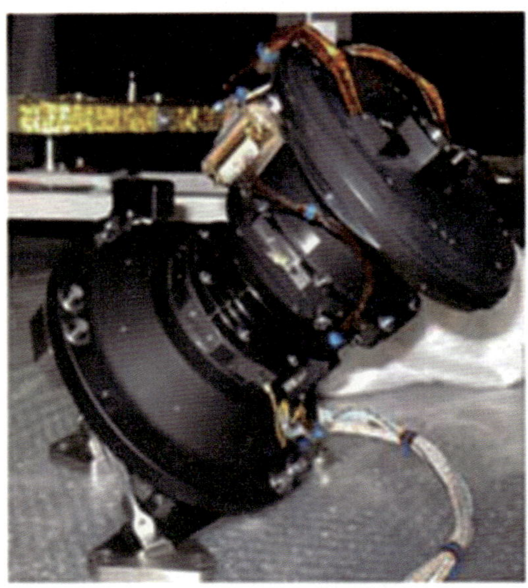

그림 2-22 GOCI

GOCI는 항공우주연구원이 프랑스 EADS-Astrium와 협력하여 개발되어 운용 중이다. GOCI는 기상 영상기와 같은 스캐너 방식 촬영이 아니고 2차원 검출기(CCD)를 사용하여 동시에 전 영역을 촬영하는 프레이밍(Framing) 방식을 사용한다. 그 대신 8개의 밴드 각 파장 대역 정보를 얻기 위해 검출기 앞에 순차적으로 돌아가는 기계적 필터를 적용한다.

천리안위성에 탑재된 GOCI의 공간해상도가 한 픽셀당 500 m×500 m이고 밴드 수도 8이기 때문에, 향후 개발될 GOCI-II에서는 픽셀당 250 m×250 m로 성능을 향상시키고 밴드 수도 12개로 수정할 예정으로 알려져 있다. 또한, 어장정보를 위해 야간관측을 위한 Panchromatic band를 추가하고, 동시에 한반도 주변 고정된 영역 관측기능을 구름이 없는 해역 혹은 special event area로 신축적으로 변경 시킬 수 있는 기능을 갖게 함으로써 위성 자료의 활용도를 크게 높이게 될 것으로 기대하고 있다.

픽셀당 250 m×250 m를 구현하기 위해서는 CCD 픽셀의 크기를 축소하는 방안을 고려할 필요가 있다. 이정도 픽셀 크기의 검출기 소자는 독일의 산불 관측 위성인 BIRD(Bi-Spectral Infrared Detection) 위성이 탑재한 WAOSS-B(Wide-Angle Optoelectronic Stereo Scanner) 탑재체가 있다. 아래 그림 2-23는 WAOSS-B이다.

그림 2-23 WAOSS-B

일반적으로 해양 관측은 NOAA-AVHRR(National Oceanic and Atmospheric Administration-Advanced Very High Resolution Radiometer), MODIS 등과 같은 저궤도 위성 탑재체를 사용하여 이루어져 왔다. 이는 얻을 수 있는 해양 반사 가시광선 에너지의 양과 공간 해상도 측면에서 정지궤도 위성 탑재체는 저궤도 위성 탑재체에 비해 크게 불리하기 때문이다. 또한 연안과 근해의 상황 변화 주기가 그리 크지 않아서 하루 한번 관측 또는 여러 위성의 자료를 사용한 2~3차례 관측만으로도 충분한 활용도가 있기 때문이다. 하지만 기름유출, 불법선박 탐지, 해양 조난 등 그 관측의 시급성과 주기에 대한 필요성이 점점 높아짐에 따라 상시 관측이 가능한 정지궤도 해양 관측 탑재체의 필요성이 높아지고 있고, 이에 따라 GOCI는 이에 대한 지속적인 개발, 운용, 성능개량의 방향을 제시할 중요한 시발점이 되고 있다.

제4장

환경 탑재체

정지궤도 복합위성에 새로이 추가되는 환경감시 임무는 지상 및 대류권의 이산화질소(NO_2), 이산화황(SO_2), 오존(O_3), 일산화탄소(CO), 에어로졸 등 기후 및 대기 환경 변화의 주요 화학적 요소의 정량적 분포, 이동 및 변동을 지속적으로 측정, 감시하는 기능을 목적으로 한다.

현재까지 외국위성을 이용하여 관측된 환경 탑재체의 대상 기체는 주로 NO_2, SO_2, CO, 에어로졸 등이다. 이러한 기술들은 주로 1980년대 성층권, 오존층과 이에 관련된 화학 기체량의 측정기술에 그 기원을 두고 있으며, 그동안 지속적으로 발전되어 왔다. 1990년대 중반부터 이러한 환경 요소들에 대한 직접 측정이 가능해졌으며, 그 해상도와 정확도도 지속적인 발전을 거듭해왔다. 그러나 다른 기상 요소들의 관측과 달리, 환경 요소들은 측정 해상도가 주로 10~40 km 정도로 유지되어 왔다. 이는 주로 다소 낮은 해상도로 전구를 매일 또는 짧은 기간 안에 측정하려는 목적에서 유지되어 온 것이다.

2008년부터는 미국 NASA의 OCO(Orbiting Carbon Observatory), 그리고 일본 NIES(National Institute of Environmental Science)의 GOSAT(Greenhouse Gas Observing Satellite)에 의해 위성 원격 탐사로는 처음으로 CO_2 양의 감시가 이루어질 전망

이다. 이제까지의 CO_2 관측은 주로 다른 요소들을 관측함으로써 간접적인 유추 방식으로 진행되어 왔다. 또한, 지금까지의 환경 탑재체는 주로 저궤도 위성에서만 운용되었으며 최근에 와서 정지궤도 위성에도 탑재하려는 움직임이 시작되었다. 정지궤도위성을 활용하게 되면 1시간 또는 30분 간격으로 측정 자료를 얻을 수 있게 된다

정지궤도에서 자유 대류권(free troposphere) 내의 미량 기체와 에어로졸 관측이 가능하기 위해서는 높은 공간해상도가 요구된다. 자외선부터 가시광선까지의 파장 대역을 통해서 미량기체가 관측될 수 있는데, 정보들을 구분하기 위해서는 최소한 10~20 km의 공간해상도가 요구된다. 이에 해당하는 공간 해상도를 가진 탑재체들은 이미 개발되어 운용되는 상태이다.

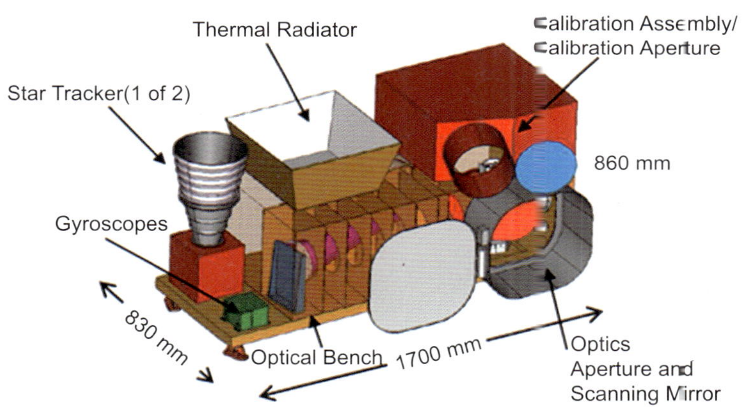

그림 2-24 Scanning UV/VIS Spectrometer

Scanning UV/VIS Spectrometer는 현재 지구 저궤도위성에 탑재되어 있는 OMI(Ozone Monitoring Instrument) 탑재체를 정지궤도에서 작동이 가능하도록 변형된 탑재체 모델이다Scanning UV/VIS Spectrometer의 우주 공간에서의 특성은 이미 OMI를 통해 매우 성공적으로 입증된 바 있다. 그림 2-24는 Scanning UV/VIS Spectrometer의 구성도를 보여 주고 있으며, $0.83 \times 1.7 \times 0.86\ m^3$의 크기에 $1.25 \times 5.0\ km^2$의 높은 공간해상도를 보여주는 센서이다. 관측 파장 범위는 300 nm~480 nm로서, 분광 분해능은 0.3 nm이다. 단파장에 대해 관측이 이루어지므로 낮 동안 관측이 가능하다. 임무 수행에 별다른 문제가 없을 것으로 추정되는 임무 수명은 2년이고 목표 수명은 5년으로, NASA 산하에서 구성 및 기술적

인 완성이 이루어졌다. 그러나 이러한 규격은 지구 저궤도에서의 특성을 기본으로 한 것이며 실질적인 정지궤도 복합위성의 수명이 10년이 이상인 점을 고려하여 향후 정지궤도 탑재체 개발과정에서 성능이 보완될 필요성을 갖고 있다.

제5장

국토관측위성 탑재체

5.1 국외위성

5.1.1 LANDSAT

LANDSAT은 전 세계에서 가장 널리 이용되고 있는 지구관측위성 중 하나이다. LANDSAT은 지구관측을 위한 최초의 민간목적 원격탐사 위성으로 1972년에 1호 위성이 발사되었으며 그 이후 LANDSAT 2, 3, 4, 5호가 차례로 발사에 성공했으나 LANDSAT 6는 궤도 진입에 실패하였다. 최근에는 LANDSAT 7호가 1999년 4월에 발사되었으며, 현재 1, 2, 3, 4호는 임무를 끝내고 운영이 중단되었고, 현재는 5, 7, 8호만 운용 중에 있다. LANDSAT 시리즈는 20여년 동안 Thematic Mapper(TM), Multi Spectral Scanner(MSS)를 탑재하여 오랜 시간동안의 지구 환경의 변화된 모습을 볼 수 있다.

LANDSAT 7은 LANDSAT Series의 일환으로 발사되어 현재 지구 관측임무를 수행하고 있으며, TM 센서를 보다 발전시킨 ETM+(Enhanced Thermal Mapper Flus) 센서를 탑재하고 있다. TM과 비교할 때 Thermal Band의 해상도가 120 m에서 60 m로 향상되어 보다 정밀한 지구 관측이 용이해졌고 15 m 해상도의 Panchromatic Band(전파장 영역)가 추가

되어 다양한 방법에 의한 지구 관측이 용이하고 더 좋은 영상을 제공 할 수 있게 되었다. 최근 LANDSAT-8가 발사되어 운용 중에 있다.

LANDSAT 위성은 토지피복, 재해감시, 식생지수 등 지표면에 대한 다양한 관측 및 분석이 가능하다. 또한 지표면 관측을 위해 개발된 위성이지만 탁도가 높은 해역, 수역 등에 관한 관측도 가능하여 많은 분야에서 전천후로 활동하고 있는 위성이다.

그림 2-25 Landsat-8 [출처: NASA]

그림 2-26 Landsat 영상을 이용한 산불감시 [출처: NASA]

표 2-4 LANDSAT 위성의 제원 [출처: USGS]

	LANDSAT-4/5	LANDSAT-7	LANDSAT-8
무게	4호: 1,942 kg 5호: 2,200 kg	2,200 kg	2,071 kg
궤도 높이	705 km	705 km	705 km
재방문 주기	16일	16일	16일
Swath	183 km	185 km	185 km
탑재 센서	TM, MSS	ETM+	OLI, TIRS
공간 해상도	30 m(가시, 적외선 밴드) 120 m(열적외선밴드)	30 m(가시, 적외선 밴드) 60 m(열적외선밴드) 15 m(Pan. 밴드)	OLI: 30 m, 15 m(Pan. 밴드) TIRS: 100 m
Spectral Range	**MSS** Band 4 Visible (0.5 to 0.6 μm) Band 5 Visible (0.6 to 0.7 μm) Band 6 Near-Infrared (0.7 to 0.8 μm) Band 7 Near-Infrared (0.8 to 1.1 μm) **TM** Band 1 Visible (0.45 – 0.52 μm) Band 2 Visible (0.52 – 0.60 μm) Band 3 Visible (0.63 – 0.69 μm) Band 4 Near-Infrared (0.76 – 0.90 μm) Band 5 Near-Infrared (1.55 – 1.75 μm) Band 6 Thermal (10.40 – 12.50 μm) Band 7 Mid-Infrared (IR) (2.08 – 2.35 μm)	**ETM+** Band 1 Visible (0.45 – 0.52 μm) Band 2 Visible (0.52 – 0.60 μm) Band 3 Visible (0.63 – 0.69 μm) Band 4 Near-Infrared (0.77 – 0.90 μm) Band 5 Near-Infrared (1.55 – 1.75 μm) Band 6 Thermal (10.40 – 12.50 μm) Band 7 Mid-Infrared (2.08 – 2.35 μm) Band 8 Panchromatic (0.52 – 0.90 μm)	**OLI** Band 1 Visible (0.43 – 0.45 μm) Band 2 Visible (0.450 – 0.51 μm) Band 3 Visible (0.53 – 0.59 μm) Band 4 Red (0.64 – 0.67 μm) Band 5 Near-Infrared (0.85 – 0.88 μm) Band 6 SWIR 1 (1.57 – 1.65 μm) Band 7 SWIR 2 (2.11 – 2.29 μm) Band 8 Panchromatic (0.50 – 0.68 μm) Band 9 Cirrus (1.36 – 1.38 μm) **TIRS** Band 10 TIRS 1 (10.6 – 11.19 μm) Band 11 TIRS 2 (11.5 – 12.51 μm)

그림 2-27 마다가스카르의 Betsiboka강 하구의 퇴적물 분석 [출처: NASA]

5.1.2 ENVIsat

ENVIsat(Environmental Satellite)은 지구관측위성으로서 지구환경과 기후변화에 대한 연구, 지표면, 빙권, 대기권에 대한 감시와 모니터링을 수행한다. 2002년 프랑스에서 발사되었으며 궤도고도는 790 km이며 2~3일 주기를 가지고 있다.

ENVIsat에 장착된 탑재체는 총 9가지로 다음과 같다.

1) AATSR(Advanced Along Track Scanning Radiometer)

이 센서는 ERS-1, 2에 장착됐던 ATSR-1, 2의 후속 기종으로 주로 SST(Sea Surface Temperature)를 측정하는 역할을 한다. 그 외 육상표면 온도, 구름의 꼭대기 온도, 대기권의 수증기 함유량, 에어로졸등을 측정 · 관찰해 환경 감시의 역할을 수행한다.

2) ASAR(Advanced Synthetic Aperture Radar)

ASAR는 C-band로 작동하는 SAR Image mode와 wave mode(ERS-1/2에 장착)의

그림 2-28 ENVIsat [출처: ESA]

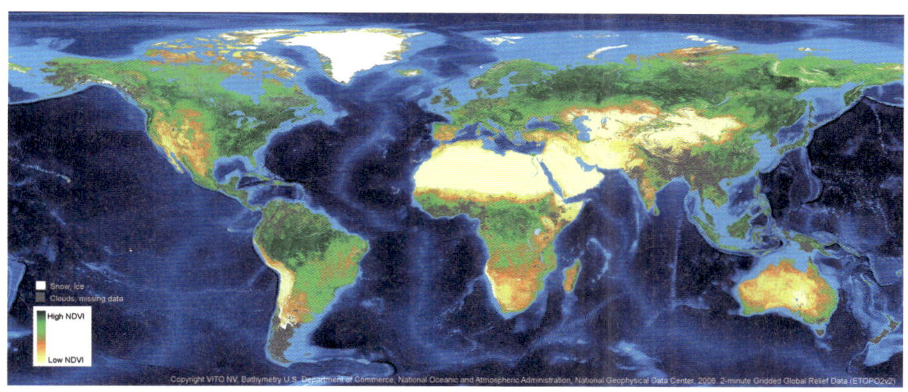

그림 2-29 ENVIsat MERIS 센서를 활용한 전세계 식생지수 분포도 [출처: MERIS]

후속 모델이다. 이는 입사각의 범위, 적용 범위 능력을 강화한 특징을 보인다. 주로 측정하는 대상은 해수파의 특징, 빙하의 용량, 기름 유출, 얼음과 눈의 부피, 빙하, 표면 지형학, 육상 표면의 특징, 표면 토양 수분과 습지의 크기, 사막 지역 넓이와 황폐화, 홍수, 지진 등의 재앙에 대한 감시를 위주로 한다. ASAR의 넓은 적용범위와 높은 해상도는 지구의 육상과 해양 모두에 유효하다.

3) DORIS(Doppler Orbitography and Radio Positioning Intergrated by Satellite)

프랑스의 CNES에서 제공하는 센서로 위성의 정확한 고도와 위치를 측정하도록 하는데 도움을 주도록 설계된다. 이 기기가 제공하는 자료는 불과 몇 cm의 오차로 상당히 정확하다.

4) GOMOS(Global Ozone Monitoring by Occultation of Stars)

GOMOS는 대기의 화학 성분들 특히 성층권의 오존, NO_2, H_2O와 에어로졸의 profiles를 측정하고 온도를 관측해서 환경 전반에 대한 감시를 하게끔 설계된다.

5) MERIS(Medium Resolution Imaging Spectrometer)

MERIS는 해양, 대기 그리고 육상의 관측을 위한 센서이다. 주요한 관측 범위는 해양의 생물, Ocean color, 대기의 역학, 에너지 순환, 육상표면의 관찰로서, 해양의 생물-물리학적, 생화학적 파라미터를 감시하고 구름과 수증기 함유량등 대기 특성과 육상 표면의 식생상태를 관측한다. 연안의 침식과 침전량 등을 측정하며 퇴적물을 관측하고 공업지역, 공항, 도시 등에 공해로 인해 발생한 에어로졸을 관측한다.

6) MIPAS(Michelson Interferometric Passive Atmosphere Sounder)

MIPAS는 밤과 낮 동안 특히 성층권과 구름이 없는 부분의 다양한 trace 가스를 측정하기 위한 IR 센서이다. 주로 대기의 화학, 역학적 자료들과 에너지 순환을 관찰한다. 성층권의 화학 성분(오존), 기후 연구를 위해 O_3, NO, NO_2, HNO_3, $ClONO_2$, N_2O_5, CH_4, H_2O, HNO_4, COF_2, HOCl, CFCs, CO, OCS, 에어로졸, 구름, C_2H_2, C_2H_4, SF_6 등의 양을 관찰한다.

7) MWR(Microwave Radiometer)

대기권의 역학과 에너지 순환, 대기의 습도 등을 관측하기 위해 사용된다.

8) RA-2(Advanced Radar Altimeter)

물리 해양학, 기후학을 연구하기 위해 얼음과 눈, 환경 감시, 바람의 속도, Significant wave height, 해수 표면 극지학, 얼음의 특성, 육상과 빙하의 지형학 등을 관찰하는 것으로 ERS-1,2의 Radar Altimeter의 발전된 형태이다.

9) SCIAMACHY(Scanning Imaging Absorption Spectrometer for Atmospheric Cartogra-phy)

대기권 화학과 기상학 등의 연구에 응용되며 주로 중간 대기권 온도, 성층권과 구름의 성분 및 구름의 고도 등을 측정한다.

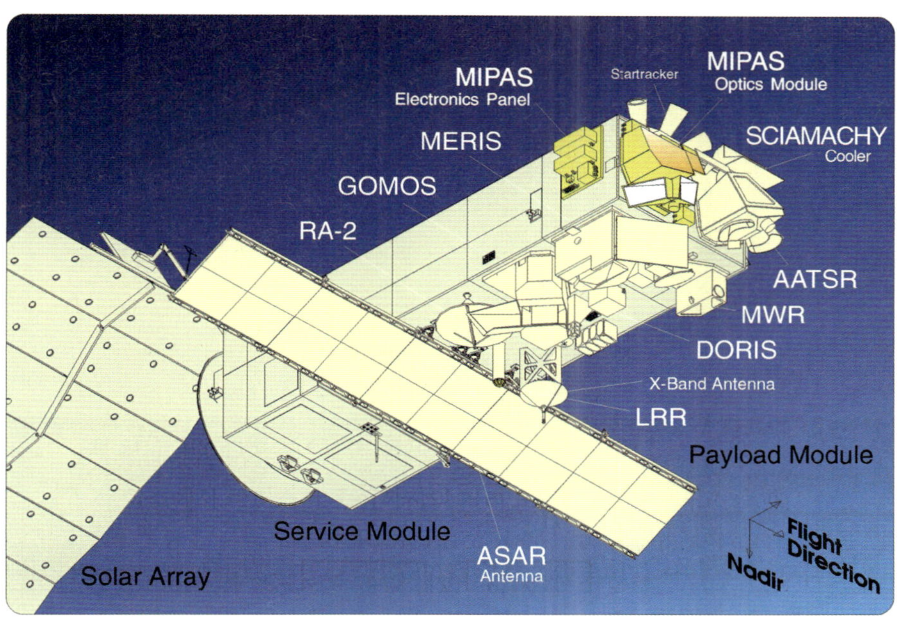

그림 2-30 ENVIsat 구조도 [출처: ESA]

표 2-5 ENVIsat 센서 별 제원 [출처: ESA]

	AATSR	ASAR	DORIS	GOMOS	MERIS
무게	8211 kg				
궤도높이	780~820 km				
재방문 주기	35일				
Swath	500 km	100 km (IM) 400 km (WS,GM) 5 km (WM)	–	–	1150 km
탑재센서	AATSR	ASAR	DORIS	GOMOS	MERIS
공간 해상도	1000 m	30 m (WM,AP) 150 m (WS) 1000 m (GM)	–	–	1040×1200 m (Ocean) 260×300 m (Land)
Spectral Range	VIS–NIR (0.5 – 0.8 μm) SWIR (1.6 μm) MWIR (3.7 μm) TIR (10.8 – 12 μm)	C–band Microwave (30 – 60 cm)	–	UV–VIS (248 – 371 nm, 387 – 693 nm) NIR (750 – 776 nm, 915 – 956 nm)	390 – 1040 nm

표 2-6 ENVIsat 센서 별 제원(계속) [출처: ESA]

	MIPAS	MWR	RA–2	SCIAMACHY
무게	8211 kg			
궤도높이	780~820 km			
재방문 주기	35일			
Swath	3 × 30 km	20 km	–	1000 km
탑재센서	MIPAS	MWR	RA–2	SCIAMACHY
공간 해상도	3 km (Vertical Resolution) 5×150 km (Vertical Scan) 3×30 km (Horizontal)	20 km	–	3×132 km (Limb Vertical) 32×215 km (Nadir Horizontal)
Spectral Range	MWIR–TIR (4.15 – 14.6 μm)	Microwave	Ku–band Microwave S–band Microwave	UV–SWIR (214 – 1773 nm, 1934 – 2044 nm, 2256 – 2386 nm)

5.1.3 TerraSAR-X

독일의 첫 번째 레이더 위성으로 2007년 6월 15일 발사에 성공하였다. 독일항공우주연구원(DLR; Deutsches Zentrum Fur Luft-und Raumfahrt)과 유럽 최고의 위성전문가 Astrium이 공동조합을 구성하여 개발하였다. 궤도 고도는 612~530 km, 재방문주기는 11일(관측 폭 중복주기) 또는 2.5일(지구상 임의점 관측주기, 재방문주기 95% 확률일 경우 2일)이다.

TerraSAR-X는 다양한 관측모드를 지원한다. 영상관측모드는 다음과 같다.

- 고해상도 Spotlight : 1 m 해상도, 5 to 10 km × 5 km(width x length)
- Spotlight : 2 m 해상도, 10 km × 10 km
- StripMap : 3 m 해상도, 30 km × 50 km
- ScanSAR : 18 m 해상도, 100 km × 15 km

고해상도 Spotlight 모드 및 Spotlight 모드는 지형 및 목표물을 자세히 식별하기 위해 빔을 진행방향에 수평으로 조향하여 특정지역에 집중한다. 영상을 합성하는 데 걸리는 시간보다 길게 촬영하여 정밀한 영상을 획득하며 가장 정밀한 해상도를 제공한다. Stripmap 모드는 가장 일반적으로 동작하는 방법으로, 빔을 고정시킨 채로 플랫폼의 진행방향을 따라 연속적으로 촬영하는 방법이다. ScanSAR 모드는 빔을 진행방향에 수직으로 조향하면서 촬영하는 방법이다. 가장 낮은 해상도를 제공하지만 넓은 지역의 영상을 얻을 수 있다(DLR).

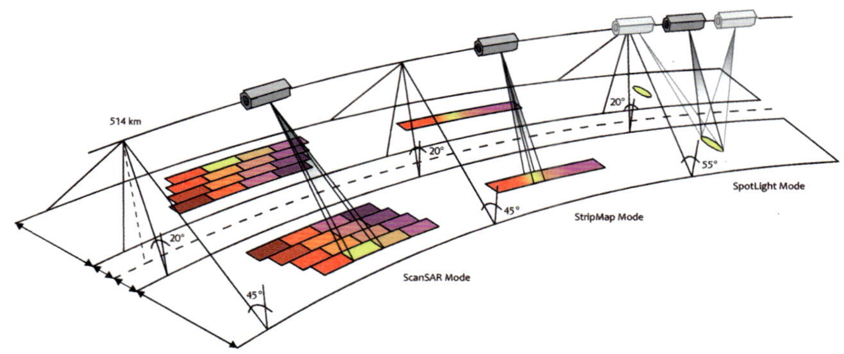

그림 2-31 TerraSAR-X의 촬영모드. 왼쪽부터 ScanSAR, StripMap, Sportlight 모드

[출처: AIRBUS Defence & Space]

표 2-7 TerraSAR-X 제원 [출처: ESA]

	TerraSAR-X
무게	1230 kg
궤도높이	514 km
재방문 주기	11일, 2.5일
Swath	5 to 10 km × 5 km (HS SpotLight) 10 km × 10 km (SpotLight) 30 km × 50 km (StripMap) 100 km × 150 km (ScanSAR)
탑재센서	Synthetic Aperture Radar sensor(SAR)
공간 해상도	1 m (HS SpotLight) 2 m (SpotLight) 3 m (StripMap) 28 m (ScanSAR)
Spectral Range	X-band Microwave

그림 2-32 TerraSAR-X [출처:DLR]

5.1.4 WorldView-1/2

WorldView-1은 2007년 발사된 위성으로 50 cm(Pan.)의 해상도를 지원하고 있으며, 정밀지도 제작이나 토지이용변화분석 등에 효과적으로 사용되고 있다. DigitalGlobe사에서 영상을 공급하고 있다. WorldView-2는 DigitalGlobe사의 2세대 위성으로서 Ball Aerospace사에 의해 제작되었다. 궤도고도는 770 km로 고해상도 영상취득 능력은 100만 km^2/day이다. 또한 지구상 어느 지역도 1.1일이면 재방문할 수 있는 방문주기를 갖고 있으며, Pan.(0.46 cm), 8밴드 멀티영상을 지원하여 자동차, 그림자지역, 각각의 나무객체를 구분할 수 있는 초고해상도의 선명한 영상자료를 제공하고 있다.

표 2-8 WorldView 제원 [출처: DigitalGlobe]

	WorldView-1	WorldView-2
무게	2,290 kg	2,800 kg
궤도높이	496 km	770 km
재방문 주기	1.7일 (1 m GSD 또는 그 이하) 5.4일 (20° Off-Nadir or less)	1.1 - 3.7일
Swath	17.7 km (Nadir)	16.4 km
탑재센서	Star trackers, solid state IRU	high resolution optical sensor
공간 해상도	50 cm (Nadir) 55 cm (20° Off-Nadir)	50 cm
Spectral Range	0.4 - 0.9 μm	**Panchromatic** 0.450 – 0.800 μm **Multispectral** Band 1 Near IR1 0.770 – 0.895 μm Band 2 Visible red 0.630 - 0.690 μm Band 3 Visible green 0.510 - 0.580 μm Band 4 Visible blue 0.450 - 0.510 μm Band 5 Red edge 0.705 - 0.745 μm Band 6 Yellow 0.585 - 0.625 μm Bnad 7 Coastal band 0.400 - 0.450 μm Band 8 Near IR2 0.860 - 1.040 μm

그림 2-33 WorldView-1(좌), WorldView-2(우) [출처: DigitalGlobe]

그림 2-34 WorldView-1으로 촬영한 이탈리아 크루즈 여객선 침몰사건 촬영영상 [출처: DigitalGlobe]

5.2 국내위성

5.2.1 KOMPSAT-1

KOMPSAT-1(아리랑-1호)은 우리나라가 발사한 최초의 다목적 실용위성이다. 인공위성의 국산화 개발과 운용 및 이용기술 기반 확보를 목표로 개발됐으며 한반도 관측과 해양관측, 과학실험 등 다양한 임무를 수행했다.

준 비행모델 위성인 PFM(Proto-Flight Model)은 미국에서 개발 및 조립됐고, 이 과정을 우리나라 기술진이 함께 참여했다. 실제 발사 위성인 FM(Flight Model)은 우리 연구 기술진의 주도로 한국항공우주연구원에서 개발하고 발사하는 데 성공했다.

KOMPSAT 1호는 질량 460 kg, 직경 1.34 m, 높이 2.35 m, 태양전지판을 전개했을 때의 길이 6.9 m인 위성이며, 지구고도 685 km의 태양동기궤도를 돈다. 위성본체는 하니콤 구조이며, 기본적으로 수동 열제어 방식을 사용한다. 하지만 주요 부분은 열 파이프나 히터를 사용해 열제어를 한다. 위성의 자세 및 궤도를 제어하기 위해서 3축 제어방식을 사용하며 추력기의 연료로 하이드라진을 사용한다.

주탑재체인 전자광학 카메라는 해상도 6.6 m, 관측 폭 17 km의 성능을 갖고 있다. 부탑재체로는 해상도 1 km급 해양관측 카메라와 과학관측용 탑재체인 이온층 측정기, 고에너지 입자검출기가 장착돼 있다.

KOMPSAT 1호는 전체의 60%를 우리나라의 기술로 개발했고, 다목적실용위성 1호에 대한 관제시스템을 국내 최초로 개발하기도 했다. 또 미국의 TRW사의 공동 개발하는 과정에서 차세대 위성을 국산화 할 수 있는 발판을 마련해 이후 다목적실용위성 2호 사업을 추진하는 기반이 됐다.

KOMPSAT 1호에 탑재된 전자광학카메라 및 해양관측카메라는 1999년 12월 발사 이후 8년간 전 세계를 대상으로 약 47만장의 위성사진을 촬영했다. 그동안 KOMPSAT 1호는 한반도 전역에 대한 영상을 100% 확보했고, 동해안 일대 대규모 산불, 한반도 주변의 황사현상, 적조, 태풍, 홍수 등 주요 재난 발생지역을 촬영했다. 전자광학 카메라(EOC; Electro-Optical Camera)가 촬영한 영상을 활용하여 지상구조물(건물, 공항, 철도시설 등)의 규모와 종류를 확인할 수 있으며, 한반도와 주변국의 1/25,000 지도 제작이 가능하다. 또 해안선 변화와 토양침식 등 지형변화 탐지분석을 수행할 수 있고, 국토개발 및 도시계획에도 활용해 3차원 지형도 제작에도 사용할 수 있다. KOMPSAT-1은 2008년 1월 31일부로 임무가 종료되었으며 현재 KOMPSAT-2/3가 그 임무를 대신하고 있다(한국항공우주연구원).

그림 2-35 우리나라 최초의 다목적 실용위성인 KOMPSAT-1 [출처: 한국항공우주연구원]

표 2-9 KOMPSAT-1 제원 [출처: 한국항공우주연구원]

	KOMPSAT-1
무게	460 kg
궤도높이	685 km
재방문 주기	28일
Swath	17 km(EOC) 800 km(OSMI)
탑재센서	EOC(Electro-Optical Camera) OSMI(Ocean Scanning Multispectral Imager) SPC(Space Physics Sensor)
공간 해상도	6.6 m (EOC) 1 km(OSMI)
Spectral Range	EOC 510 – 730 nm OMSI 400 – 900 nm

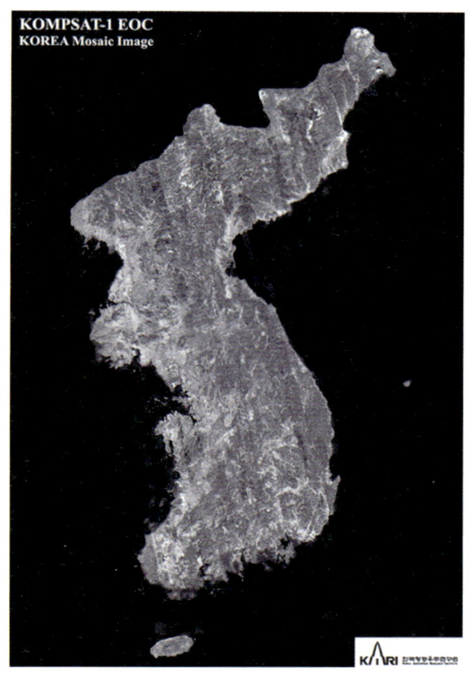

그림 2-36 KOMPSAT-1 EOC센서로 촬영한 한반도 전체영상. [출처: 한국항공우주연구원]

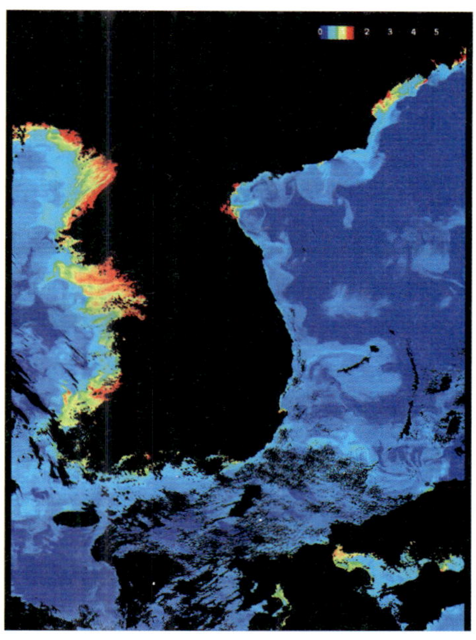

그림 2-37 KOMPSAT-1 해양관측 센서인 OSMI로 촬영한 한반도 근해 클로로필 영상 [출처: 한국항공우주연구원]

5.2.2 KOMPSAT-2/3

KOMPSAT-2호는 1999년부터 과학기술부, 산업자원부, 정보통신부 등의 지원을 받아 한국항공우주연구원이 개발한 저궤도 지구관측위성이다. 1 m급 공간해상도를 지닌 고해상도 광학센서를 이용하여 대규모 자연재해 감시, 각종 자원의 이용실태 조사, 지리정보시스템, 지도제작등과 같은 다양한 분야에서 활용되고 있다.

KOMPSAT-3호는 2012년 발사된 위성으로 KOMPSAT-2호보다 성능이 개선된 공간해상도 0.7 m급의 초고해상도 광학센서(AEISS)를 탑재하였다. 궤도고도 685 km를 따라 하루에 약 15바퀴 지구를 선회한다.

지구관측위성이 통상적으로 영상을 얻는 방법은 전자광학카메라를 지구 쪽으로 향하게 하여 영상을 찍으며 지나가는 방법을 사용한다. 이 방법은 위성의 자세제어가 용이하고 많은 양의 영상자료를 얻을 수 있는 장점이 있지만 동일한 비행경로에서 위치가 떨어져 있는

표 2-10 KOMPSAT-2/3 제원 [출처: 한국항공우주연구원]

	KOMPSAT-2		KOMPSAT-3	
무게	765 kg		980 kg	
궤도높이	685 km		685 km	
재방문 주기	28일		28일	
Swath	15 km		16 km	
탑재센서	MSC(Multi Spectral Camera)		AEISS (Advanced Earth Imaging Sensor System)	
공간 해상도	4 m(Multi Spectral) 1 m(Panchromatic)		2.8 m(Multi Spectral) 0.7 m(Panchromatic)	
Spectral Range	**MSC**		**AEISS**	
	Pan.	500 – 900 nm	Panchromatic	450 – 900 nm
	Band 1 Red	450 – 520 nm	Band 1 Red	450 – 520 nm
	Band 2 Green	520 – 600 nm	Band 2 Green	520 – 600 nm
	Band 3 Blue	630 – 690 nm	Band 3 Blue	630 – 690 nm
	Band 4 Near–Infrared	760 – 900 nm	Band 4 Near–Infrared	760 – 900 nm

그림 2-38 KOMPSAT-2 [출처: 한국항공우주연구원]

그림 2-39 KOMPSAT-3호 [출처: 한국항공우주연구원]

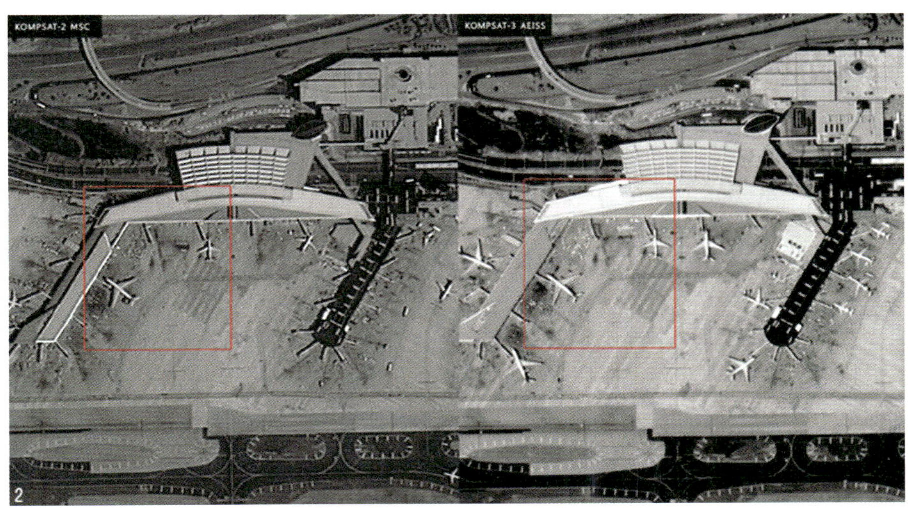

그림 2-40 KOMPSAT-2/3호로 촬영한 필라델피아 공항. 좌측의 2호 영상보다 우측의 3호 영상이 해상도가 향상되어 더욱 뚜렷한 영상 획득 가능 [출처: 한국항공우주연구원]

지역에 대한 정보를 동시에 얻지 못한다는 단점이 있었다. 예를 들면 위성이 기동성이 없이 통상적인 방법인 길이방향 영상촬영 방법만을 사용하면, 한반도의 중심 위를 지나면서 비행경로 바로 아래에 있는 지역에 대한 촬영만 가능하다. 하지만, 위성이 기동성을 가지고 현

위치에서 각도와 자세를 신속하게 변경하면 비행경로 아래쪽 일정 범위 내의 원하는 특정 지역을 골라 촬영하는 다중지역 촬영이 가능하게 된다.

이와 같은 기능은 사용자의 요청으로 원하는 특정 지역만을 촬영하는 상업용 영상촬영의 경우 매우 유용하다. 다중지역 촬영 방법 이외에도 동일지역의 앞면과 뒷면을 같은 비행경로에서 촬영하여 스테레오 영상을 만드는 방법, 특정지역을 집중적으로 촬영하는 광대역 촬영방법 등이 KOMPSAT 3호가 향상된 기동성능을 갖게 되면서 갖추게 된 기능이다(한국항공우주연구원).

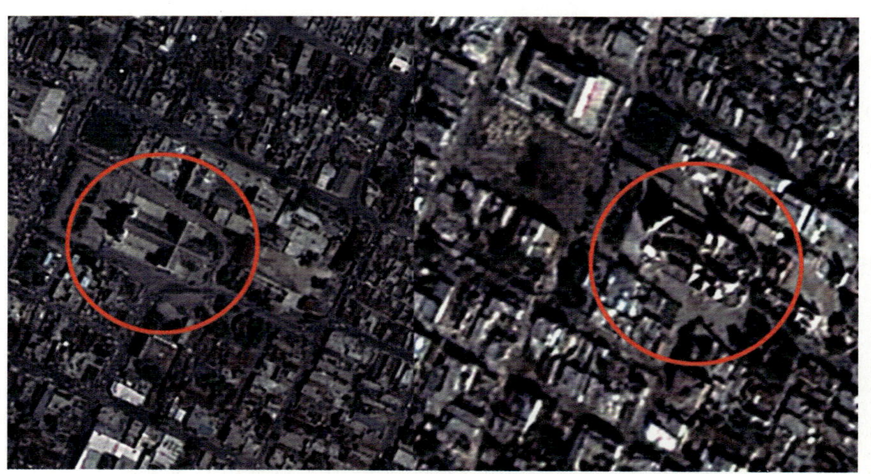

그림 2-41 KOMPSAT-2호로 촬영한 아이티 지진피해 전후 [출처: 한국항공우주연구원]

5.2.3 KOMPSAT-5

정식 명칭은 다목적실용위성 5호(KOMPSAT-5)이다. 2005년 6월 개발에 착수하여 2013년 8월 22일 러시아의 야스니(Yasny) 발사장에서 드네프르(Dnepr) 로켓에 실려 발사되었다. 고도 550 km에서 궤도를 따라 하루에 약 15바퀴 지구를 선회하며 전천후 합성영상레이더(SAR; Synthetic Aperture Radar)를 사용하여 지상관측 임무를 수행한다. 탑재된 영상레이더는 X밴드 마이크로파(9.66 GHz)를 지상에 쏘아 반사되어 돌아온 신호의 시간 차를 측정하여 영상화하기 때문에 날씨와 밤낮에 상관없이 전천후로 물체를 관측할 수 있는 장점이 있다. 최대 해상도는 1 m인데, 단일 해상도가 아닌 다중 해상도 위성영상 획득을 목적으로 하여 기존의 KOMPSAT 2호 및 3호와 상호보완적으로 사용된다. 전송된 영상 정보는 국가 안보와 재난 · 재해 예측, 기후 관측, 자원 이용 및 관리 등에 이용된다.

표 2-11 KOMPSAT-5 제원 [출처: 한국항공우주연구원]

	KOMPSAT-5
무게	1400 kg
궤도높이	550 km
재방문 주기	28일
Swath	30 km (Standard Mode) 5 km (High Resolution Mode) 100 km (Wide Swath Mode)
탑재센서	COSI(Corea SAR Instrument)
공간 해상도	3 m (Standard Mode) 1 m (High Resolution Mode) 20 m (Wide Swath Mode)
Spectral Range	X-band Microwave

그림 2-42 KOMPSAT-5 위성 [출처: 한국항공우주연구원]

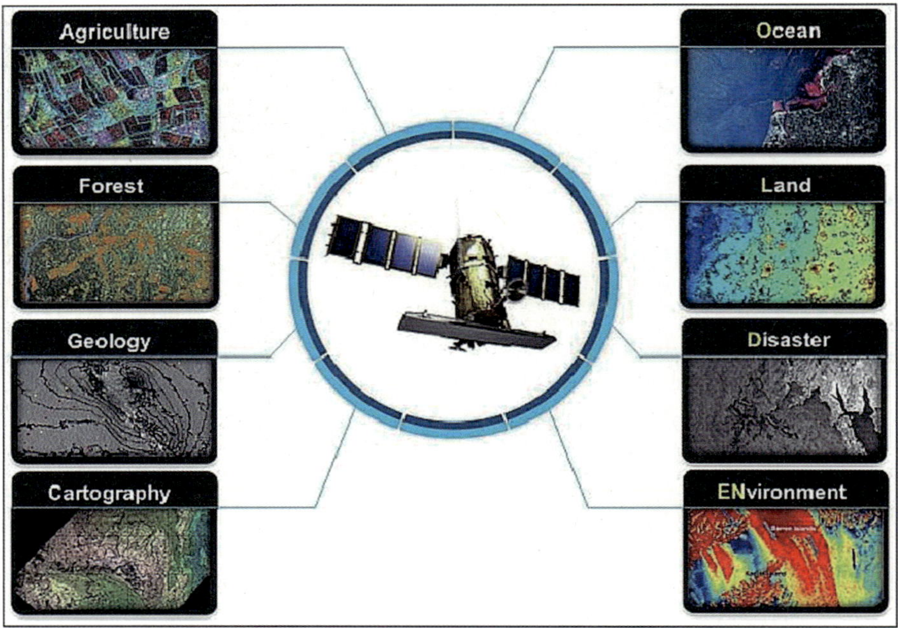

그림 2-43 KOMPSAT-5 의 활용계획 개요도 [출처: 한국항공우주연구원]

그림 2-44 KOMPSAT-5로 촬영한 파리의 모습. 우측의 KOMPSAT-3호 촬영영상은 구름에 의해 가려져 정확한 영상정보를 확인할 수 없는데 반해 레이더 위성인 KOMPSAT-5로 촬영한 영상은 기상상황에 구애받지 않고 영상 획득 가능. [출처: 미래창조과학부]

5.2.4 KOMPSAT-3A

정보화의 물결에 따라 고해상도 위성영상(위성사진)에 대한 수요가 지속적으로 증가되고 있다. 이에 따라 전 세계적으로 미국의 NASA, 유럽의 ESA, 일본의 JAXA 등은 물론, 민간 기업에서도 상업용 고해상도 위성영상을 획득하기 위해 고해상도 위성을 지속적으로 개발 및 발사하고 있다.

우리나라도 이와 같은 추세에 맞추어 2012년 5월 18일, 우리 기술로 개발된 서브미터급(sub-meter, 1미터 이하) 고해상도 지구관측위성인 다목적실용위성 KOMPSAT-3호를 발사했다. 또한 KOMPSAT-3호에 이어 2015년 3월 26일, KOMPSAT-3호보다 해상도가 월등히 높아진 서브미터급 고해상도 지구관측위성 KOMPSAT-3A호를 발사했다. KOMPSAT-3A호는 세계적인 서브미터급 위성과 비교해도 손색이 없고, 또한 밤에도 영상을 획득할 수 있는 적외선 센서를 탑재하고 있어 다양한 분야에 활용할 수 있다.

KOMPSAT-3A호의 궤도높이는 3호에 비해 낮아진 528 km로 더 뚜렷한 해상도를 가진 영상을 획들할 수있으며 공간해상도는 0.55 m이다.

적외선 센서를 추가 장착해 열을 감지하여 야간에도 영상을 관측할 수 있다는 점이 KOMPSAT-3A호의 특징이다. 이 기능을 통해 낮과 밤에도 지형정보기술, 산불탐지, 화산활동 감시, 폐수 방류 감시, 홍수 분석, 열섬현상 분석 등의 환경감시 역할을 추가적으로 수행할 수 있다.

KOMPSAT-3A호의 영상획득 방식은 광학 카메라로 지상을 훑듯이 영상을 찍는 스트립(Strip) 촬영 모드가 기본이다. 그 외에 위성 기동을 이용하여, 다중지역(Multi-point) 촬영 모드, 싱글 패스 스테레오(Single Pass Stereo) 촬영 모드, 광지역(Wide area along) 촬영 모드, 임의의 광지역(Wide area arbitrarily) 촬영 모드를 지원할 수 있다. 다중지역(Multi-point) 촬영 모드는 짧은 시간 내 여러 번 위성 자세를 조정해 이동 경로 주변 지역 영상을 획득하는 방식이다. 싱글 패스 스테레오(Single Pass Stereo) 촬영 모드 위성 경로를 따라 특정 지역을 여러 번 찍는 방식이다. 영상을 후처리하면 3차원 지형 정보가 만들어진다. 광지역(Wide area along) 촬영 모드는 위성 경로에 위치한 지역을 촬영 후 위성 자세를 조정하여 옆 지역을 촬영하는 방식이다. 임의의 광지역(Wide area arbitrarily) 촬영 모드는 광지역 촬영 모드와 유사하지만 위성 경로 외의 특정 지역을 촬영하는 방식이다.

표 2-12 KOMPSAT-3A 제원 [출처: 한국항공우주연구원]

<table>
<tr><th></th><th colspan="2">KOMPSAT-3A</th></tr>
<tr><td>무게</td><td colspan="2">1,000 kg</td></tr>
<tr><td>궤도높이</td><td colspan="2">528 km</td></tr>
<tr><td>재방문 주기</td><td colspan="2">28일</td></tr>
<tr><td>Swath</td><td colspan="2">12 km</td></tr>
<tr><td>탑재센서</td><td colspan="2">AEISS-A
(Advanced Earth Imaging Sensor System-A)
Scanner IIS
(Infrared Imaging System)</td></tr>
<tr><td>공간 해상도</td><td colspan="2">0.5 m (Panchromatic)
2.0 m (Multi Spectral)
5.5 m (Scanner IIS)</td></tr>
<tr><td>Spectral Range</td><td>AEISS-A
Panchromatic 450 – 900 nm
Band 1 Red 450 – 520 nm
Band 2 Green 520 – 600 nm
Band 3 Blue 630 - 690 nm
Band 4 Near-Infrared 760 – 900 nm</td><td>Scanner IIS
3 - 5 μm</td></tr>
</table>

그림 2-45 KOMPSAT-3A호 위성 [출처: 한국항공우주연구원]

그림 2-46 KOMPSAT-3A호의 초고해상도 광학센서인 AEISS-A로 촬영한 UAE의 Burj Al Arab 영상
[출처: 한국항공우주연구원, SIIS]

그림 2-47 KOMPSAT-3A호에 탑재된 적외선 센서인 Scanner IIS로 촬영한 서울도심 영상.
[출처: 한국항공우주연구원, SIIS]

제3부

위성지상국 시스템

제1장

국내외 위성지상국 시스템

1.1 국내 위성지상국 시스템

1.1.1 국가기상위성센터

1) 조직 및 임무

국가기상위성센터는 기상청의 기상위성자료 수집, 처리, 분석, 산출물 생산 등의 업무를 전담하는 기관이다. 국가기상위성센터는 충북 진천군 광혜원면에 위치하며, 2008년 8월에 청사를 준공하고, 2009년 4월에 센터장 밑에 위성기획팀, 위성운영팀, 위성분석팀 등 3팀 43명으로 구성된 국가기상위성센터가 발족되었다. 위성기획팀은 기상위성 개발 사업, 계획, 교육, 협력 등의 업무를 수행한다. 위성운영팀은 위성자료 수신 및 지상국시설의 운영을 맡아 수행하고 있다. 위성분석팀은 위성자료의 분석, 산출물 생산을 맡고 있다. 국가위성센터는 기상청의 위성기상업무를 전담하는 국가기상위성센터는 비전을 "세계 7대 기상위성 선진그룹 진입"으로 정하고 있으며, 미션은 "우주로부터 독자적인 지구대기환경감시로 국가안보, 녹색성장, 국민의 삶의 질 향상에 기여"로 정하고 있다.

2) 국내 · 외 위성 수신자료 종류 및 서비스

가. 국내 · 외 위성 수신자료

다음 **표 3-1**에 국가기상위성센터에서 수신하는 위성이 나타낸다.

국가기상위성센터는 일부위성은 자체 시설을 이용하여 직접 수신하고 있고, 일부는 유선으로 수집하고 있다. 직접 수신하는 위성으로는 정지궤도 위성으로 MTSAT-1R, FY-2 그리고 천리안 위성을 시험수신하고 있고, 극궤도 위성으로는 NOAA-15, 17, 18, Terra/Aqua, FY-1D 등의 위성을 수신하고 있다.

유선수신은 FTP 방식으로 타국 위성센터의 자료를 수집하는 것으로는 Quikscat, DMSP(SSM/I), TRMM, MetOp 등의 위성이 있다.

표 3-1 국가기상위성센터 위성자료 수신 현황

궤도	위성명	수신방법	일 수신 주기	주요 산출물
정지궤도	천리안위성	안테나 직수신(진천)	미확정	구름분석외 15종
	MTSAT	안테나 직수신(진천) 안테나 직수신(본청) FTP	44 회	기본영상 안개, 황사, 해수면 온도 등
	FY - 2D	안테나 직수신(진천) 안테나 직수신(본청)	27회	기본영상
극궤도	NOAA (15,17,18,19)	안테나 직수신(진천)	14~16회	기본영상 안개, 황사, ATOVS 등
	FY-1D	안테나 직수신(진천)	3~4회	기본영상
	Terra Aqua	안테나 직수신(진천)	7~8회	기본영상 산불, 황사, 오존, 식생 등
	DMSP (SSM/I)	FTP	수시	토양수분, 지표면 온도, 토지피복 등
	Coriolis (Windsat)	FTP (BUFR)	수시	해상풍, 해수면온도, 구름물량 등
	TRMM	FTP	수시	
	METOP (ASCAT)	FTP (GTS-BUFR)	수시	해상풍, 토양수분

나. 위성자료 생산

위성설계 초기에는 총 10개의 채널로 구성된 기상탑재체를 개발하여 총 20종의 기본산출자료를 산출하고자 하였으나, 천리안위성 개발사업 전체일정, 기술적 문제 등으로 5개의 채널로 구성된 기상탑재체가 개발되어 총 16종에 대한 위성 기상 산출물을 산출하고 있다.

국가기상운영센터의 지상국 자료처리시스템 CMDPS(COMS Meteorological Data Processing System)은 16종의 위성자료 산출물을 생산한다. CMDPS는 순수한 우리 기술로 개발한 위성자료 산출물 생산 시스템이다. 16종의 위성자료처리 산출물은 대기운동벡터, 지표면온도, 해빙/적설, 안개, 상층수증기량, 맑은 하늘 복사량, 표면 도달 일사량, 강우강도, 지구방출복사량, 황사탐지, 에어로솔 광학두께, 구름분석, 운정온도/고도, 가강수량, 해수면온도, 구름탐지 등이다.

국가기상위성센터에서 직접 수신하는 천리안 위성자료는 2단계의 보정을 거치게 되는데, 먼저 위성에서 전송한 자료(raw data)를 실제 연구에서 이용할 수 있는 정량적 수치로 변환하는 과정인 복사보정을 거치며, 다음으로는 위성의 위치나 위성체의 열 변형 등 다양한 원인에 의해 왜곡된 영상을 원래의 위 · 경도 좌표에 맞도록 하는 기하보정을 거치게 된다. 이런 보정들을 거쳐 나온 자료를 L1B 자료라 한다.

이렇게 생산된 L1B 자료를 이용하여 다양한 분석을 통해 16종에 이르는 기상산출물을 생산하고 있다. 이렇게 천리안 위성자료를 이용하여 생산된 자료에 대한 정규 서비스는 2011년 4월부터 개시되어 현재까지 서비스가 되고 있으며, 2차 산출물인 L2 자료는 2011년 5월에 6종을 시작으로 7월에 4종, 12월에 6종을 단계적으로 서비스를 진행하고 있다.

- 1차 서비스 산출물 : 2011년 5월 서비스 실시
  구름탐지(CLD), 대기운동벡터(AMV), 구름분석(CLA), 운정온도/고도(CTTP), 상층수증기량(UTH), 황사(에어로졸)탐지(AI)
- 2차 서비스 산출물 : 2011년 7월 서비스 실시
  안개탐지(FOG), 해수면온도(SST), 가강수량(TWP), 강우강도(RI)
- 3차 서비스 산출물 : 2011년 12월 서비스 실시
  표면도달 일사량(INS), 해빙/적설(SSI), 에어로졸 광학두께(AOD), 지표면온도(LST), 지구방출복사량(OLR), 청천복사휘도(CSR)

다. 대외 자료 서비스

국가기상위성센터에서 분배를 하고 있는 위성자료는 보정이 끝난 L1B 자료를 포함하여 분석자료인 L2 등을 포함하고 있으며, 이미지화 하여 기상청 및 국가기상위성센터 홈페이지에서 이미지 영상의 확인이 가능하다. 또한 기상청에서 각 공공기관뿐만 아니라 개인사업자로 무상 및 유상 분배를 지원 하고 있다.

국가기상위성센터는 지금까지 국가기상위성센터 홈페이지와 위성정보검색시스템 홈페이지를 통하여 위성자료 서비스를 하고 있다. 국가기상위성센터 홈페이지는 주로 일반인을 대상으로 위성영상을 지원하고, 위성정보검색시스템은 대량의 자료를 필요로 하는 대학 등 연구자들을 대상으로 서비스 하고 있다. 국가기상위성센터는 2010년에 이와 같은 이원화된 서비스를 하나로 통합하기 위하여 새로운 통합 홈페이지를 개발하였다. 천리안 위성을 통하여 위성자료를 HRIT(High Rate Information Transmission), LRIT(Low Rate Information Transmission)로 직접 방송하고 있다.

① 기상예보의 활용

기상청은 기상위성 수신 장비를 운영하며 기상위성의 신호를 수신, 처리, 분석하여 다양한 기상위성 분석 자료를 생산하고 이를 매일 기상예보와 황사, 호우, 태풍 등의 악기상 예보에 활용하고 있다. 현재 기상청 내에서는 인트라넷을 통해서 전국의 기상관서에서 위성영상과 분석 자료를 쉽고 빠르게 조회할 수 있도록 되어있다.

- 기상예보관에게 다양한 위성분석자료 제공
- 항공, 선박의 안전한 운항을 위한 상세 기상정보 제공
- 슈퍼컴퓨터를 활용한 수치예보의 입력 자료로 활용
- 동네 예보서비스 지원

② 학술, 연구망 구축현황

기상청에서 보유하고 있는 위성자료는 기상현상의 실시간 감시 이외에 기상연구소 및 대학의 연구용 자료로도 그 활용 가치가 높다고 할 수 있다. 기상청 외부에 있는 사용자가 접근할 수 있는 위성자료 제공시스템(ftp site)을 설치하고 사용자 계정과 암호를 부여하여 관리하고 있다. 이 위성자료 제공시스템에 수록되어 있는 자료들은 기상청과 공동협력 연구 과제를 수행하는 국공립기관에 대해서만 개방되어 있다.

③ 민간예보 사업자 자료 제공

일반인들이 이용할 수 있는 기상위성자료는 예보사업을 하는 민간예보사업자로부터 제공되기도 한다. 위성자료 수신분석 시스템에서 생산된 자료들 중에서 위성영상, 해수면온도 분석 자료 등의 일부 자료가 이들 기관에 제공된다. 자료는 기상청에서 운영하고 있는 민간예보사업자 지원 서버를 통해 전달된다. 민간예보사업자들은 위성자료를 포함한 기상자료를 이용하여 특정인을 위한 특화된 기상서비스 상품을 개발하여 판매하는 일을 하고 있다.

④ 홈페이지 및 인트라넷 서비스

2010년 홈페이지 통합 사업을 통해 외국위성과 천리안위성으로 이원화 되어있던 홈페이지를 통합하였으며, 홈페이지 메뉴체계 개편 및 표출 기능을 개선하였다. 또한 2011년 본청에 천리안 위성 수신시스템 구축이후 생산되는 천리안위성 자료를 위성자료 검색시스템을 통해 표출되고 있다.

3) 지상수신국 설비

국가기상위성센터 전체 위성시스템은 천리안위성(COMS) 통합운영시스템, 외국 기상위성 수신분석 시스템, 천리안위성 중 · 소규모 수신시스템 및 본청에 위치한 외국기상위성 수신분석시스템 등으로 구성되어 있다.

다음 표 3-2에 국가기상위성센터의 주요시스템을 나타내었다.

표 3-2 지상국 주요시스템

시스템		구성	비고
CMDPS 통합운영 시스템	작업관리시스템	• 분배 스케줄 관리 프로그램 • 업무 · 작업 · 통합관리 프로그램	–
	위성관제시스템	• 임무계획 시스템 • 실시간 운영시스템 • 비행역학시스템 • COMS 시뮬레이션 시스템	–
	위성자료처리 시스템	• CMDPS • CMDPS 영상처리 • CMDPS MI 영상처리 • COMS CAM	
	위성자료분배 시스템	• 인터넷 홈페이지 시스템 • 인트라넷 시스템 • 위성자료 분배 시스템 • 암호화 키 제공 시스템	
	전처리시스템	• IMPSCM, IRCM, INRSM, PMM • LHGS	
	안테나/송수신 시스템	• 안테나 시스템 • 송수신(DATS) 시스템	–
	위성자료관리 시스템	• 국내/외국위성 자료 수집/처리 프로그램 • 자료/인터페이스 관리 프로그램	
	네트워크 시스템	• 라우터/스위치/방화벽/IPS • NMS/DMS	
	대화형 자료분석시스템	• 기상현상(Snow/Ice, 산불/황사/안개) 편집/분석 프로그램 • 구름 편집/ 분석 프로그램 • 태풍 편집/분석 프로그램 • 특이영상 편집/ 분석 프로그램	
	기타시스템	• 현업응용개발 프로그램 • 개발/테스트용 프로그램	
외국위성 수신분석 시스템	웹서비스시스템	• 위성자료검색시스템 1, 2	–
	응용시스템	• 태풍분석 시스템 • 외국위성 모니터링 시스템	
	기타 시스템	• FTP 자료처리 시스템 • 문서공유/개발1, 2/현업용	
COMS 중소규모 수신시스템	안테나시스템	• 안테나 수신기	
	수신시스템	• 자료 수신/처리 프로그램	

가. 시스템별 하드웨어 구성

그림 3-1에서 보는 바와 같이 국가기상위성센터 위성자료처리시스템 전체 H/W 구성도의 물리적 H/W의 시스템 및 네트워크로 이루어져 있다.

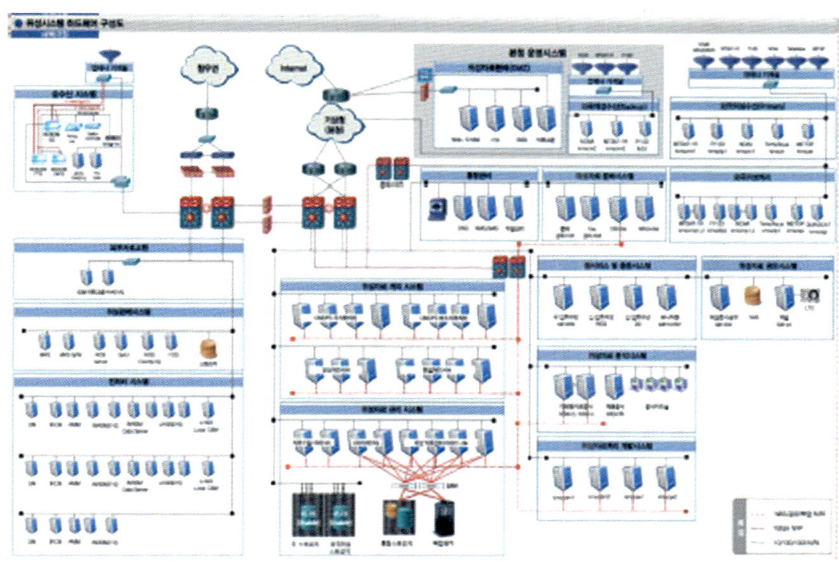

그림 3-1 국가기상위성센터 위성자료처리시스템 H/W 구성도

나. 위성자료 처리 시스템

국가기상위성센터는 기상위성센터 홈페이지와 위성정보검색시스템으로 이원화되어 위성자료를 제공 관리하여 오던 시스템을 하나의 새로운 시스템으로 통합 사업을 추진하였다. 최근에 국가기상위성센터가 구축한 시스템은 천리안 위성수신 서버, 외국위성 수신서버, 외국위성 FTP 자료 수집서버, 통합DB 서버, WAS 서버, 인트라넷 서버, CMDPS 서버, OpenADDE 서버 등으로 구성되며 이들 사이를 대용량 저장장치가 연결되어 자료를 저장, 처리하고 있다.

다. 자료저장 시스템

자료저장 시스템은 자료를 저장하기 위한 스토리지로 구성된다. 스토리지는 통합 SAN/NAS 스토리지, 외국위성/COMS 스토리지, 테이프라이브러리로 구성되고, 이들이 각각

HP SAN Director, EMC SAN 스위치, IBM SAN 스위치 등에 의해서 통합스토리지 게이트웨이, 통합DB 서버 1, 2, 관리서버 1, 2 등과 연결되어 있다.

위성자료 저장을 위해 총 540 TB(Usable)의 스토리지 시스템을 보유하고 있다. 국가기상위성센터에 구축된 스토리지는 4개 제조사 6개 제품이 설치되어 있으며, 효율적인 사용을 위해 통합의 필요성이 있다. 천리안위성 자료 및 외국위성 자료 저장을 위해 매년 200 TB 이상의 저장장치 증설이 필요하다.

라. 위성자료 관리 시스템

2010년 위성자료 DB 통합 사업을 통해 3개로 분리되어 있던 DB를 하나로 통합하였으며, 이때 위성별로 분리되어 있던 메타데이터 입력 모듈 역시 하나로 통합하였다. 통합된 DB는 현재 약 18 GB의 DB data가 저장 및 운영되고 있다.

국가기상위성센터에서는 현재 통합 DB 시스템을 운영 중에 있으며, 통합된 DB의 안정성을 높이기 위해 Oracle 10g R2 Enterprise CRS를 이용하여 이중화 시스템을 구축하여 운영하고 있다.

마. 국가기상위성센터 자료 수신/처리 시스템운영 현황

① 천리안위성 수신 및 처리 시스템

국가기상위성센터는 천리안 위성의 기상임무를 담당하고 있으며, 위성으로부터 기상자료를 수신 받아 복사 · 기하보정을 하여 기본영상을 생성하고, 기본영상을 처리하여 기상자료 산출물을 생산한다.

- CMDPS(COMS Meteorological Data Processing System)
  CMDPS는 COMS의 기상탑재체로부터 관측된 자료로부터 기상예보에 활용을 위해 표면정보, 구름정보, 수증기정보, 대기환경요소, 바람장 정보 등의 16종의 분석자료를 생산하는 시스템이다. 이 시스템은 기상연구소가 중심이 되어 9개 대학 11개 팀의 개발진이 참여하여 각각의 산출 알고리즘을 연구 · 개발하고 있으며, 2006년 초 자료처리모듈의 산출 요소별 원형소프트웨어가 개발되었으며, 다수의 개발진에 의해 개발된 원형소프트웨어를 통합하기 위하여, "CMDPS 통합소프트웨어 개발 사업"을 통하여 이를 표준화하고 통합하는 작업이 진행되었다. 소프트웨어 표준화에 사용된 언어는 Fortran90이며, 통합과정에서 16개 산출물이 정해진 순서에 따라 순차적으로 계산하여 한 번의 모델 수행으로 모든 산출물을 생산하는 일괄처리방식과 자료 생산 과정에서 각각의 산출물을 따로따로 생산하는 개별처리방식의 통합 소프트웨어가 개발되었으며, 추가적으로 과거자료 수행용, 연구용 통합 소프트웨어가 개발되었다.

16종의 산출요소는 위성관측자료(Level1b) 자료의 수집 이후 15분내 수행되어야 한다는 요구사항을 만족시키기 위하여 영역분할처리 등의 다중 CPU를 이용한 분산처리 개념으로 개발되어 운용되고 있다.

② 외국위성 자료 수신/처리 시스템

외국위성 자료 표출을 위한 메인 시스템은 국가기상위성센터의 인트라넷이다. 본청과 국가기상위성센터 간 통신장애 시 원활한 예보지원을 위해 본청에 백업 시스템이 구축되어 있다. 이를 위해 본청에 MTSAT, FY-2D, NOAA(안테나) 수신시스템이 구축되어 있으며, 통신망 장애 시 독자적인 위성영상 서비스가 가능하다.

국가기상위성센터에서는 외국 기상위성 자료를 수집/처리 하고 있으며, 수신기를 통해 수집한 자료를 인트라넷과 홈페이지를 통해 서비스 중이다.

1.1.2 한국해양연구원 해양위성센터

1) 조직 및 임무

한국해양연구원은 우리나라가 해양과학기술의 선도적, 창조적 개발을 통하여, 새로운 해양강국의 꿈을 실현시키고자 1973년에 한국과학기술연구소 부설로 해양개발연구 소를 설립한데서 비롯되었다. 한국해양연구원의 비전은 “세계 일류 수준 해양과학기술 연구개발로 국가와 사회의 요구에 부응하는 종합해양 연구기관 도약”이며 미션은 “관할해역의 과학적 관리 기반 구축, 해양자원의 개발이용, 해양환경보전, 해양 안전 · 운송기술개발”이다.

한국해양연구원은 원장 밑에 정책본부, 해양과학국제협력센터, 연구총괄본부, 기획관리본부 등 4개 본부와 해양안전연구소, 남해연구소, 동해연구소, 극지연구소 등 3개 분원과 1 연구소 등으로 구성되어 있다. 한국해양연구원은 연구총괄본부 밑에 해양위성관측기술부를 두고 천리안 위성에 실린 해색센서(GOCI; Geostationary Ocean Color Imager)를 개발해 왔으며, 천리안 위성의 발사에 맞추어서 이 GOCI 자료를 수집, 처리, 활용 업무를 담당할 해양위성센터를 설립하였다.

해양위성센터는 기획팀(4명), 운영팀(9명), 연구팀(14명)으로 나뉘어져 있으며, 천리안 해양관측위성(GOCI)의 주관운영, 위성자료 서비스 및 천리안 해양관측위성 활용의 극대화, 해양재해, 재난의 감소 및 효율적인 해양영토 관리 등의 목적을 효율적으로 수행할 수 있도록 조직이 구성되어 있다.

해양위성센터의 주요 업무는 다음과 같다.

위성자료 검 · 보정

- 센서 광학 검 · 보정
- 위성자료 현장 검 · 보정
- 위성자료 간 비교 검정

표준자료 생산 서비스

- 표준자료의 생산 및 서비스
- 위성정보 on-line 제공
- 해양위성 정보/자료 제공

국제 협력

- COMS 자료 배포
- 해양위성 활용기술 공동 개발
- 국외위성 활용 연구

해양환경 모니터링

- 장기 기후변동 감시 및 예측
- 해양환경 실시간 모니터링
- 지구온난화, 엘리뇨 등 해양이변 모니터링

해양위성 기획 및 개발

- 해양위성 개발 기획
- 해양위성 개발 주관(국내외 협력개발)

해양위성자료 활용연구 및 개발

- 위성 활용 연구 및 기술개발
- 분석 알고리즘 개발
- 분석 S/W 개발

이용자 지원

- 이용자 기술지원 및 교육
- 자료보정 정보 서비스
- 이용자 활용연구지원(대학 및 연구소)

다음 **표 3-3**은 해양위성센터에서 수신하는 위성의 종류를 나타내고 있다.

표 3-3 한국해양연구원 해양위성센터 위성자료 수신

구분	내용
정지궤도	COMS-GOCI
극궤도	MODIS-A, MODIS-T, NOAA, SeaWiFS

[출처 : 기상청, 미래 위성자료 관리 및 서비스 체계 설계, pp.48]

2) 위성자료배포 및 산출물

다음 **표 3-4**는 한국해양연구원의 위성자료 산출물이다. 해양환경, 해양기후변화 감시를 위하여 탄소순환, 적조, 녹조, 유류오염감시, 투기해역 등의 산출물을 생산하며, 해양생태, 어장정보 제공을 위하여 탁도 감시, 저 염수감시, 어장정보, 양식장 관리, 갯벌관리 등의 위성산출물을 만들고 있다.

표 3-4 한국해양연구원 해양위성센터 위성자료 산출물

구분	내용
해양환경 해양 기후 변화 감시	탄소순환, 적조, 녹조, 유류오염감시, 투기해역
해양생태 어장정보	탁도감시, 저염수감시, 어장정보, 양식장 관리, 갯벌관리

[출처 : 기상청, 미래 위성자료 관리 및 서비스 체계 설계, pp.49]

다음 **표 3-5**는 해양위성센터에서 산출되는 자료의 종류 및 특성을 나타내고 있다.

해양센서로부터 수신된 자료도 기상센서와 마찬가지로 복사보정 및 기하보정과정을 거쳐 L1B 자료가 생산되고 있으며, L1B 자료를 포함하여 후처리 과정을 통하여 생산된 자료를 배포하고 있다.

해양위성센터에서는 천리안 위성의 GOCI 자료를 사용자 그룹에게 배포하고 있다.

표 3-5 해양위성센터 위성자료 특성

	산출물	산출 S/W	설명	용량(1회)	배포
전처리 (IMPS)	GOCI RAW	위성수신 후	위성에서 패킷형태로 수신된 자료	769MB	×
	GOCI L0	IMPS/DM	슬롯별 영상을 구분하여 저장한 데이터+암흑보정자료	634MB	×
	GOCI LIA	IMPS/PMM	IRCM에서 복사보정한 자료	994MB	×
	GOCI INRSM INPUT FILE	IMPS/PMM	INRSM 입력자료 L1A와 비슷함	994MB	×
	GOCI INRSM OUTPUT FILE	IMPS/INRSM	INRSM 출력자료로서 기하보정 완료된 전체 영상자료	994MB	×
후처리 (GDPS)	GOCI LIB	IMPS/PMM	기하보정 완료된 영상자료에 필요한 헤더를 추가한 자료	-994MB	○
	GOCIL1B REGION	GDPS/GOCI REGIONAL DATA GENERATION MODULE	L1B를 미리 정의된 영역별로 분할한 자료	994MB-	○
	GOCI L2	GDPS/L2 GENERATION MODULE	알고리즘 분석된 자료	-3500MB	○
	GOCI L2 REGION	GDPS/GOCI REGIONAL DATA GENERATION MODULE	L2를 영역별로 구분한 자료	-3500MB	○
	GOCI L2 LRIT	GDPS/SAMPLE IMAGE GENERATION MODULE	L2를 LPIT로 배포하기 위해 작게 만든 자료	10MB	○
	GOCI L1B/L2 BROWSING IMAGE	GDPS/BROWSING IMAGE GENERATION MODULE	L1B/L2 사용자의 선택시 제공 정보를 위한 검색 가능한 크기의 자료(200×200, 1000×1000)	40KB 1MB	○

3) 지상수신국 설비

해양위성센터 지상 수신국의 설비는 다음과 같은 구조로 구성되어 있다.

- 시스템부
- 통신 및 보안부
- 전원부

가. 지상국 개념도

그림 3-2는 해양위성센터 지상국의 개념도이다. 이 지상국에는 GOCI 위성과 외국위성의 자료를 수신하는 자료수신시스템과 자료처리를 위한 자료처리시스템이 있으며, 외부기관 및 사용자와의 인터페이스를 위한 자료교환 및 자료분배시스템을 갖고 있다. 추가적으로, 대용량 자료 저장 및 보관을 위한 자료관리시스템이 있다. 그리고 센터 외부와의 통신에서는 반드시 보안이 필요하므로 보안 시스템 있다.

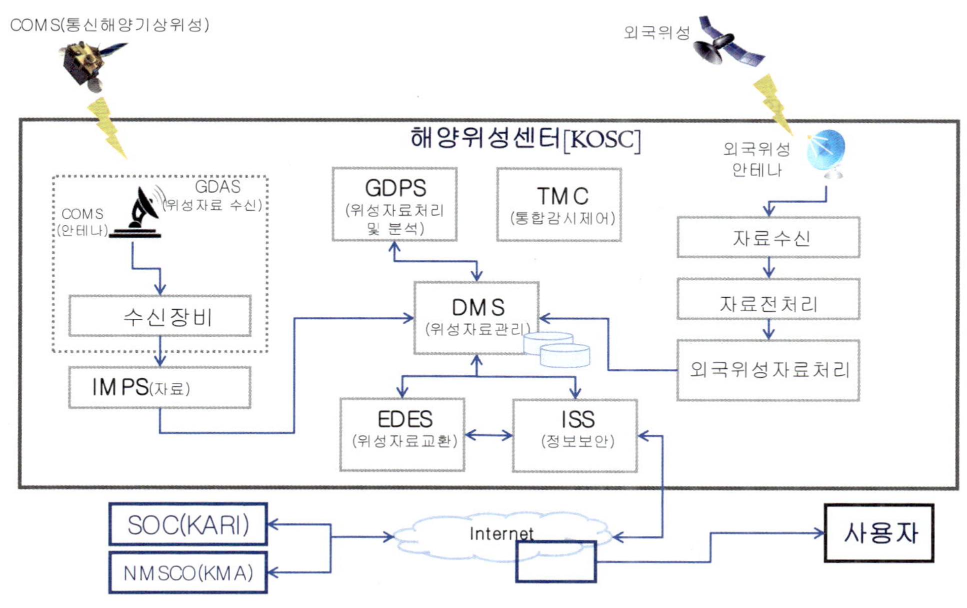

그림 3-2 해양위성센터 지상국 개념도

나. 시스템부

① GDAS(GOCI Data Acquisition System–GOCI 자료 수신 시스템)

천리안 해양 관측 자료를 수신하고 그 자료를 전처리 시스템으로 전달한다. 주요 시스템은 다음과 같은 요소로 구성된다.

- L–Band 9m 안테나
- ACU(Antenna Control Unit)
- LNA(Low Noise Amplifier)
- D/C(Down Converter)
- Modem/BB
- C&M(Control & Monitoring)
- Timing Equipment
- Spectrum Analyzer
- Weather Station

그림 3–3 KOSC의 L–Band 9m 안테나

그림 3-4 KOSC의 위성 수신 설비

그림 3-3은 해양위성센터에 설치된 9 m 수신안테나이다.

그림 3-4은 위성 수신 설비 이다.

② IMPS(IMage Pre-processing System-GOCI 영상 전처리 시스템)

천리안 해양관측위성 자료의 기하보정, 복사보정 등을 수행하고 Level0/1A/1B 자료를 생산한다. 주요 시스템으로 다음 같은 요소로 구성되어 있다.

- DM(Decomposition Module) : Level 0 생산
- IRCM(Image Radiometric Correction Module) : Level 1A 생산
- INRSM(Image Navigation and Registration Software Module) : Level 1B 생산
- IMPS DB(IMPS Data Base)
- PMM(Product Management Module) : IMPS GUI

③ GDPS(GOCI Data Processing System – GOCI 자료처리시스템)

전처리시스템으로부터 산출된 L1B 자료를 이용하여 분석된 자료(Level2, Level3, LRIT 영상)를 산출한다. 주요 시스템으로 다음과 같은 요소들로 구성된다.

- GDPS R1A
- GDPS R1B

- GDPS R2
- GDPS UI(User Interface)

GDPS R1A와 GDPS R1B는 Active-Standby로 구성되어 있으며 GDPS R2는 R1A와 R1B와 함께 분산처리를 수행하기 위한 하드웨어 설비이다.

GDPS에서는 다음과 같은 산출 자료를 생산한다.

- 해수 수출광량
- 정규 해수수출광량
- 해수 광특성 계수
- 엽록소 농도
- 총 부유물질
- 용존유기물
- 적조지수
- 어장지수
- 해류벡터
- 황사 및 육상 식생지수
- 해수 수질등급

④ GDDS(GOCI Data Distribution System – GOCI 자료 배포 시스템)

수신·처리된 위성 자료를 홈페이지를 통해 자료배포정책에 따라 사용자에게 배포하는 시스템이다. 다음과 같은 요소들에 의해 이 시스템이 구성된다.

- 홈페이지
- 웹서버
- 분배서버

사용자는 홈페이지에 접속한 후 검색 및 조회를 통해 웹으로부터 자료를 받는다. 또한 홈페이지를 통해 자료를 요청하면 관리자가 이메일을 통해 자료를 전달하며, 유관기관에서 자료를 요청하게 되면 FTP를 통해 자료가 배포되게 하는 서비스를 수행한다.

자료 분배 시스템을 통해 배포되는 GOCI 데이터의 종류에는 L1B, L1B region, L2, L2

region, GOCI L2 LRIT, GOCI L1B/L2 Browsing image 등이 있다.

⑤ DMS(Data Management System – 자료관리시스템)

해양위성센터의 모든 자료를 관리하고 저장한다. IMPS와 GDPS에서 생성된 자료 뿐만 아니라 IMPS, GDPS의 운용상태정보를 수집 후 저장 관리한다. 수집된 정보는 실시간으로 통합감시제어시스템으로 전송된다. 이 자료관리시스템은 다음과 같은 구성요소로 되어 있다.

- 이중화된 자료관리서버
- 자료를 저장하기 위한 스토리지
- 백업시스템

GOCI 자료를 저장하기 위한 스토리지 용량은 주 스토리지에 120 TB와 복제(Mirror)를 위한 30 TB로 구성되어 있으며 백업을 위한 테이프 라이브러리 설비가 존재한다. 이들 설비는 SAN 네트워크로 연결되어 있으며, TCP/IP 네트워크에 존재하는 설비가 SAN 스토리지에 접근하기 위해서는 게이트웨이 서버를 통해야 한다.

외국위성(NOAA, MODIS, SeaWiFS)으로부터 수신 및 생산된 자료는 보조 스토리지(NAS 설비)에 백업 저장된다.

⑥ EDES(External Data Exchange System – 기관 간 자료 교환 시스템)

해양위성센터는 외부 기관과의 자료교환을 위해 EDES 설비가 설치되어 운용 중에 있다. 실시간 모니터링을 통해 장애발생시 각 시스템에서 전달한 문서를 분석하여 GOCI Raw 및 L1B Data를 항공우주연구원으로부터 받게 되며, 기상청에 GDPS에 의해 생산된 L2의 영상자료인 LRIT를 전송하도록 되어 있다. EDES는 KOSC 자료관리시스템으로부터 LRIT 영상자료를 읽어 기상청으로 보내고, 항공우주연구원으로부터 받은 GOCI Raw와 L1B 자료를 KOSC 자료관리시스템으로 보내 저장한다.

기관 간 전송 방식은 FTP 방식으로 지원하며 E-Mail 및 WEB 서비스를 추가적으로 지원한다.

⑦ TMC(Total Management & Control System – 통합감시제어시스템)

해양위성센터 내 모든 시스템에 대한 상태를 모니터링하는 시스템이다.

다. 통신 및 보안부

센터내의 모든 시스템은 기가비트백본스위치에 의해 1 Gbps로 연결되어 있다. 특별히 시스템간의 내부 네트워크는 3 Gbps의 속도로 구성되어 있다. 해양연구원 전산실을 통한 통합 네트워크가 공급 및 관리되며 일반연구동과는 분배스위치를 통해 위성센터와 네트워크를 분리 운영하고 있다. 항공우주연구원과 국가기상위성센터와의 자료교환을 위해 이중화된 VPN을 사용하고 있다. 통신상의 외부침입자로부터 침입방지를 위한 보안시스템이 설치되어 있으며, 센터 외부로부터의 허가되지 않은 출입 및 상황감시를 위해 CCTV를 비롯한 보안설비가 구축되어 있다.

1.1.3 한국항공우주연구원

한국항공우주연구원(KARI ; Korea Aerospace Research Institute)은 대한민국의 우주개발 출연연구기관이다. 1989년 10월 10일에 설립되었으며, 설립근거가 되는 법률은 '과학기술분야 정부출연연구기관 등의 설립 · 운영 및 육성에 관한 법률'이다.

'항공우주산업개발촉진법', '정부출연연구기관 등의 설립 · 운영 및 육성에 관한 법률'에도 관련조문이 존재한다. 한국항공우주연구원은 하늘과 우주를 향한 대한민국의 꿈과 새로운 가치의 실현을 비전으로 가지며, 설립의 목적은 선진국 수준의 위성기술개발, 우주발사체 자력기술개발, 미래 국가경쟁력 제고를 위한 항공기술의 개발이다.

1) 조직 및 임무

조직의 구성은 원장 밑에 선임본부장, 항공우주연구본부, 위성연구본부, 발사체 연구본부 등 3본부, 우주응용미래기술센터, 항공우주안전인증센터 등 2센터, 위성정보연구소 1연구소와 정책기획부, 행정부 등 2부로 구성되어 있다.

KARI의 주요 업무는 다음과 같다.

- 항공기, 인공위성, 우주발사체의 종합시스템 및 핵심기술 연구개발과 실용화
- 선도기술 항공기 개발, 항공기의 시험평가 및 국가개발사업 지원
- 인공위성 연구개발, 발사 및 위성이용 기술개발
- 우주발사체 시스템 개발, 발사 및 우주센터 운영
  - 항공우주 안전성 및 품질확보를 위한 기술개발, 항공우주 생산품의 법적인증 및

국가 간 상호인증

- 국가항공우주개발 정책수립 지원, 항공우주 기술정보의 유통 및 보급, 확산
- 시험평가시설의 산학연 공동 활용, 연구개발성과의 기술이전 및 기업화 지원, 기술협력 및 교육훈련
- 새로운 위성의 개발과 발사는 위성정보연구본부에서 주관하고 발사된 위성 자료의 수집, 분석, 활용은 위성정보연구소에서 주관

2) 국내/외 위성 수신자료 종류 및 서비스

한국항공우주연구원은 국내위성인 다목적실용위성(아리랑) 1호, 2호, 천리안 위성 위성자료 등을 수신하고 있다.

자료 서비스와 관련하여 공공 및 학술목적 등으로 위성영상을 활용하고자 하는 사용자에 대해서 다목적 실용위성 영상을 공공 및 상용가격으로 공급하고 있으며, 한국항공우주연구원의 사용자그룹에 등록된 기관에 한하여 비영리 목적으로 영상을 제공하고 있다. 사용자그룹은 공공기관, 교육기관 또는 연구기관에 속해야 한다.

한국항공우주연구원에서는 사용자들의 편의를 위해 배포영상에 대한 검색 시스템을 운영하고 있다. 사용자들은 영상자료를 신청하기 전 위성자료 검색 시스템을 이용하여 자료에 대한 상세내용을 검색할 수 있다.

3) 지상수신국 설비

가. 위성관제시스템

위성관제시스템은 궤도상의 위성을 감시하고 제어할 수 있는 유일한 수단으로서 원격측정 신호의 수신 및 측정 데이터처리, 원격명령의 생성 및 명령신호 송출, 위성 추적 및 거리측정을 수행하고 관제장비의 감시 및 제어, 비행역학 데이터 처리 및 분석, 임무 스케줄링 및 리포팅, 그리고 위성 시뮬레이션을 수행한다.

천리안 위성은 일반적인 정지궤도 통신위성과는 달리 위성통신, 해양관측, 그리고 기상관측과 같은 세 가지 임무를 수행하는 정지궤도 복합위성이다. 따라서 위성관제시스템은 천리안 위성이 세 가지 복합임무를 상호 충돌 없이 성공적으로 수행할 수 있도록 임무를 계획하고 관련된 명령을 전송해야 한다. 천리안 위성관제시스템은 국내에서 처음 개발한 정지궤도 위성용 관제시스템으로서 위성시스템의 개발기간과 동일하게 2003년부터 개발을 시작하여

2010년 6월까지 요구사항 분석, 개념설계, 예비설계, 상세설계, 서브시스템 제작, 서브시스템 시험, 인터페이스 시험, 시스템 종합화 및 시험, 위성과의 정합시험, 위성과의 종단시험의 모든 과정을 성공적으로 수행하였다. 그리고 2010년 6월 27일 위성이 발사된 이후 동경 128.2°에 위치하고 있는 천리안 위성에 대한 관제를 성공적으로 수행하고 있다.

천리안 위성관제시스템은 프랑스의 EADS Astrium사의 Eurostar 3000 버스의 관제를 위해 요구되는 특수기능과 통신, 해양, 기상탑재체를 복합적으로 운용하기 위한 특수기능으로 인해서 일반적인 정지궤도 통신위성 관제시스템과는 다른 기능들이 추가로 구현되었다. 이와 같은 특수기능은 실시간 운영 서브시스템, 임무계획 서브시스템, 그리고 비행역학 서브시스템의 설계에 직접적인 영향을 주었다.

천리안 관제시스템을 구성하는 하드웨어는 13미터 파라볼라 안테나가 포함된 S대역 통신장비와 위성을 감시하고 제어하기 위한 컴퓨터 장비로 이루어진다. 관제시스템 소프트웨어는 서브시스템을 구성하는 기능별로 개발되어 15대 이상의 컴퓨터에 설치된다. 관제시스템은 24시간 365일 계속 가동되어야 하기 때문에 각 서브시스템의 주요 장비들은 이중화하여 시스템의 가용도를 높였다.

관제시스템을 구성하는 컴퓨터 소프트웨어의 설계는 객체지향설계 방식으로 수행하였으며, 이에 대한 구현은 마이크로소프트사의 닷넷(.NET) 환경에서 C#언어로 구현하였다. 따라서 관제시스템의 모든 컴퓨터는 인텔 계열의 프로세서를 사용하며 운영체제는 마이크로소프트사의 윈도우 XP 또는 윈도우 서버를 사용하였다.

이와 같은 정지궤도 위성관제시스템의 국산화 기술개발로 국내에서 상업용으로 발주하는 정지궤도 통신, 방송 위성들에 대한 관제시스템도 제작하여 공급할 수 있는 기술력을 갖추었다. 천리안 위성신호의 추적, 원격측정 신호수신, 그리고 원격명령의 송신을 위해서 13미터 파라볼라 안테나를 개발하여 KARI에 설치하였다.

천리안 위성관제시스템은 ETRI의 통신위성 운영센터, 한국해양연구원의 해양위성 운영센터, 그리고 국가기상위성센터와 연결되어 위성의 관제운영과 관련된 데이터를 주고받을 수 있도록 구성되었다.

천리안 위성관제시스템의 임무는 다음과 같다.

- 천리안 위성의 원격측정기능 운용
- 천리안 위성의 원격명령기능 운용

- 천리안 위성의 임무 스케줄링
- 천리안 위성의 궤도 결정
- 천리안 위성의 위치 유지

1.2 국외 위성지상국 시스템

1.2.1 미국

1) NOAA(국가해양대기국)

NOAA는 1807년 해안조사국, 1870년 기상국, 1871년 수산위원회를 거쳐, 1970년 상무성 산하 해양대기청으로 통합 출범하였다. NOAA는 해양조사 및 해도작성, 수산자원 조사 및 보호육성, 해양 및 연안자원보호관리, 기상관측 및 인공위성 정보제공 등의 국가 업무를 수행한다.

가. 주요 업무

NOAA 6개 부서 중 대기 · 해양 부문은 OAR(Oceanic and Atmospheric Research)과 NESDI(National Environmental Satellite, Data and Information Service)가 담당하며, National Ocean Service는 해양부문을 National Marine Fisheries Service는 수산부문을 그리고 National Weather Service는 기상부문을 담당하고 있다. 이와 같이 NOAA에서는 해양과 기상을 독립적으로 다루지 않고 한 부서에서 관장하고 있다.

6개의 부서 중 NESDIS는 우리나라의 해양위성센터와 기상위성센터를 합친 개념으로 볼 수 있지만, 해색센서 관련 업무는 전적으로 NASA에서 수행하고 있으며 기상 관련 해양 탑재체(예를 들면 해수표면 온도 분석을 위한 NOAA 위성)만 NOAA에서 운영하고 있으므로 NESDIS는 해양위성센터 보다는 기상위성센터에 가까운 조직이라고 볼 수 있다.

NESDIS의 OSO(Office of Space Operations)와 OSDPD(Office of Satellite Data Processing & Distribution)가 해양위성센터와 기상위성센터의 기본기능을 수행하는 곳으로써 주된 조사가 수행되었다. NOAA는 2008년 기준 약 51억불의 예산과 약 12,000명의 인원으로 운영되고 있다.

NPP(National Polar–orbiting Environmental Satellite System Preparatory project)는 지구 전역의 기상, 해양 및 대륙의 환경을 감시하고 정확한 자료를 획득하고 배포하기 위한 미국의 차세대 위성시스템이다. NPP 위성은 과거의 지구관측위성(the Earth Observing System; EOS)들과 미래의 공동 극궤도위성(Joint Polar Satellite System; JPSS)들의 교량 역할을 할 것이다.

나. 지상국 시스템

① GOES–R

GOES–R 지상국(GS; Ground System)은 GOES–R 산출물의 생성 및 분배를 책임지고 있으며, 기능적 요소(임무 관리, 산출물 생성, 산출물 분배, 프로젝트관리/기반관리), 안테나 시스템 및 산출물 액세스 요소와 같은 주요 요소를 통해 수행된다.

GS는 메릴랜드 주의 슈트랜드에 위치한 국립 위성 운영 시설(NSOF)과 버지니아 주의 웰롭스에 위치한 웰롭스 통제 자료 수집 센터(WCDAS) 이렇게 두 곳에서 운영될 예정이다. 웨스트버지니아주의 페어몬트에 있는 세 번째 운영 시설은 NSOF와 WCDAS에서 시스템 또는 통신이 실패할 경우 원격 백업(RBU)과 같은 보조 역할을 수행한다.

GS는 GOES–R 시리즈 위성으로부터의 원시 자료를 수집하고 Lv0, Lv1b, Lv2+ 산출물의 생산을 하는 역할을 한다. Lv0는 저장을 위해 포괄적인 대용량 배열 자료관리 시스템으로 제공된다. GLM(Geostationary Lightning Mapper)으로부터 산출되는 Lv1b 자료와 Lv2 자료는 위성을 통해 지구 절반의 영역에 걸쳐 제공한다.

지상국(Ground Segment; GS)

지상국의 기능은 크게 네 부분으로 구분 된다.

먼저 미션 관리(Mission Management; MM)의 기능은 위성과 장비(센서)의 모든 운영 기능을 포함한다. 기능에는 우주–지상간 통신(업 링크 및 다운 링크 모두), GOES 위성의 중계(GRB), 원시 데이터 처리 등이 있다. 또한 MM은 위성의 상태와 안전을 모니터링하고 위성과 센서를 통제하며, 위성의 궤도 유지 및 통제를 위한 일정 및 계획을 결정한다. MM은 네 개의 GOES–R 시리즈 위성까지 지원할 수 있다.

산출물 생산(Product Generation; PG) 기능은 GOES–R의 원시 자료를 이용하여 레벨 0 자료부터 높은 수준까지의 산출물들을 생산하는 것이다. 또한 PG는 모든 다양한 레벨 산출물을 생산하며, 위성중계를 위해 이 자료들을 수집한다.

PG는 일정한 계획에 의해 운영되며, GOES-R 자료를 이용하여 GOES-R 산출물들과 산출물의 공간적, 잠재적 요소들에 맞는 보조자료를 생산한다.

산출물 분배(Product Distribution; PD) 기능은 PG 기능에 의해 생성된 GOES-R 산출물을 분배하는 역할을 한다. PD는 NWS AWIPS(the National Weather Service(NWS) Advanced Weather Interactive Processing System(AWIPS)), 사용자들의 검색/분배를 하는 GAS(GOES-R Access Subsystem), 그리고 NOAA 자료 센터에 의해 장기간 저장/관리를 하는 CLASS(Comprehensive Large Array-data Stewardship System)로 바로 보낸다.

프로젝트관리/기반관리(EM/IS) 기능은 GOES-R GS를 구성하는 운영 시스템, 네트워크, 통신 장비들의 모니터링, 평가, 통제와 관련된 모든 것들을 지원한다. EM은 MM, PG, 그리고 PD 기능을 연결하는 기능을 하며, 일반적인 시스템 운영 및 장애 복구를 위한 자동제어 수준을 제공하는 "접착제" 역할을 한다.

원격 백업 시설(Remote Backp Facility; RBU)

웨스트버지니아 주의 페어마운트에 위치한 RBU는 산출물의 생산 및 분배 활동과 같은 NSOF와 WCDAS의 모든 중요한 기능들을 수행하게 된다. RBU는 모든 주요 수행 요소(KPPs)를 위해 산출물을 생산을 한다. 또한 RBU는 시스템/장비의 테스트 또는 유지 보수 기간 동안 백업 역할을 한다. RBU에는 새로운 세 개의 16.4미터 안테나가 설치될 것이며, 평균 풍속 110 m/h과 순간 풍속 140 m/h까지 견딜수 있도록 설계되었다. 이 안테나들은 현재 운영 중인 GOES 위성과 호환성을 갖고 있으며, GOES-R 시리즈의 수명이 다할 때 까지 계속적으로 운영될 것이다.

Wallops 명령자료 수집 센터 (Wallops Command Data Acquisition Center; WCDAS)

버지니아 주의 Wallops 아일랜드에 위치한 WCDAS는 우주/지상의 RF 통신을 위한 기본 사이트이다. 그리고 위성에 업링크 및 GOES 산출물 재송출을 위한 레벨 1b 자료를 처리한다. 또한 WCDAS는 고유 탑재체 서비스(UPS)를 지원하기 위하여 위성에 업링크를 한다. WCDAS에는 새로운 세 개의 16.4미터 안테나가 건설될 것이며, 이 안테나들은 평균풍속 110 m/h와 순간풍속 140 m/h까지 견딜 수 있도록 설계되었다. 이들은 현재의 위성과 호환성을 갖고 있으며, GOES-R 시리즈의 수명 기간 동안 계속적으로 운영될 것이다.

산출물 분배(Product Distribution; PD)

산출물 분배(PD)는 GOES-R에 포함되어 있는 핵심 지상 요소(GS) 기능의 한 부분이다. PD는 지상 요소 산출물 생산 기능에 의해 생산되는 Lv0, Lv1, Lv2+ 그리고 모든 GOES-R 자료를 분배하는 책임이 있다. NOAA 기상 예보, 연구 과학자 그리고 일반 대중을 포함한 GOES-R 자료 사용자들은 GEOS-R 자료를 접근하는데 다양한 방법이 있다.

7일 이상 된 GEOS-R 자료에 접근을 원하는 사용자들이 수집된 자료 접근을 위해 CLASS에 사용 요청을 해야 할 것이다. 수집된 GOES-R 자료에 어떻게 접근하는 지에 대한 보다 많은 정보는 GS 자료 전송 페이지나 CLASS 웹 사이트에 설명 되어있다.

NWS와 AWIPS

NWS는 GOES-R 자료의 기본 사용자가 될 것이며, GOES-R/AWIPS 인터페이스로부터 주요 자료를 직접 받게 될 것이다. 환경 예측 국제 센터(NCEP)와 국립 기상센터의 통신 게이트웨이(NWSTG)는 AWIPS 분배 서버로부터 Lv 1b, 2, 2+ 자료를 직접 받을 것이다.

GOES 사용자들은 특정 데이터에 대한 자료의 예약뿐만 아니라 검색을 위해 자료를 요구할 수 있으며, 예약된 산출물들을 GAS로부터 직접적으로 받게 된다. 사용자 정의 검색은 능률적인 분배과정을 통해 사용자들이 원하는 자료를 선택하고 고를 수 있게 될 것이다. 모든 Lv1b와 2+ 산출물들은 GAS를 통해 이용이 가능할 것이다. GAS는 기본 절차를 통해 7일간의 산출물을 공급할 것이다. GAS는 500 Mbps의 지속적인 자료 분배 성능을 지원하는 동안 1000명의 사용자와 200명의 예약자들 그리고 100명의 에드호크(임기응변적) 요구를 지원할 것이다.

Comprehensive Large Array-data Stewardship System(CLASS)

GOES-R의 위성 자료 및 환경 산출물(7 일 이내에 이전 버전)을 이용하여 분석하는 과학자, 연구자 및 학자는 CLASS를 통해 자료를 수집할 수 있다. CLASS는 환경 자료를 영구적으로 저장할 수 있는 장기적인 자료 보관 시설을 갖추고 있다.

CLASS에는 레벨 0, 레벨 1B 및 레벨 2 + 데이터를 저장하고 있다. CLASS는 POES, DMSP 그리고 기타 GOES 자료뿐만 아니라 저장되어 있는 GOES-R 자료까지 사용자가 검색할 수 있다. CLASS는 사용자들이 모든 보관되어진 환경자료를 받을 수 있도록 NOAA 내에서만 도움을 준다. CLASS 자료는 NetCDF 형식으로 구성되어 있다.

2) NASA(미국)

가. 주요 조직 및 임무

미국항공우주국(NASA ; National Aeronautics and Space Administration)은 미국의 국가기관으로서 우주계획 및 장기적인 일반 항공연구 등을 실행하고 있다. 1957년 10월 옛 소련의 인류 첫 인공위성 스푸트니크 1호의 발사 성공에 자극을 받은 미국은, 1958년 7월 29일 NASA를 발족시켰다. 산하시설로 케네디 우주센터, 고다드 우주비행센터, 제트추진연구소, 존슨우주센터, 랭글리 연구센터, 마셜 우주비행센터 등이 있다. 미국항공우주국은 인데버 우주왕복선을 성공적으로 발사했다.

NASA는 1958년 10월 1일 우주개발을 위해 NACA(미항공자문원회)를 해체하고 설립되었다. 군사적 목적을 위한 우주계획을 제외한 우주계획을 총괄하는 기관으로 명실상부한 세계 최고의 항공우주관련 연구기관이다. 위성체와 탑재체의 개발을 비롯하여 관제/수신/전처리/응용/서비스까지 모든 분야를 담당하고 있다. NASA는 본부와 11개의 센터로 운용되고 있으며 이들 센터는 각기 독립적이면서도 유기적으로 활동하고 있다. 11개의 센터 중 GSFC(Goddard Space Flight Center)의 조직을 보면 100부터 900까지의 번호로 나뉘며 900번대가 지구과학 파트로 주로 응용을 맡고 있으며 970.2는 SeaWiFS part이고 971은 Ocean and Ice branch로 이루어져 있다. 이와 같이 NASA는 각 센터별로 우주발사체와 탑재체 개발, 관제, 수신, 처리, 응용, 서비스 등을 모두 총괄적으로 운영한다.

나. 주요 업무

NASA는 지구관측분야, 지구과학분야, 탐사분야, 우주운용분야, 항공분야 등에서 연구개발을 진행하고 있으며, 지구관측분야에서 LANDSAT-7를 비롯하여 23개의 위성과 탐사분야에서 6개의 위성을 운영하고 있다.

NASA의 주요 연구개발사업 중 지구관측분야에 있어서의 주요산출물은 다음과 같다.

- Radiation, Clouds, Water Vapor, Precipitation, and Atmospheric Circulation (기후변동관련)
- Ocean Circulation, Productivity, and Exchange with the Atmosphere(해양순

환 및 해양대기간의 상호순환)

- Atmospheric Chemistry and Greenhouse Gases(온실가스)
- land Ecosystems and Hydrology(지표 생태계 및 수문)
- Cryospheric Systems(빙하 및 영구동토)
- Ozone and tropospheric Chemistry(오존 대기환경)
- Volcanoes and Climate Effects of Aerosols(화산과 에이로졸)

다. EOSDIS(Earth Observation System Data and Information System)

NASA의 지구과학자료시스템 프로그램에서 가장 핵심이 되는 것은 EOSDIS(Earth Observation System Data and Information System)이다. 이 EOSDIS 는 다양한 자원(위성, 비행선, 야외관측 그리고 다양한 타 프로그램)으로부터 NASA의 지구과학자료를 관리하기 위해 종단간의 능력을 제공한다. EOSDIS는 EOS(Earth Observation System)임무를 위해 EOS위성에 대한 명령, 제어, 스케줄링, 자료수신, 초기자료(Level0)처리에 대한 능력을 제공한다.

① EOSDIS 데이터 센터

EOSDIS는 미국 전역에 위치한 데이터 센터의 주요 설비들과 같이 분산시스템으로서 설계되어 있다. 데이터 센터들은 다음 장소에 위치해 있다.

- 고더드 스페이스 플라이트 센터(메릴랜드 그린벨트–Greenbelt, MD)
- 랭글리 연구센터(버지니아 햄프턴–Hampton, VA)
- 오크리지 국립연구소(테네시 오크 리지–Oak Ridge, TN)
- EROS 데이터 센터(사우스다코타 스폴스–Sioux Falls, SD)
- 국립 스노우 아이스 데이터 센터(콜로라도 보울더–Boulder, CO)
- 제트 추진 연구소(캘리포니아 파사디나–Pasadena, CA)
- 알래스카 위성 설비(알래스카 페어뱅스–Fairbanks, AK)
- 국제지구과학정보네트워크센터(뉴욕 팔리사데스–Palisades, NY)
- 마샬 스페이스 플라이트 센터(앨라배마 헌트빌–Huntsville, AL)

이들 기관들은 EOS 임무자료의 관리를 담당하고 자료가 사용자들에게 쉽게 접근될 수 있도록 한다. 데이터 센터들은 EOS 자료와 non-EOS 자료를 가지고 현재 넓고 커져가는 사용자 커뮤니티를 서비스하고 있다. 데이터 센터들은 과학적 자료에 대한 우선순위 충고, 서비스의 수준, 필요한 역량들을 제공하는 활동적인 사용자 커뮤니티들과 함께 작업한다.

② 과학자료 처리 시스템(SDPS)

과학자료 처리 시스템(SDPS)은 정보관리와 자료보관 그리고 각 데이터센터에 분배하는 역할을 수행한다. 각 데이터센터는 ESDIS프로젝트에 의해 제공된 표준화 조합 역량과 데이터센터에 대해 특정한 하드웨어와 소프트웨어를 사용함으로써 이러한 기능들을 수행한다. ECS(EOSDIS Core System)로서 알려진 특별한 SDPS 하드웨어와 소프트웨어는 EOS 탑재체들의 높은 수집 속도를 지원하기 위해 개발되었다.

ECS는 세 곳의 데이터 센터에 있으며 운영되고 있다. 그 곳은 랭글리 대기과학데이터센터(ASDC), 랜드처리 DAAC(Land Processes Distributed Active Archive Center) 그리고 국립 스노우 및 아이스 데이터 센터(NSIDC) 등이다. 자료 산출물들은 과학연구 처리 시스템(SIPS)들에 의해 처리되고 있다. 또는 적은 경우에 있어서, 데이터 센터에서 SDPS와 같이 인터페이스하는 시스템에 의해 처리되고 있다.

데이터 센터에 있는 SDPS는 처리 시스템으로부터 자료를 수집하고 보관한다. SDPS는 예를 들어, WIST(Warehouse Inventory Search Tool) 또는 리버브(REVERB) 등과 같은 ECHO클라이언트에게 검색과 접근을 제공하기 위해 ECHO와 인터페이스가 되어 있다. SDPS는 탑재체 팀의 SCF(Science Computing Facilities)에서 탑재체 팀의 산출물 생성 소프트웨어 개발을 돕기 위한 소프트웨어 툴킷을 제공한다. 이것은 특정한 보관 및 분배 시스템인 데이터 센터 또는 SDPS 쪽으로 결과 산출물의 입수(ingest)를 용이하게 하기 위함이다.

③ 과학 연구 처리 시스템(SIPS)

대부분의 EOS 표준산출물들은 탑재체 책임연구원 및 팀 리더들 또는 지명된 연구자의 직접 제어 아래에 있는 설비들에서 산출된다. 이 설비들이 과학연구 처리 시스템(SIPS-Science Investigator-led Processing Systems)으로 불러지고 있다.

SIPS들은 지리적으로 미국전역에 분산되어 있으며 일반적이지만 필수가 아닌 PI/TL의 과학적인 컴퓨팅 설비들과 같이 배치되어 있다. 연구자-공급 시스템과 소프트웨어를 사용함으로써 SIPS에서 산출된 산출물들은 보관과 분배를 위해 적절한 데이터 센터들로 보내진다.

Level0 자료 산출물과 처리순서를 시작하는 보조 자료는 데이터 센터에 저장되고 SIPS들에 의해 검색된다.

④ EOS 클리어링하우스(ECHO)

EOSDIS는 발표된 API(Application Program Interfaces)들의 시리즈를 통해 ECHO (EOS Clearing HOuse)라 불리는 공간적이며 일시적인 메타데이터의 정보교환소를 개발했다. 이 ECHO는 모든 EOSDIS데이터센터들을 대신한다. ECHO는 이들의 보유 자료에 관한 정보를 제공하는 데이터 센터들과 메타데이터와 브라우즈 카탈로그를 접속하기 위해 소프트웨어를 개발한 클라이언트 파트너들 사이에서 미들웨어로서 동작한다. ECHO기술은 지구과학자료에 대한 효율적인 발견과 접근을 제공하는 동안, 클라이언트와 데이터 파트너들을 위해 주문 중개자로서 동작할 수 있다. 리버브(Reverb)에 의한 교체가 현재 계획될 때, 사례 클라이언트들은 ECHO의 모든 보유자료에서 검색과 주문 역량을 위해 웹기반 "온스톱 쇼핑"을 제공하는 WIST(Warehouse Inventory Search Tool)이다.

⑤ EOS 네트워크

효율적인 EOSDIS로의 접속은 사용자들과 지리적으로 분산된 EOSDIS 데이터 센터들 사이에 있는 종단간(end–to–end) 네트워크 연결에 의존한다. 이 연결은 EOS 임무지원네트워크(EMSn–EOS Mission Support network)으로 알려진 내부논리네트워크와 EOS 과학지원네트워크(ESSn–EOS Science Support network)으로 알려진 외부 논리네트워크에 의해 제공된다. 이들 두 개의 논리적인 네트워크는 넓은 영역과 지역 네트워크를 포함하는 다양한 물리적인 네트워크들로 구성되어 있다. EMSn(개폐 EBNet으로서 알려진)은 지역과 광역 통신 회선 그리고 설비로 구성되어 있다.

설비는 EOS 임무운영을 지원하기 위한 다양한 EOS 지상시스템 요소들과 임무 상 중요한 자료 이송 사이에 있다. EBnet의 개구간은 적당한 과학 자료가 다양한 최종 사용자들에게 인터넷을 통해 전송되게 한다. EBnet의 폐쇄구간은 방화벽으로 보호되고 보안 네트워크를 통해 다양한 EOSDIS 하위시스템과 지상지구국으로 임무상 중요한 자료를 전송한다.

ESSn은 논리적으로 글로벌하게 연결되어 있거나 공유IP기반의 내부 및 외부 물리네트워크(NISN–NASA Integrated Services Network와 인터넷2 IP백본과 같은 그러한)의 여러 세그먼트로 구성되어 있는 가상 과학자료 통신네트워크에 연결된다. 이것은 NASA의 세계적 과학 연구 커뮤니티의 다양한 필요를 서비스하기 위한 네트워크이다.

⑥ EOS 자료 운영 시스템(EDOS)

EOS 자료 운영 시스템(EDOS)는 EOS우주선과 탑재체로부터 과학 및 기술 자료를 고속으로 캡처하고, Terra, Aqua 그리고 Aura 임무를 위한 Level0 과학 자료 산출물 (원시위성 자료)의 백업 아카이브를 생성하고 유지보수하기 위한 텔레미트리를 처리한다. 그것은 텔레미트리 인공 자료를 제거하고, 특정한 시간 간격 상에서 개별 탑재체에 의해 센싱된 겹치지 않은 원시자료집합을 생성한다. 그리고 그것들을 적절한 데이터 센터로 보낸다. 어떤 데이터센터에서 자료 유실의 경우에 있어서 그 자료는 EDOS 안에 있는 백업 아카이브로부터 복구 될 수 있다. EDOS 안에 있는 백업 Level0 자료의 한 부분 유실의 경우에 있어서 대응되는 자료가 적절한 데이터 센터로부터 복구될 수 있다. Level0 자료는 EDOS에 의해 프로덕션 자료집합 또는 긴급 자료집합으로서 주어진 데이터 센터로 제공된다. 이 자료는 데이터 센터나 관련된 SIPS에 의해 처리된다.

Terra, Aqua 그리고 Aura에 대한 제어 센터와 지상지구국사이의 인터페이스는 EOS 실시간 처리시스템(ERPS−EOS Real time Processing System)에서 제공된다. ERPS는 자료처리, 분배를 위해 지상 서비스를 제공한다. 그리고 저속 리턴 링크 자료에 대한 저장 및 처리, 배송, 그리고 우주/지상 자료 통신의 CCSDS(Consultative Committee for Space Data Systems) 권고사항을 확인하는 전달링크자료에 대한 로깅을 위해 지상 서비스를 제공한다. ERPS는 GSFC의 EOS 운영센터(EOC)와 원격 지상터미널 사이에서 실시간으로 자료를 전송하기 위해 TCP/IP를 제공한다. EDOS는 ESDIS의 자매 조직인 ESMO프로젝트에 의해 유지보수 되고 운영된다.

⑦ 비행운영 시스템(FOS)

FOS(Flight Operations Segment)는 GSFC에 있는 EOS운영센터(EOC−EOS Operations Center)와 탑재체 팀 시설에 있는 수많은 탑재체 지원 터미널들(ISTs−Instrument Support Terminals)로 구성된다. EOC는 Terra, Aqua 및 Aura를 통제하고 임무 계획 및 일정 수립을 제공한다. 그리고 우주선과 탑재체의 건강과 안전을 감시한다. 이것은 다수의 탑재체의 관측을 조정하기 위한 도구를 제공하고 conflict−free한 일정을 개발하고, 안전을 위한 명령어를 확인한다. 그리고 계획되지 않은 일정 변경을 조정하며, 미션타임라인(임무 시간표)을 개발하고 제공한다. 그리고 비상계획을 개발하고 구현한다.

EOC는 지상시스템과 우주 네트워크의 다양한 요소들과 상호작용한다. 이러한 상호작용은 명령어를 EOS 우주선으로 보내고 우주선으로 부터 건강 상태와 안전성 자료를 받으며 계획 및 명령 그리고 제어 정보의 교환을 위해 국제적인 파트너의 탑재체 제어 센터와 상호 연동하기 위해 필요하다. EOC는 상업적인 임무 제어 시스템의 조합과 EOS 임무운영시스템(EMOS– EOS Mission Operations System)처럼 개발된 주문제작 SW을 사용함으로써 구축되어 있다. EDOS와 함께, FOS는 ESMO(Earth Science Mission Operations)프로젝트에 의해 운영되고 유지보수 된다.

1.2.2 유럽연합(EU)

유럽연합은 기후변화정책 추진에 따라 대기오염물질에서의 부수적 편익이 나타날 것으로 예상하고 그 효과를 분석하고 있으며, 여러 분야의 정책 추진에 의한 CO_2 저감유도는 대기오염물질 배출량을 상당히 감소시킬 것으로 추정하고 있다.

1) ESA (유럽우주국; European Space Agency)

가. 조직 및 임무

유럽우주국은 유럽 각국이 공동으로 설립한 우주개발기구이다. 1975년 5월에 설립되었으며, 설립 참가국은 10개국이었으나 현재는 18개국까지 늘어났다. ESA는 유럽우주기구라고 불리기도 한다.

본부는 프랑스 파리에 있고, 직원은 약 2,000명, 2007년도 예산은 29억 유로였다. ESA는 프랑스의 국립우주연구센터(CNES)가 중요한 역할을 수행하고 있으며, 독일 및 이탈리아가 다음의 지위를 갖고 있다. 주된 우주선 발사장으로는 프랑스령 기아나의 기아나 우주센터를 이용하고 있다.

ESA에서는 인공위성 발사용 로켓인 아리안(Ariane)을 개발했으며, 세계 최대의 위성발사 용역업체인 프랑스의 아리안스페이스(Arianespace)사는 전 세계 민간위성 발사실적의 약 절반을 수행하고 있다. 한편 ESA는 유럽연합(EU)과 밀접한 협력관계를 가지고 있지만, 유럽 연합에 속한 기관은 아니다. 설립 참가국(10개국)은 프랑스, 독일, 이탈리아, 영국, 벨기에, 스페인, 스위스, 네덜란드, 스웨덴, 덴마크이고, 설립 후 참가국(8개국)은 오스트리아, 노르웨이, 핀란드, 아일랜드, 포르투갈, 그리스, 룩셈부르크, 체코이다. 이 외에 현재 헝가리, 루마니아, 폴란드가 ESA의 협력국으로 있고, 에스토니아, 슬로베니아, 우크라이나, 터

키, 리투아니아가 협정에 가입하였다. 또한 캐나다는 1979년부터 특별 협력국의 지위를 보유하고 있다. ESA는 18개 회원국 6개 센터, 5개의 사무소에서 2,043명이 근무하고 있으며, 1년 예산은 약 3,000M 유로이다.

나. 주요 업무

① 위성 운영

ESA는 지구관측분야, 과학과 무인탐사분야, 유인우주분야, 지구관측분야, 통신분야, 항법분야, 발사체분야 등에서 연구개발을 진행하고 있으며, Envisat를 비롯하여 다양한 위성을 운용하고 있다.

2002년에 발사된 ESA의 Envisat 위성은 지속적인 지구표면과 대기 해양관련 관측 및 모니터링을 수행하여 지구 기후변화에 영향을 주는 인자들을 포함해 지구시스템에 대한 풍부한 정보를 제공하여 왔고 현재도 그 임무를 수행 중에 있다. 지구 관측임무를 위해 1977년에 처음으로 지구정지궤도에 Meteosat 위성을 발사한 이래로 Meteosat 시리즈는 성공적인 임무수행을 하였으며, 그 결과 유럽의 기상위성탐사기구인 EUMETSAT(European Organisation for the Exploitation of Meteorological Satellites)이 1986년 만들어졌다. 국제적 두 기구인 ESA와 EUMETSAT는 협력하여 Meteosat 위성들을 보다 향상시킨 Meteosat 2세대 정지궤도 지구관측위성 MSG(Meteosat Second Generation)을 개발하였다.

첫 번째 MSG-1은 2002년, MSG-2는 2005년에 발사되었다. 이 두 개의 위성은 2018년경까지 임무수행을 계속할 것이고 MSG-3, MSG-4 관측위성들도 개발되어 각각 2009년과 2011년경에 발사되었다. 이 외에도 EU가 주도하는 유럽국가간 협력하의 GMES(Global Monitoring for Environment and Security) 프레임워크내에서 미래의 지구관측임무를 위해 Sentinels라 불리는 지구관측 위성임무 시리즈를 현재 개발 중에 있다.

② 지상국 시스템

Envisat 지상국

Envisat 지상국은 위성의 임무를 관리하고 제어하기 위한 도구와 자원을 제공한다. 이 지상국은 위성탑재체에 의해 산출된 데이터를 수신 및 처리하고 생성된 산출물을 분배하고 보관 한다. Envisat 지상국은 사용자 필요에 의해 시스템 자원의 최적 활용을 사용자들에게 제공하기 위해 단일 인터페이스를 유선으로 제공한다.

Envisat의 지상국은 두 가지의 주요 지상 세그먼트로 나뉜다.

- FOS(flight operation segment)는 위성에 대한 명령과 제어를 책임진다.
- PDS(payload data segment)는 위성탑재체 데이터의 이용을 책임진다.

위성과 지상 간의 통신 연결은 여러 지상 기지국(Kiruna, Fucino, Svallbard, and Villafranca)에 의존하며, 위성이 지상 기지국에서 보이지 않을 때는 Envisat과 지상 사이에 직접통신을 제공해주는 ESA 데이터 릴레이 위성 시스템인 Artemis에 의존한다.

ESA 설비 중 환경 위성인 Envisat 자료를 처리하고, 서비스하는 설비를 PDS라 부른다. PDS는 위성 자료의 처리, 저장, 수집에 관련된 모든 지상 요소들로 구성되어 있으며, 사용자 커뮤니티를 위해 Envisat 서비스를 제공하여 사용자 인터페이스편의 기능을 제공하고 있다.

❖ FOS(Flight Operation Segment)

FOS는 독일 다름슈타트에 있는 ESOC(European Space Operations Centre) 내에 있으며, FOCC(Flight Operations Control Centre)의 구성요소 중 하나이다. FOS는 모든 임무 단계별 Envisat 위성을 제어한다.

FOCC는 모든 FOS 운영을 제어하고 아래와 같은 주요 서브시스템으로 구성된다.

- 비행운영제어 소프트웨어(Flight Operation Control software)
- 비행역할시스템(Flight Dynamics System)
- 임무계획시스템(Mission Planning System)
- Envisat 위성 시뮬레이터(Satellite Simulator)
- 성능분석시스템(Performance Analysis System)
- 위성소프트웨어 유지보수 설비(Satellite Software Maintenance Facility)

❖ PDS(Payload Data Segment)

PDS는 Envisat 위성에 설치되어 있는 센서에 의해 산출되는 자료의 이용에 관련된 모든 서비스를 제공한다. PDS의 역할은 다음과 같다.

- ESA 지상국에 의해 수행되는 모든 지역 자료 수집
- ESA의 준 실시간 산출물의 처리 및 분배
- 자료 처리 보관 센터의 지원과 ESA off-line 산출물의 저장, 처리, 분배

- 지역 자료를 수집하는 국제/외국 기관의 인터페이스
- 사용자 집단의 주문 처리부터 산출물 분배까지 모든 인터페이스

PDS의 구성는 다음과 같이 구성되어 있다.

- Esrin에 있는 탑재체 자료 통제 센터 (PDCC)
- Esrin과 Kiruna에 있는 탑재체 자료 처리 지구국(PDHS)
- Fucino에 있는 탑재체 자료 수집 지구국 (PDAS)
- Kiruna에 있는 저속 자료 관련 저장 센터 (LRAC)
- ESA 회원국에 위치한 처리 및 보관 센터 (PAC's)

프로그램 참여국에 위치하며, ESA 서비스(NSES)를 제공하는 전유럽지구국 또한 Envisat 지역 자료를 수신하기 위한 정식 권한을 갖고 있는 외국 및 국제적 기관간의 인터페이스를 담당한다.

모든 PDS 센터와 지구국은 탑재체 자료 통제 센터(PDCC)에 의해 관리된다. 그리고 장비와 지상 구역 계획 및 종합적인 PDS 모니터링과 통제에 대한 책임을 가지고 있다. PDCC는 모든 임무를 수행하기 위해 비행 운영 통제 센터(FOCC)와 상호 연락체계를 갖추고 있다.

자료 처리 및 보관 센터(PAC)

ESA 회원국에 위치한 자료 처리 보관 센터는 off-line 상태에서 높은 등급의 자료를 처리 보관하며, 지역적 대용량 자료와 고해상도 장비 그리고 세계적인 저해상도 장비를 위한 off-line 지구물리학적 산출물을 생산한다.

알고리즘 처리기

PDS에서 사용되고 있는 알고리즘과 처리기는 PDS 산업 활동과는 독립적으로 개발되고 검증된다.

위성 탑재체 자료 수집 지구국 (PDAS)

PDAS는 Ÿ프로그램 참여국에 위치하며, ESA 서비스(NSES)를 제공하는 전유럽지구국 또한 Envisat 지역 자료를 수신하기 위한 정식 권한을 갖고 있는 외국 및 국제적 기관간의 인터페이스를 담당한다. 모든 PDS 센터와 지구국은 탑재체 자료 통제 센터(PDCC)에 의해

관리된다. 그리고 장비와 지상 구역 계획 및 종합적인 PDS 모니터링과 통제에 대한 책임을 가지고 있다. PDCC는 모든 임무를 수행하기 위해 비행 운영 통제 센터(FOCC)와 상호 연락체계를 갖추고 있다.

1.2.3 일본

1) 우주항공연구개발기구(JAXA ; Japan Aerospace eXploration Agency)

JAXA는 일본의 우주개발정책을 담당하는 일본 문부과학성 소속 독립행정법인 기관이다. 2003년 전까지 여러 우주개발정책 기구였던 문부과학성 우주과학연구소(ISAS), 항공우주기술연구소(NAL), 우주개발사업단(NASDA)를 통합하여 만들어졌다. 독립행정법인으로는 최대 규모의 기관이다.

본부는 도쿄도 조후시 (구)항공우주기술연구소 본부에 있다. 박사과정만을 담당하는 종합연구대학원 대학에 참가하고 있다. 공식명칭이 길기 때문에, 일본 언론에서는 우주기구, 우주항공기구 등의 적당한 약칭으로 불린다.

가. 조직 및 임무

JAXA의 조직은 4개 본부와 18개의 센터로 구성되어 있다.

- 우주기간시스템본부, 우주이용추진본부, 종합기술연구본부, 우주과학연구본부
- 도쿄 Head quarters, 나고야 사무소, 해외(미국, 프랑스)사무소, 관서 위성 사무소
- 기초기반기술 연구소, 기구관측소, 발사체 관련 센터, 추적관제시설, 지구관측 시설 등

주요임무 및 연구 사업은 기반기술유지 강화, 우주개발이용에 의한 사회경제 공헌, 우주과학연구를 통한 인류의 지적자산 확대에 공헌, 사회적 요청에 부응한 항공 과학기술의 추진, 기본 및 첨단기술 강화, 인재육성 및 양성, 성과의 보급 및 활용, 발사 등의 안전 확보, 국제우주정거장사업의 추진, 산업계, 관계기관 및 대학과의 제휴, 협력의 추진 등이다.

'VISION 2025'의 한 부분으로 JAXA는 재난 및 위험관리를 위한 2개의 시스템을 설립할 계획을 가지고 있는데 이는 재난 및 위험관리를 위한 정보수집 및 경보시스템으로 관측위성과 통신위성을 통합하는 것과 탐사와 예측을 통합하는 지구환경감시 시스템으로 위성과 지상 탐사(비행기, 선박 등)를 통합하는 시스템이다. 일본은 아시아지역의 정찰자료에 대

해 기본적으로 미국시스템에 의존하고 있는데, 1998년에 정찰임무의 지구관측위성 프로그램을 결정하였으며 이 프로그램은 총리실의 내각에서 주관하고 있다. 정보수집위성(IGS ; Information Gathering Satellite) 프로그램은 2개의 광학위성과 2개의 레이더위성을 포함하는 4개의 위성군으로 구성되는데 이 두 쌍의 위성은 2003년에 발사하였으나 두 번째 쌍의 IGS는 사라졌으며 2006~2007년에 한 쌍의 대체 위성을 추가로 발사하였고, 위성비용은 약 21억 달러이다.

나. 주요 업무

JAXA는 지구관측, 지구과학, 유인우주비행, 통신/항법, 기상위성, 발사체, 우주센터 등의 분야에서 주요 연구개발사업을 진행하고 있다. ALOS 위성을 비롯하여 GOSAT, GPM, GCOM 등의 지구관측위성과 MTsat의 기상위성을 운영하고 있다.

다. GOSAT 지상국

GOSAT의 운영/자료수신 등을 위해 JAXA 추적지상국, 사이타마현 하토야마읍에 있는 JAXA의 지구 관측 센터(EOC), 노르웨이에 있는 스발바디 지상국이 활용된다. JAXA 추적지상국은 센서로부터 원격으로 자료를 받고, 명령어를 보내며, 추적데이터를 획득한다. EOC와 스발바디 지상국은 주로 센서로부터 원격으로 자료를 받는다.

EOC에는 안테나 장비가 있고, GOSAT를 위한 지구 관측자료 저장시스템(이후로는 저장시스템으로 함) 그리고 EOC 데이터수집제어시스템이 있다. 저장시스템는 수신된 원격수신 자료를 수집한 후 이것을 츠쿠바 우주센터로 전송한다. EOC 데이터수집제어센터는 GOSAT 외에도 여러 다른 위성을 위해 안테나 활용되므로 EOC의 여러 안테나의 효율적인 사용을 위해 안테나 활용 계획을 생성한다. 그리고 기 결정된 우선순위에 따른다.

GOSAT 지상국 시스템은 JAXA와 NIES 시스템들로 구성되어 있다. JAXA 시스템은 위성 제어, 자료 수집 그리고 주요 자료 처리와 같은 운영을 수행하며, NIES 시스템은 고급수준 자료처리 및 산출물 분배와 같은 임무를 수행한다. 게다가, 고위도(SvalSat/Norway)에 위치한 자료수집 기지국은 자료수집의 기회를 늘리기 위해 활용되고 있다.

① JAXA 시스템

X-band 수집 시스템

X-band 수집시스템은 위성으로부터 X-밴드 임무 자료를 얻기 위하여 GOSAT을 추적

하며, 수집된 시그널 수준의 자료를 미리 결정된 수준으로 증폭하고 저장 시스템으로 전송하기 위해 시그널 자료를 복조한다.

이 시스템은 GOSAT을 위한 복조모듈 그리고 지구관측센터(EOC-Earth Observation Center)에 맡겨진 해양관측 위성-1 "Momo-1"(MOS-1)과 진보된 지구관측 위성 "Midori"(ADEOS)의 수집 시스템에 대해 테스트 시그널 생성을 위한 변조모듈로 구성된다. GOSAT은 2010년 12월부터 운영중에 있는 진보된 육지관측위성 "Daichi"(ALOS)와 함께 X-band 수집시스템을 공유한다. X-band 수집시스템은 EOC에 설치되어 있다.

자료 저장 시스템

자료 저장 시스템은 X-band 수집시스템의 출력으로 복조된 시그널을 받으며, CCSDS (Consultative Committee for Space Data System) 권고에 따라서 처리하는 패킷동기를 수행하고 그것들을 하드디스크에 기록하기 위해 APID 정렬자료(Level0 전처리 자료)를 생성한다. 레코딩 시스템은 역시 디지털 변환(RAW data)후에 직접 복조된 시그널을 기록한다. 기록된 GOSAT Level0 전처리 자료는 EORC 정보시스템(EIS)을 경유하여 GOSAT 자료 처리 시스템으로 전송된다. 이 레코딩 시스템은 EOC에 설치되어 있다.

고위도상의 해외 기지국(SvalSat/Norway)

전지구 관측 자료를 획득하기 위해서 콩스베르그(Kongsberg) 위성 서비스(KSAT, Norway)에 의해 운영되는 스발바디 위성 기지국(SvalSat)이 고위도에 위치한 해외자료 수집 기지국으로 활용된다.

임무 자료가 태양동기궤도상의 위성으로부터 다운링크 될 때, 일본은 중위도에 위치하기 때문에 일부 위성자료의 수신 경로를 커버하기 위한 일본의 지상국의 수는 제한적으로 존재한다. 또 한편으로는 모든 위성 수신 경로는 고위도 국가에 수신국이 위치한다. 따라서 일본에서보다 훨씬 많은 위성 자료 수신 경로의 수를 자료 수집에 이용이 가능하다.

SvalSat은 위성으로부터 X-band 임무 자료를 수집하며, Level0 전처리 자료를 생성하고, 하드디스크에 RAW data와 함께 생성된 자료를 기록한다. 기록된 GOSAT Level0 전처리 자료는 EIS를 경유하여 GOSAT자료처리시스템으로 전송된다.

SvalSat은 S-band 운영을 위해 백업기지국으로 활용된다.

EOC 자료 수집 제어 시스템

ALOS와 GOSAT은 운영상의 충돌이 발생한다. 왜냐하면 이들 위성을 위한 자료수집 운영이 EOC에서 동시에 수행되기 때문이다. EOC 자료 수집 제어 시스템이 그러한 충돌을 해결한다. 이 시스템은 각 위성에 대한 수집 계획을 수립하기 위해서 충돌을 조사하고 해결하며, X-band 수집 시스템, 저장 시스템 등의 운영 일정을 관리한다. 뿐만 아니라 시스템은 운영 계획을 분배한다. EOC 자료 수집 제어 시스템은 EOC에 설치되어 있다.

마. GOSAT 자료 처리 시스템(data processing system)

GOSAT 자료 처리 시스템은 GOSAT 임무자료의 Level0 처리를 수행하며, TANSO-FTS와 TANSO-CAI 임무 자료의 Level1 처리를 수행(관측자료를 의미있는 물리적인 양으로 변환)하고 보정 자료를 생성한다. 그리고 이렇게 생산된 자료들은 EORC 정보 시스템으로 처리 결과를 보낸다. 이 시스템은 츠쿠바 우주 센터(TKSC)에 설치되어 있다.

GOSAT 탑재 기술 평가 시스템(GOSAT onboard technology evaluation system)

GOSAT 탑재 기술 평가 시스템은 NIES로부터 TANSO-FTS의 관측요청을 받는다. 시스템은 관측요청들을 조정하기 위해 NIES로부터의 관측요청과 JAXA의 GOSAT 운영팀으로부터의 관측요청을 함께 분석하여 조정된 결과를 GOSAT 임무 관리와 운영시스템으로 전송한다. GOSAT 온보드 기술 평가 시스템은 TKSC에 설치되어 있다.

GOSAT 임무 관리 및 운영 시스템(GOSAT MMO)

이 시스템은 TANSO-FTS와 TANSO-CAI의 관측계획과 다운링크 계획을 관리하고 일정계획을 수립한다. 시스템은 GOSAT 관측계획에 관측요청을 반영하기 위해 GOSAT 탑재 기술평가 시스템을 경유하여 NIES로부터 관측요청을 받으며, 관측계획은 EIS를 통해 NIES로 제공된다. GOSAT MMO는 TKSC에 설치되어 있다.

SMACS(Spacecraft Management Control System) and uFDS(unified Flight Dynamics System)

SMACS와 uFDS는 GOSAT MMO에 의해 만들어진 GOSAT 관측계획에 기반으로 하여 위성을 위한 명령어를 생성하고, 그것들을 국내 및 해외 추적 제어 기지국(지상네트워크)을 통해 위성으로 전송한다. 또한 궤도상에 있는 위성과 센서의 상태를 모니터링하기 위해 위성으로부터 하우스키핑(House Keeping-위성 건강 및 안전상태자료)과 레인징 자료(Ranging Data-위성위치측정자료)를 수집한다. 그리고 궤도자료 예측과 같은 궤도 정보를 생성하기 위해 궤도를 확정한다. SMACS와 uFDS는 TKSC에 설치되어 있다.

EORC 정보시스템(EIS)

이 시스템은 GOSAT 자료 처리 시스템 및 GOSAT MMO와 같은 외부 시스템의 입력/산출 자료 운영을 처리한다. 이 시스템은 GOSAT 자료처리 시스템과 GOSAT MMO와 같은 외부 시스템들 사이의 자료 전송 임무를 담당하고 있다.

EIS는 TANSO-FTS와 TANSO-CAI의 Level0 자료를 마스터 자료로서 보관하고 관리한다. 더 나아가, EIS는 TANSO-FTS Level 1A와 1B 산출물, TANSO-CAI Level 1A 산출물, 보정 산출물 등 JAXA에 의해 처리되는 모든 자료들을 보관하고 관리한다. 뿐만 아니라, EIS는 TANSO-CAI Level 1B, 1B+, 그리고 고급수준의 산출물(TANSO-FTS 고급수준의 산출물들)을 보관하고 관리한다. 여기에 언급된 산출물들은 NIES에 의해 처리되며 JAXA로 다시 전송한다. EIS는 TKSC에 설치되어 있다.

GOSAT 자료 분석 시스템

GOSAT 자료 분석 시스템에서는 GOSAT 자료를 활용하는 연구 활동은 다음과 같은 자료와 산출물들을 사용함으로써 수행된다.

- GOSAT 자료 처리 시스템에서 생성된 Level1 산출물
- Level1 교정 산출물
- NIES에서 제공되는 TIR 입출력 자료
- GPV(Grid Point Value) 자료
- GOSAT 연구 산출물

시스템은 교정 자료(GOSAT 자료 처리 시스템에서 생성된 Level1 교정 산출물들에 포함되지 않음)를 JAXA의 GOSAT 운영팀으로 부터 얻고 그것들을 NIES로 제공한다. GOSAT 자료 분석 시스템은 TKSC에 설치되어 있다.

지상 네트워크

지상 네트워크는 위성의 추적과 제어를 위해 JAXA 지상국 사이의 자료 교환을 지원한다.

② NIES System

NIES시스템에서, GOSAT 자료 운영 설비(NIES GOSAT DHF)는 GOSAT 관련 자료를 처리, 보관, 저장하는 등을 수행하는 장비로 구성되어 있다.

JAXA 협업 시스템

MOE, NIES, 사이언스팀, 연구발표책임자가 요청하는 모든 GOSAT 관측 요청을 JAXA의 협업 보조시스템으로 둔다. 이 요청들을 조정하고 JAXA쪽으로 조정된 결과를 미리 결정된 관측 요청의 형식으로 제출한다.

이 시스템은 JAXA로부터 다음 산출물들을 수집한다.

- TANSO−FTS Level 1A, Level 1B 산출물
- TANSO−CAI Level 1A 산출물
- TANSO−FTS Level 1A, 1B 보정 산출물
- TANSO−CAI Level 1A 보정 산출물

또한, 수집되는 자료에는 Level1 보정 산출물에 포함되지 않은 보정 자료까지 포함된다. TANSO−CAI Level 1B, 1B+, NIES에 의해 처리되는 고급 수준 산출물, C단계의 표준 산출물, 산출물에 관련된 카탈로그를 JAXA로 제공된다. 이 시스템은 TANSO−FTS TIR 가스 집중계산처리의 입출력 자료를 저장하는 자료 집합파일과 참조자료로 수집되는 GPV 자료와 함께 JAXA에 제공한다.

참조 자료 수집 시스템

이 시스템은 GOSAT 고급 수준의 처리를 위해 참조자료나 검증자료를 제공하는 조직으로부터 자료들을 수집한다.

처리 제어 시스템

프로세스의 시작, 종료, 일정계획과 같은 자료 처리의 운영을 통제하며, 자료 처리를 위한

조건을 관리한다. 또한 이 시스템은 NIES GOSAT DHF 이외의 컴퓨터 센터에서 자료처리가 수행되도록 통제한다.

자료 처리 시스템

이 시스템은 TANSO-FTS Level 1A, 1B 산출물, TANSO-CAI Level 1A 산출물, TANSO-FTS와 TANSO-CAI의 Level 1 교정 산출물 그리고 참조 자료를 입력자료로 사용한다. 그리고 결과를 생산하기 위해 다음의 고급 수준처리를 수행한다.

- TANSO-CAI Level 1B, 1B+ 처리
- TANSO-CAI Level 2 처리
- TANSO-FTS SWIR Level2 처리
- TANSO-FTS TIR Level2 처리

또한 TANSO-FTS Level2 산출물과 참조자료를 입력자료로 사용하고 그 결과를 생산하기 위해 다음의 고급수준처리를 수행한다.

- Level 3 처리
- Level 4A 처리
- Level 4B 처리

자료처리 일부는 NIES GOSAT HDF 외에 다른 컴퓨터 센터에서 수행된다.

자료 관리 시스템

이 시스템은 JAXA에 의해 제공되는 자료와 산출물 등을 보관하고 관리한다. 즉, TANSO-FTS Level 1A, Level 1B, TANSO-CAI Level 1A, 이들의 교정 산출물, NIES에 의해 처리되는 산출물(TANSO-CAI Level1 1B, 1B+) 그리고 고급 수준 산출물, 자료처리에 필수적인 참조자료와 검증 자료가 보관/관리되고 있다.

자료 분배 시스템

사용자들에게 생성된 고급 수준 산출물들 분배한다.

운영 및 관리 시스템

NIES GOSAT HDF에 설치된 컴퓨터 시스템의 운영 상태를 감시한다.

제2장

위성 지상국 구성

2.1 위성지상국 인터페이스

본 장에서는 위성지상국의 인테페이스를 환경위성지상국의 사례를 통하여 기술한다.

환경위성지상국은 위성상태를 지속적으로 모니터링하고 위성이 정상적인 임무를 수행할 수 있도록 임무계획을 전달함과 동시에, 위성으로부터 수신 받은 데이터를 처리/관리/분석하고 이를 사용자에게 분배하는 역할을 담당하게 된다. 이에 따라 환경위성지상국 내부 서브시스템을 안테나 서브시스템, 위성자료수신 서브시스템, 자료처리 서브시스템, 통합운영관리 서브시스템, 자료 분석 서브시스템, 자료관리 서브시스템, 자료배포 서브시스템, 자료교환 서브시스템, 종합상황 서브시스템으로 분류할 수 있다.

환경위성지상국 시스템은 크게 안테나 및 RF/BB 서브시스템과 안테나에서 위성 원시데이터를 수신하여 이를 전 처리한 후, 후 처리하여 관련 데이터를 부가가치가 있는 환경정보로 처리/분석/보관/배포할 수 있는 S/W 서브시스템으로 구성된다.

다음 그림 3-5는 환경위성지상국 내부인터페이스이다.

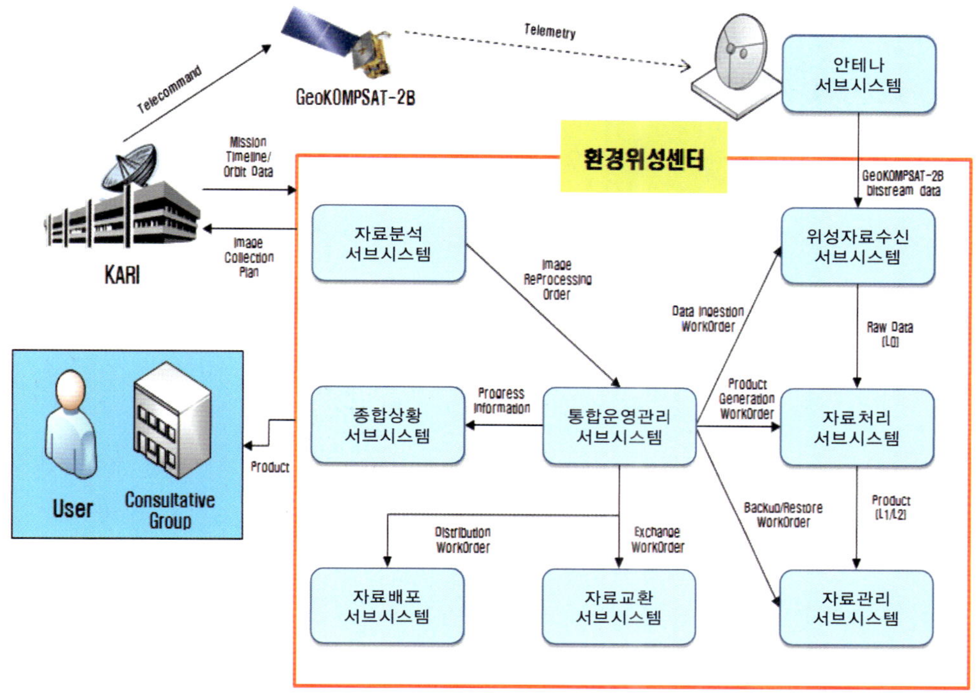

그림 3-5 환경위성지상국 내부인터페이스

2.2 지상국 H/W 장치

2.2.1 안테나 및 RF/BB 시스템

환경위성 수신 시스템의 소요장비 및 시설은 안테나 및 저잡음 증폭기, 안테나 와 감시 장비실을 연결하는 IFL(Inter Facility Link), 수신 및 계측 시스템, RF Switch Matrix, 감시 및 제어 시스템, 시스템 보정용 스위치 및 장비, 컴퓨터 설비, 기타 각종 부대설비(A/V 시스템부, 표준신호 발생부, 계측장비를 LAN에 연결하는 GPIB/LAN Converter, 각종 스위치류, 안테나 ACU를 LAN에 연결하는 RS422/LAN Converter 등으로 구성된다.

안테나부의 가장 기본적인 기능은 위성으로부터 신호를 수신하는데 있다. 이의 효율을 높이기 위하여 이중 반사판 카세그레인 안테나(Dual Reflector Cassegrain Antenna)가 설치되며, 위성 신호의 효과적인 수신을 위해 최적화되도록 설계된다. 주반사판으로 복사된 위

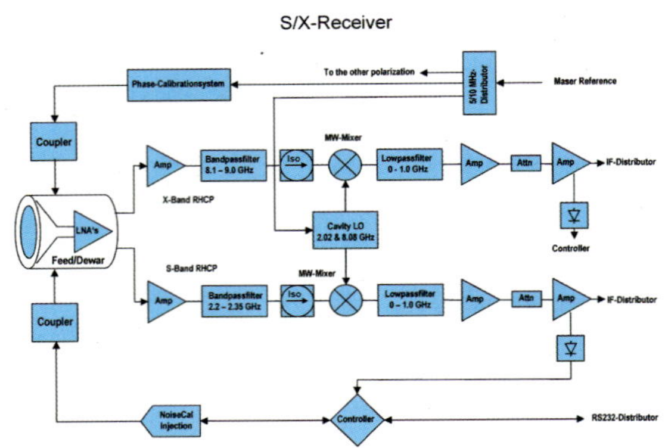

그림 3-6 안테나 수신 장비 블록 다이어그램

성신호는 집적되어 부 반사판으로 전달되며, 이를 다시 집적하여 급전혼으로 전달하게 된다. 위성의 신호는 RHCP로 수신되나 반대편파인 LHCP도 수신 가능하도록 설계 된다. 급전혼에서 수신된 신호는 원형편파기를 통하여 OMT를 거쳐 RF 부에 전달된다. 이에 대한 손실이 가장 적게 발생되도록 설치된다.

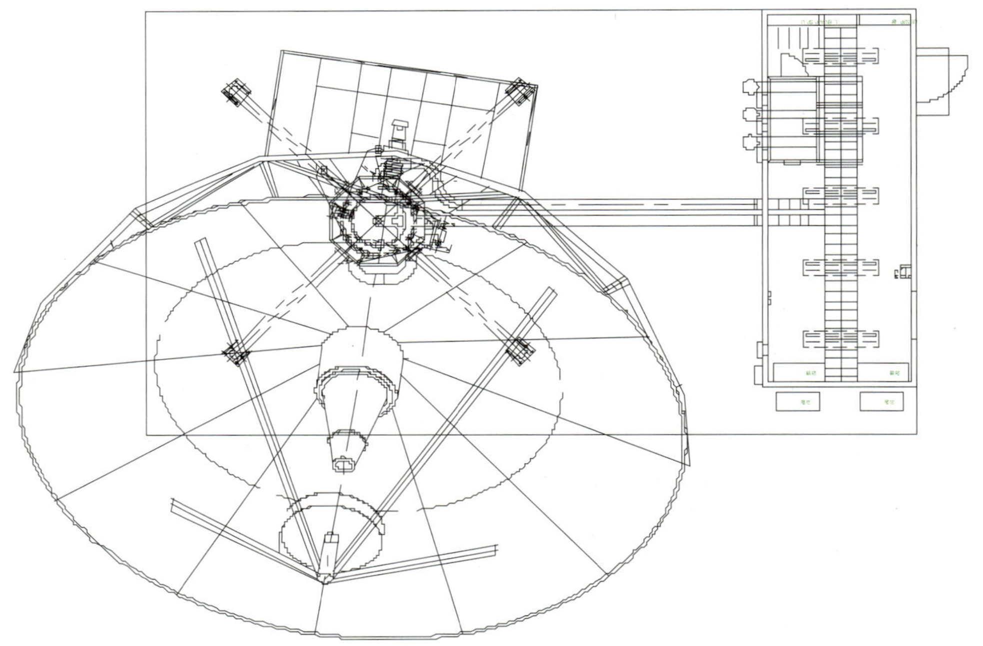

그림 3-7 환경 위성지상국 시스템 설치도

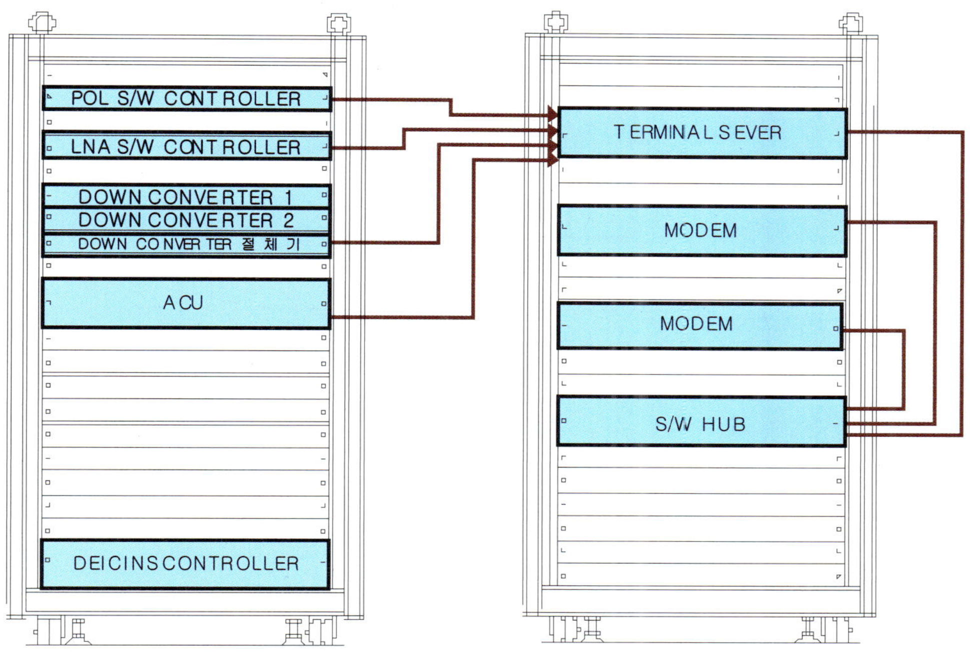

그림 3-8 RF/BB 장비 inch Rack 배치

환경지상국의 성능을 나타내는 BER(Bit Error Rate, 10^{-8})을 유지하기 위해서는 안테나 Gain 및 $\frac{G}{T}$를 높여야 환경위성 자료를 끊김 없이 수신할 수 있다.

환경지상국의 안테나 및 RF/BB 장비는 다음과 그림 3-7 및 그림 3-8과 같이 설계된다.

2) 수신 RF/BB 기술

가. LNA 조립체

LNA 조립체는 Pol. Select Switch와 두개의 절체 가능한 LNA, 자동 또는 수동으로 LNA의 절체를 가능하게 하는 Controller로 구성된다.

LNA 조립체의 Block Diagram은 다음 그림 3-9과 같다.

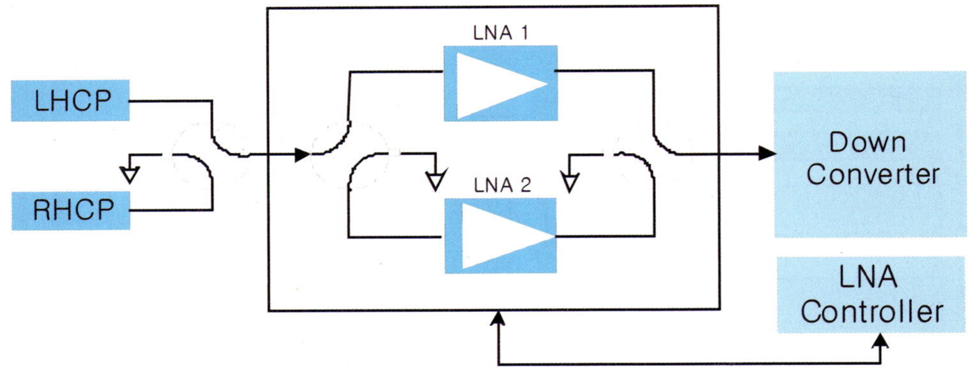

그림 3-9 LNA 조립체의 BlockDiagram

나. Down Converter

LNA에서 증폭된 RF 신호를 IF 신호로 바꾸어주어, Modem이 수신 가능한 신호로 바꾸어주는 기능을 갖는다.

다음 그림 3-10은 X-Band Down Converter이다.

그림 3-10 X-Band Down Converter

3) Modem/BB System 기술

모뎀은 LNA 에서 증폭된 RF 신호를 IF(Intermediate Frequency)신호로 바꾸어주는 기능을 갖는다. 무선 송·수신의 효율을 높이기 위해 변조된 신호를 복조하는 기능을 포함하는 필수 기술로 구성된 장비이다.

가. Antenna Control Unit

안테나를 포인팅을 하여 위성의 신호를 수신할 수 있도록 해주는 구동장치로 안테나 컨트롤러, PDU, 엔코더, 리미트 스위치 등으로 구성된다.

안테나를 구동하기 위한 PDU는 포지셔너와 함께 실외에 설치가 되며 안테나 컨트롤 장치는 장비실에 설치된다.

PDU 제어를 위한 CCU는 PDU 내부에 설치되며 RS-422 직렬통신을 이용하여 ACU와 통신을 하여 제어한다.

안테나에는 AZ/EL 등의 방향 각도를 알 수 있도록 엔코더가 설치되고 구동범위를 한정하여 안테나를 보호하기 위한 리미트 스위치가 각각의 축에 설치된다.

나. ACU의 기능

3가지 포지셔닝 모드를 가지며 프론트 패널 및 RS-232/RS422 통신을 하여 PC로 제어가 가능하다. 포지셔닝 모드는 다음과 같다.

- Manual Positioning : 직접이동
- Move to Lock angles : 지정된 각도로 이동
- Move to longitude : 위성의 경도에 따른 자동이동

안테나에 장착된 부품들은 각 축 당 하나의 모터, 리미트 스의치, 그리고 위치 변환기 등으로 구성된다. 안테나 컨트롤 시스템은 요구되는 안테나 시스템 제어와 트랙킹이 가능하며 RS-232(RS-422) 시리얼 인터페이스를 통하여 M&C(Monitoring and Control System)를 통하여 원격제어와 감시가 가능하다. 본 장비는 Operation Control Unit(OCU), Power Drive Unit(PDU) 등으로 구성된다.

다음 그림 3-11은 Antenna Control Unit이다.

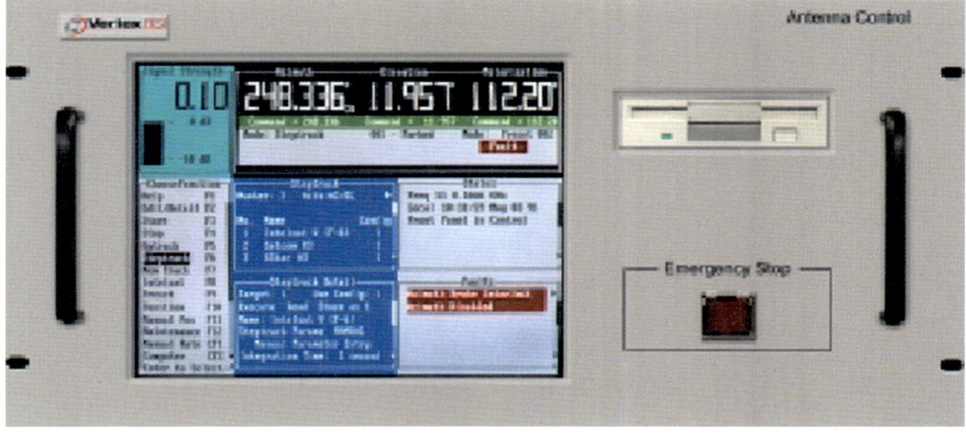

그림 3-11 Antenna Control Unit

다. Operation Control Unit (OCU)

사용하고자 하는 위성에 안테나를 수신 전계 강도가 최대가 되도록 지향시키는 장치로 다음과 같은 기능을 갖는다.

- 파라미터 입력기능
  - Site의 위도, 경도 및 고도를 입력하고 안테나 지향각을 초기화할 수 있어야 한다.
  - 안테나 구동축에 관련된 각종 파라미터를 입력하여 운용하도록 한다.
- 표시기능
  - 각 축의 디지털 각도 표시 : 현재 안테나의 지향 각도 표시
  - Fault와 상태 표시 : 안테나 제어 장치 상태 표시
  - Fault가 발생시 Fault 메시지 표시
- 운용모드
  - 수동 추적 모드 안테나 제어장치에서 수동 모드로 전환 또는 OCU의 전원이 꺼진 상태이거나 고장일 경우에 MRU (Manual Rate Unit)나 PMU (Potable Maintenance Unit)에서 수동으로 안테나를 구동시킬 수 있다.
  - 요구 추적 모드 안테나 제어장치에 위성의 방위각과 고각을 직접 입력시켜 안테나를 원하는 위치로 이동시키는 기능으로 Pos Designate, Preset 모드 등이 있다.

라. Power Drive Unit (PDU)

안테나 제어장치의 명령을 받아 고각, 방위각 모터들을 제어하며 LED 지시기가 장착된 보드에 의해서 시스템 상태와 Fault를 감시한다. 또한 고각, 방위각 위치 변환기로부터 위치 데이터를 받아들이며 비상 멈춤 스위치, 리미트 스위치 등의 구동을 멈추는 성분의 상태 스위치들은 독립적으로 감시한다.

바. Monitor & Control System

다음 그림 3-12는 C&M Block Diagram이다.

- Signal Definition : Control / Status Data
- Signal Type :RS-232/422/485, TCP/IP

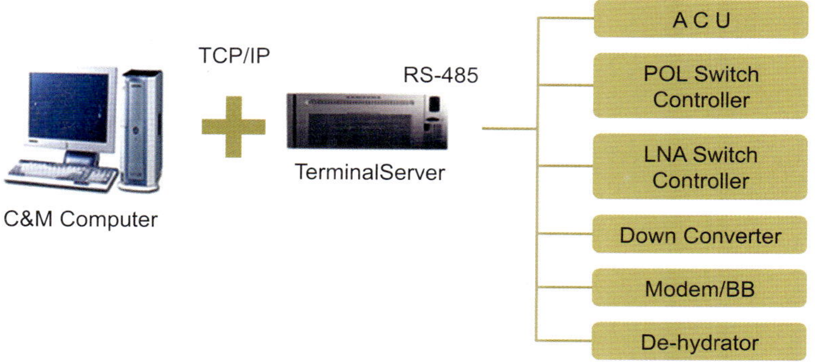

그림 3-12 C&M Block Diagram

제4부

위성자료 처리 및 활용기술

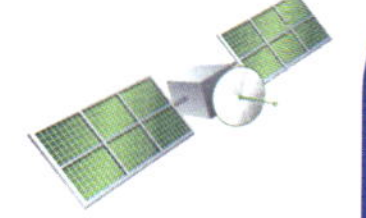

제1장

위성자료 처리기술

1.1 전처리

위성영상은 일반 디지털 카메라로 찍은 영상과 달리, 사람의 눈으로 인지할 수 있는 가시광선 파장 영역뿐만 아니라, 적외선 영역, 마이크로웨이브 영역 등 다양한 파장 영역의 영상을 얻을 수 있다. 일반적으로 흔히 볼 수 있는 위성영상은 정사각형 형태의 격자망으로 이루어져 있으며, 각각의 정사각형 격자를 픽셀(Pixel, 화소)이라고 부른다. 지표면에 반사된 태양광선이 인공위성의 관측 센서로 들어오면, 센서 내부의 전기소자에 의해 감지된 빛의 밝기가 하나의 화소로 저장되며 각각의 독립적인 밝기 값을 가진 화소들이 조합되어 연속적인 명암을 가진 하나의 영상으로 구성된다.

이렇게 획득된 자료는 일반 사진과 달리 별도의 영상처리 작업을 거쳐야 우리가 사용할 수 있는 형태의 영상이 되는데 이를 '전처리 과정'이라고 한다.

1.1.1 대기보정

대기와 지표의 광학적 효과가 위성의 영상자료 분석에 미치는 영향은 매우 크다. 지표에서 반사되어 위성에 도달되는 복사량은 지표의 다양한 반사특성과 대기의 수증기 및 에어로졸과 같은 미세먼지의 광학효과 때문에 위성의 분해능과 영상의 선명도를 크게 저하시킨다. 특히 0.4~2.5 μm 파장대의 가시 및 근적외선 복사에너지는 반사와 산란효과가 높아 이들 효과를 제거하지 않고 위성영상을 분석한다면 많은 영상 오차를 유발하여 위성영상의 위치 보정과 지상의 속성 분류를 어렵게 할 뿐 아니라 고해상 위성영상을 분석할 때 큰 저해 요인이 된다. 따라서 위성 영상 분석에는 이들 대기의 산란현상과 목표화소 주위의 반사 효과에 의하여 영상의 선명도를 감소시키는 저해요인을 제거하는 영상보정이 반드시 수행되어야 한다.

대기보정은 태양으로부터 입사한 빛이 지표면의 물체에 반사된 후 인공위성의 관측 센서에 감지되는 과정에서 태양광선은 두 번에 걸쳐 지구의 대기를 통과하게 되며, 이때 발생할 수 있는 대기의 산란 · 흡수 · 반사 등의 영향을 보정하는 작업을 말한다.

대기보정의 방법은 절대 방사보정과 상대 방사보정으로 크게 구분할 수 있다. 절대 방사보정은 자료를 수집할 당시의 대기 조건을 동일 위치에서 수집하여 이를 대기모델과 연결하여 보정을 수행하는 것이다. 절대 방사보정의 목적은 원격탐사 시스템에서 기록된 밝기값을 비율 표면 반사도로 바꾸는 것으로 이렇게 변환된 값은 다른 지역에서의 비율 표면 반사도와 함께 비교하여 사용할 수 있다. 절대 방사보정을 위한 모델은 다양하지만 가장 많이 사용되는 일반적인 모델은 NASA에서 개발한 방사보정 모델이 있다. NASA의 방사보정 모델은 다음과 같다.

$$L_\lambda = \left(\frac{LMAX_\lambda - LMIN_\lambda}{Q_{calmax} - Q_{calmin}} \right)(Q_{cal} - Q_{calmin}) + LMIN_\lambda \tag{4-1}$$

또는

$$L_\lambda = G_{rescale} \times Q_{cal} + B_{rescale} \tag{4-2}$$

$$G_{rescale} = \frac{LMAX_\lambda - LMIN_\lambda}{Q_{calmax} - Q_{calmin}} \tag{4-3}$$

$$B_{rescale} = \left(\frac{LMAX_\lambda - LMIN_\lambda}{Q_{calmax} - Q_{calmin}} \right) Q_{calmin} \tag{4-4}$$

여기서 L_λ는 센서에 도달하는 복사에너, Q_{cal}은 화소값(DN), Q_{calmax}와 Q_{calmin}은 $LMAX_\lambda$와 $LMIN_\lambda$에 해당하는 최대, 최소의 정량화된 보정 화소값, $LMAX_\lambda$와 $LMIN_\lambda$은 센서에 기록

되는 최대, 최소 복사에너지 크기이다. 이러한 보정계수 정보들은 영상의 메타데이터 파일을 통해 제공이 된다.

절대방사보정을 위해서는 센서의 보정계수 정보가 필요하다. 하지만 이러한 정보들을 취득하지 못한 경우에는 방사보정 모델을 사용할 수 없다. 따라서 보정계수 정보를 사용하지 않는 새로운 방사보정 기법들이 개발되었으며 이를 상대 방사보정이라고 한다. 상대 방사보정의 방법은 다양하지만 가장 흔하게 사용되며 손쉽게 보정할 수 있는 기법들로 최소값 보정, BULK보정, 코사인보정 등이 있다.

최소값 보정이란 영상의 최소값을 0으로 변경하여 대기의 영향을 제거하는 방법이다. 인공위성의 센서는 지구상의 모든 밝기의 물체를 관측할 수 있어야 한다. 즉 최소값 보정은 가장 어두운 물체는 0으로, 가장 밝은 물체는 최대값 이하로 관측이 가능해야 한다는 이론적 가정을 이용해 보정하는 방법이다. 처리 방법은 영상의 최소값을 히스토그램과 각 화소값의 통계정보로부터 확인하여 각 밴드값에서 각 밴드의 최소값을 빼주는 처리를 통해 수행할 수 있다.

BULK 보정이란 적외선 파장대의 영상의 히스토그램과 맞춰주는 작업을 통해 보정하는 방법이다. 일반적으로 적외선 영역대의 영상은 광학영역대의 영상에 비해 대기의 영향을 잘 받지 않는다. 이러한 이론적 정의를 바탕으로 적외선 영상은 보정이 필요 없는 영상으로 간주하여 적외선 영상의 최소값으로 광학영상의 최소값을 맞춰주는 작업을 통해 보정을 수행한다.

대기의 영향뿐만 아니라 지형의 경사와 향 또한 기록되는 신호에 방사왜곡을 가져온다. 따라서 지형의 영향을 보정하여 방사보정을 수행할 수도 있는데 이를 코사인 보정이라고 한다. 경사면에 위치한 화소에 도달하는 복사조도의 양은 입사각 i의 코사인 값에 비례한다. 즉 입사되는 총 복사조도의 $\cos i$만이 경사진 화소에 도달한다. 따라서 다음의 코사인 방적식을 이용하여 간단하게 원격탐사 자료의 경사–향 보정을 수행할 수 있다.

$$L_H = L_T\left(\frac{\cos\theta_o}{\cos i}\right) \qquad (4-5)$$

여기서 L_H는 보정된 자료, L_T는 원시자료, θ_o는 태양의 천정각, i 태양의 입사각이다.

그림 4-1 Landsat-8 OLI Band 1 방사보정 영상(좌: 원본영상, 우: 보정영상)

1) 빛의 특징 및 파장대별 분류

원격탐사에서 빛은 매우 중요한 요소이다. 원격탐사란 지상에서 반사된 빛에너지를 다양한 센서를 이용하여 기록, 분석하는 것이다. 따라서 효과적인 원격탐사를 위해서 빛의 특성을 잘 이해해야할 필요가 있다. 빛은 다양한 파장을 포함한 에너지이다. 과거에는 가시광선만 빛이라고 생각하였으나 현대에는 빨간색 가시광선보다 파장이 긴 적외선(750 nm~1 mm)과 보라색 가시광선보다 파장이 짧은 자외선(10~390 nm), 자외선보다 파장이 더 짧은 X선 등의 전자기파를 포함한다. 이러한 빛들은 파장대별로 각각의 특성이 존재한다. 따라서 원격탐사 목적에 맞는 최적의 파장대역 영상을 활용해야할 필요가 있다.

빛을 파장대역별로 분해하여 나열한 것을 스펙트럼이라고 한다. 스펙트럼을 얻기 위해서는 빛을 분광기에 통과시킨다. 가장 기초적인 분광기로는 프리즘이 있다. 아이작 뉴턴은 빛의 성질을 분석하기 위해 프리즘을 이용하였다.

그림 4-2 프리즘을 활용한 가시광선의 분해

원격탐사에서 주로 사용하고 있는 파장대는 가시광선, 적외선 영역대를 활용한다. 각각의 파장대별 특징은 다음과 같다.

먼저 가시광선은 인간의 눈으로 관측할 수 있는 파장대를 말한다. 가시광선은 대략 380~780 nm의 파장을 가진다. 가시광선 내에서는 파장에 따른 성질의 변화가 각각의 색깔로 나타나며 빨간색으로부터 보라색으로 갈수록 파장이 짧아진다. 단색광인 경우 700~610 nm는 빨강, 610~590 nm는 주황, 590~570 nm는 노랑, 570~500 nm는 초록, 500~450 nm는 파랑, 450~400 nm는 보라색으로 보인다. 우리가 눈으로 관찰하는 모든 물체의 색이 존재하는 이유는 이러한 가시광선의 반사에 의한 것이다. 일곱 가지 색으로 나타나는 광을 모두 합치면 흰색으로 보이는데, 이러한 이유 때문에 태양이 희게[白光] 보이는 것이다. 태양광선 아래에서 하얀 색깔의 종이가 하얗게 보이는 이유는 일곱 가지 색을 모두 반사하기 때문이고 파란색의 종이가 파란 것은 가시광선 중에서 파란색만을 반사하여 그 색깔만 눈에 감지되기 때문이다. 색은 모양과 더불어 사람이 바깥세상의 사물을 알아보는데 중요한 역할을 하기 때문에 원격탐사에서 시각적 해석을 위한 매우 중요한 요소이다.

햇빛이 방출하는 빛을 스펙트럼으로 분산시켜 보았을 때 적색스펙트럼의 끝보다 더 바깥쪽에 있는 전자기파를 적외선이라 한다. 파장의 길이에 따라 분류하면 파장 0.75~3 μm의 적외선을 근적외선, 3~25 μm의 것을 적외선, 25 μm 이상의 것을 원적외선이라 한다. 가시광선이나 자외선에 비해 강한 열작용을 가지고 있는 것이 특징이며, 이 때문에 열선(熱線)이라고도 한다. 태양이나 발열체로부터 공간으로 전달되는 복사열은 주로 적외선에 의한 것이다. 원격탐사에서는 이 적외선 영역을 활용하여 지표면 온도측적, 산불탐지, 화산활동 모니터링 등에 활용하고 있다.

한편 이러한 가시광선, 적외선영역을 관측하는 것은 태양의 복사에너지를 측정하는 것으로 수동적 센서에 의한 원격탐사 기법이다. 이들은 기상상황에 따라 정보획득에 제한점을 가지게 된다. 예를 들자면 태풍에 의한 피해 분석을 위해 지표면 관측을 수행을 해야한다고 가정해 보자. 재해 모니터링의 경우 적시성이 매우 중요한 요소이다. 하지만 태풍내습 시 발생하는 비구름으로 지표면 관측이 불가능할 수 있다. 이러한 수동센서의 단점을 극복하기 위해 레이더 센서를 이용하여 원격탐사를 수행하고 있다. 이들 센서를 능동형 센서로 부르며 극초단파 영역을 활용한다. 극초단파의 반사는 대상물의 기하학적 특징과 표면 거칠기, 그리고 유전율에 의하여 그 세기가 결정된다. 유전율은 수분 함유량과 관계되므로 레이더 원격탐사를 통하여 토양의 수분 함유 정도에 대한 정보를 도출할 수도 있다. 극초단파는 구름이나 강우를 통과하므로, 레이더 원격탐사는 기상 조건에 관계없이 지구 표면에 대한 영상을 얻을 수 있다는 장점을 가지고 있다. 실제로 레이더 원격탐사는 열대 우림과 같이 늘 구름에 덮여 있을 뿐만 아니라 접근이 매우 어려운 지역에 대한 지리정보를 획득하는 매우 유용한 도구로 사용되고 있다.

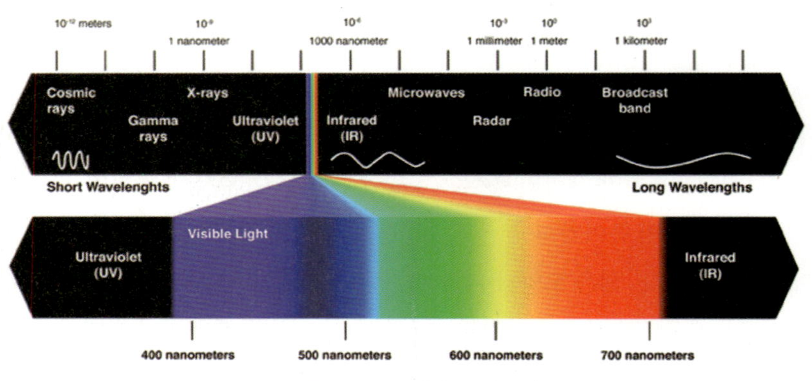

그림 4-3 전자파 스펙트럼

2) 산란

빛은 지구의 대기를 통과하며 대기, 수증기, 먼지 등의 입자와 만나 사방으로 퍼지게 되는데 이를 빛의 산란이라고 한다. 빛의 산란은 크게 두가지 경우로 분류할 수 있는데 레일리산란(Rayleigh Scattering)과 미산란(Mie Scattering)이 그것이다.

먼저 레일리 산란은 산란을 유발하는 입자의 크기가 매우 작아 빛의 파장보다도 작을 때 발생하는 산란이다. 푸른하늘은 레일리 산란을 입증하는 예이다. 대기의 산란이 존재하지 않는다면 하늘은 검게 보일 것이다. 그러나 태양광이 지구 대기와 상호작용을 일으켜 모든 가시광선의 파장 중 가장 짧은 파장인 파란색이 주로 산란된다. 이로 인해 하늘은 파란색을 띄게 된다.

레일리 산란은 영상에서 아지랑이같은 효과를 나타내게 된다. 이는 영상의 선명도(Crispness), 대조비(Contrast)를 저해하는 요소이다.

미산란이란 산란을 유발하는 입자의 크기가 빛의 파장과 비슷한 경우에 발생하는 산란이다. 미산란은 빛의 파장과 거의 무관하며 입자의 밀도, 크기, 모양 등에 반응한다. 미산란은 레일리 산란에 비해 장파장 일수록 그 영향이 강해지는 경향이 있다.

그림 4-4 빛의 산란 개념도

3) 흡수

산란현상과는 대조적으로 대기의 흡수현상은 대기 구성요소로 인해 에너지를 손실시킨다. 이러한 현상은 일반적으로 특정파장에서 에너지를 흡수한다. 태양 복사에너지를 가장 탁월하게 흡수하는 흡수체로는 수증기, 이산화탄소, 오존 등이다. 이러한 가스들은 특정 파장에서만 에너지를 흡수하는 경향이 있기 때문에 원격탐사 시스템에서 분광적으로 어디를 관찰하는지(이용하는 파장 밴드 영역)에 영향을 미치는 요소이다. 이처럼 대기가 에너지를 전달하는 파장의 범위를 대기의 창(Atmospheric Windows)이라고 부른다.

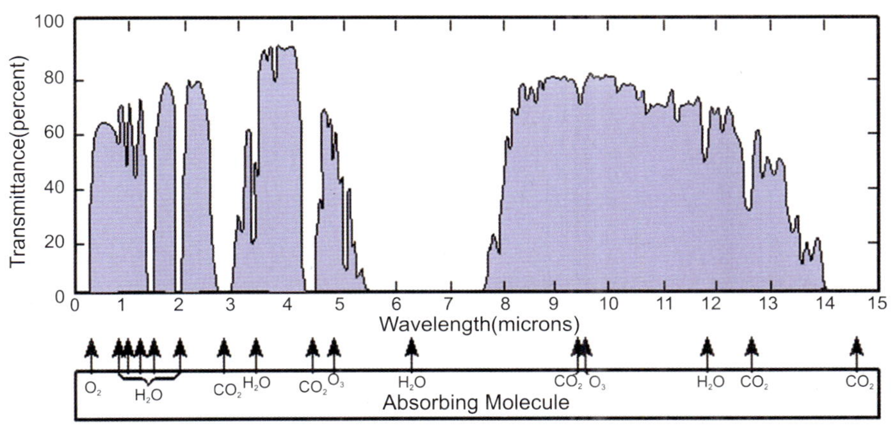

그림 4-5 대기의 창

1.1.2 기하보정

기하보정이란 우주에서 위성센서가 관측한 영상을 지구 좌표계에서 가지는 정확한 위치로 바꾸어주는 과정이다. 이 때 위성의 고도, 자세 및 속도와 파노라믹 왜곡, 지구 곡률, 기복 변화 등으로 인해 발생한 기하학적인 왜곡을 보정하는 과정이 포함된다.

기하학적 왜곡은 원인별로 볼 때, 지구곡률 및 자전, 플랫폼과 센서, 위성의 고도나 자세 등에서 기인되는 시스템 왜곡과 그 밖의 요인에 의하여 발생되는 비(非)시스템 왜곡으로 구분된다. 따라서 기하보정의 방법에도 시스템적 왜곡을 보정하는 시스템 보정처리와 지상기준점을 이용하여 비시스템 왜곡을 보정하는 지상기준점 보정처리로 구분된다.

시스템 보정처리는 지상분해능력이 낮고 지형 굴곡에 대한 영향이 적은 자료를 대상으로 수행하며 일반적으로 기상위성 자료 등에 사용된다. 반면에 지상기준점 보정처리는 지형 굴곡이 많아 지상의 국부적인 특성에 따라 왜곡의 정도가 달라지는 경우거나 소규모 지역에서 정밀하게 보정을 하고자 하는 경우에 주로 사용된다. 일반적으로 저궤도 위성자료 등을 보정할 때 사용한다.

시스템 보정처리는 왜곡의 원인을 수학적으로 모델링하여 추출한 공식을 적용하여 보정하는 것으로 대표적인 예를 들자면 위성의 영상촬영 중 지구의 동쪽방향 자전현상으로 인한 왜곡이 있다. 이러한 왜곡을 보정하기 위해 센서의 Sweep을 이전 Sweep보다 미세하게 서쪽으로 이동시키게 된다. 이러한 왜곡현상을 Skew 왜곡이라 한다. 취득한 영상에 존재하는 Skew를 보정하는 기법은 각각 모든 스캔 라인의 시작점을 조금씩 서쪽 방향으로 차감하는 것이다. 인공위성 멀티스펙트럴 영상에서 비스듬한 평행사변형의 형태는 이러한 보정이 실행된 결과이다.

원격 센서의 자세불안과 화상 특성의 변조등에 의해 발생되는 기하학적 왜곡은 가변적이기 때문에 예측이 불가능하다. 이러한 왜곡은 시스템 보정처리를 통해 보정이 불가능하다.

그림 4-6 GCP의 예시 영상

따라서 시스템 보정처리를 통해 보정이 되지 않는 경우 지상기준점을 이용하여 기하보정을 할 수 있다. 지상기준점(GCP; Ground Control Point)은 위성영상과 실제 지상에서 서로 동일한 지점이라고 확인될 수 있는지점을 선정하여 지형지물의 상호 위치 관계를 파악하게 된다. 지상기준점의 선정 조건은 영상에서 정확히 위치되어 있어 식별이 가능하며 이동하지 않는 지점들이다. GCP의 좋은 예로 교차로의 교차점, 건물의 모서리 등이 있다.

지상기준점 보정에는 크게 두 가지 방법이 있는데, 영상 대 영상 보정방법과 영상 대 지도 보정방법이다. 두 방법은 모두 기준이 되는 영상 또는 지도와 보정을 하는 영상에서 지상기준점을 설정한 후, 이 지상기준점에 해당하는 기준좌표와 보정 영상좌표와의 관계를 수학적으로 계산하여 보정하는 영상의 좌표를 결정하는 방법이다. 그러나 영상 대 영상 보정방법은 기하학적 왜곡들이 영상에 그대로 옮겨진다는 점에서 많이 쓰이지 않고 영상을 지도에 맞추어 보정해주는 방법을 많이 쓴다(김응남, 2012). 기하보정의 과정은 다음 그림 4-7과 같다.

연구지역의 기하보정을 위해 먼저 보정할 영상과 참조자료간의 동일한 지상기준점을 취득한다. 지상기준점은 최소 4점 이상을 취득하며 많은 지상기준점을 취득할수록 결과의 정확도는 높아지지만 처리 시간이 오래 걸릴 수 있다. 다음으로 영상좌표와 지도 좌표의 매칭을 수행한다. 다음으로 영상좌표를 지도좌표로 변환하는 변환식을 선택한다. 변환식에 의해 크기 및 축적 변환, 회전변환, 수평이동 변환을 거치게 된다. 좌표변환은 크게 선형 변환과 비선형 변환으로 구분된다. 선형 변환은 단순히 영상의 크기를 조절할 때, 비선형 변환은 영상을 휘게 할 필요가 있을 때 사용한다. 변환식을 선택한 후 마지막으로 재배열 과정을 통해 기하보정을 수행할 수 있다. 재배열 방법에는 Nearest Neighbor, Billinear, Cubic

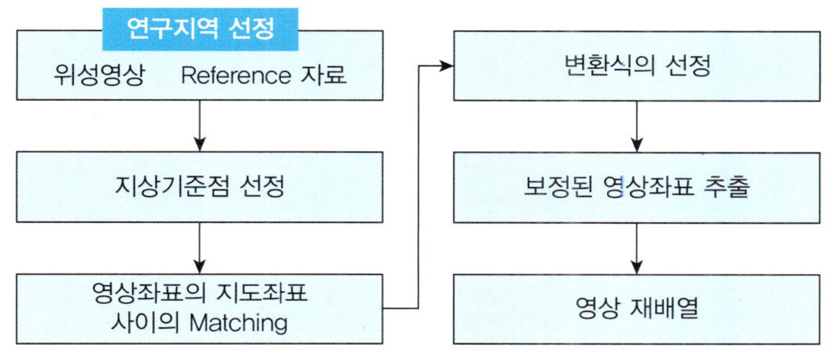

그림 4-7 기하보정 과정 Flow Chart

Convolution 등이 있다. 각각의 방법의 차이는 아래의 그림과 같다.

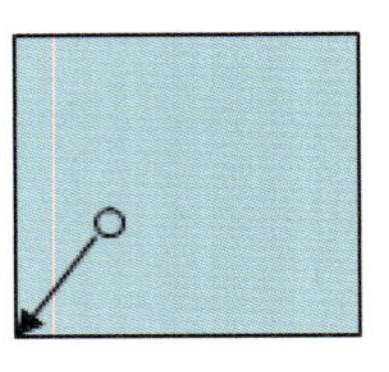

Nearest Neighbor: 가장 가까운 Pixel 참조

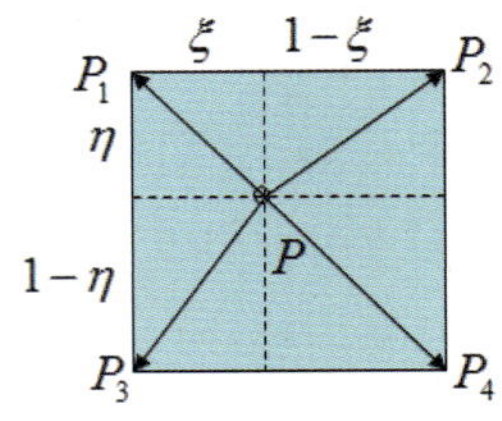

Bilinear: 이웃하는 4개의 Pixel값의 거리에 따른 가중치를 합

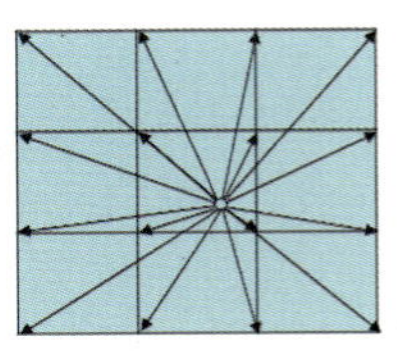

Cubic Convolution: 이웃하는 16개의 영상 Pixel값의 거리에 따른 가중치를 합

그림 4-8 대표적 재배열 방법별 특징

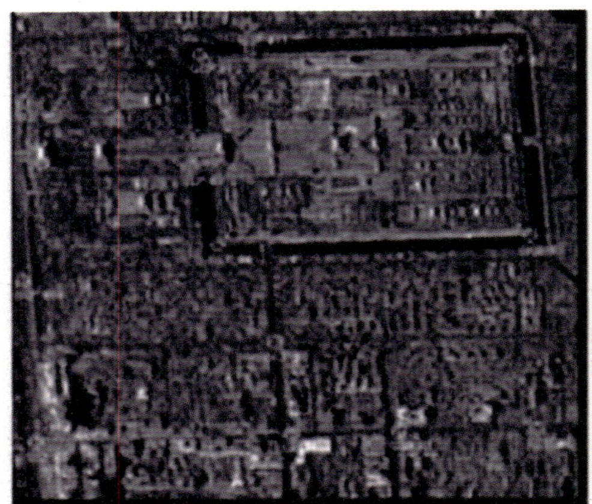
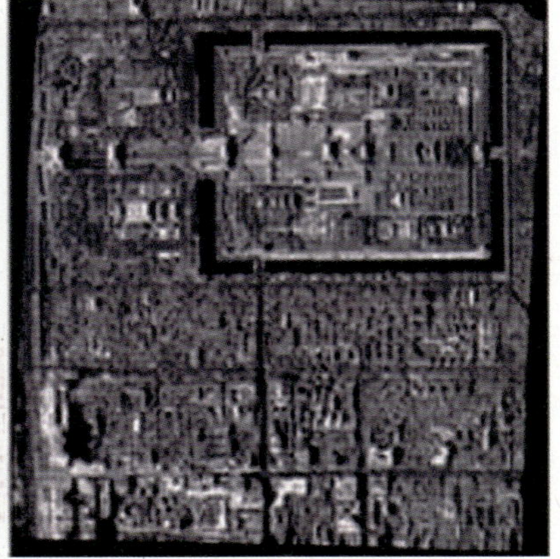

그림 4-9 기하보정된 자금성 위성영상(좌: 원본영상, 우: 기하보정영상)

1.1.3 정사보정

위성영상은 촬영 당시 센서의 자세와지형의 기복에 의해서 발생한 대상체의 변위가 포함되어 있으므로 지형지물의 상호위치가 왜곡된다. 그 결과 위성영상에 있는 대상체의 위치와 지도상의 위치가 서로 일치하지 않는다. 이러한 대상물의 변위를 제거하여 지형지물의 평면위치를 지도와 동일하게 보정하는 것을 정사보정이라고 한다.

정사보정 방법은 다음과 같다.

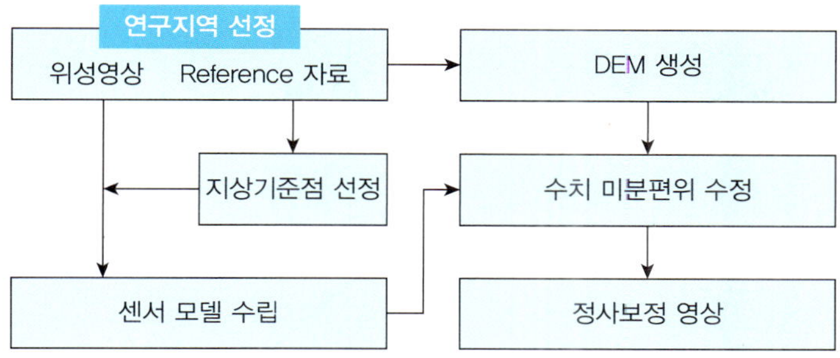

그림 4-10 정사보정 과정 Flow Chart

정사보정을 위해서 먼저 수치지도와 같은 참조자료를 기준으로 지상기준점을 선정한다. 이렇게 선정된 지상기준점을 바탕으로 보정하기 위한 위성영상을 RFM과 같은 수학식을 이용하여 센서모델을 수립한다. 이때 사용되는 센서모델을 위한 수학식은 위성에 따라 다르므로 이를 잘 고려하여 센서모델을 수립해야 한다. 다음으로 수립된 영상의 센서모델을 이용하여 수치미분편위수정(Digital Differential Rectification) 과정을 수행한다. 수치미분편위수정에는 수치표고모델(DEM: Digital Elevation Model)을 이용한다. 수치미분편위수정은 DEM 자료를 이용하여 영상에 있는 대상물의 편위를 제거하여 정사영상을 제작하는 과정을 말한다. 수치 미분 편위수정은 인공위성으로 수집되거나 항공사진을 주사하여 수집된 영상자료(Raster Data)와 수치표고 모형자료를 이용하여 정사투영사진을 제작하는 방법으로 지상기준점 (또는 수치표고모형 ; Digital Elevation Model)의 자료가 입력용으로 사용되는가의 구분에 의해 직접적 방법(Direct Method)과 간접적 방법으로 구분된다. 직접적 방법은 주로 인공위성 영상을 기하보정 할 때 사용되는 방법으로 지상좌표를 알고 있는 현저한 지물의 영상좌표를 관측하여 각 출력 영상소의 위치를 결정하는 방법이다. 간접적 방법은 지상기준점의 좌표에 의해 출력영상의 위치가 이미 결정되어 있으며, 입력영상에서 관측된 좌표로 출력 영상소값을 구하기 위한 입력 영상소의 위치를 결정하는데 사용되므로 On-Line 방법이라고도 한다.

정사보정과 기하보정은 모두 영상좌표와 실제 지구 표면의 좌표와 일치시키는 방법이며, 이 과정에서 영상의 기하학적 왜곡을 수정한다는 면에서 비슷한 면이 있다. 하지만 이 두 방법을 비교해 보면 각각의 차이점이 있다. 먼저 정사보정 방법은 적은 수의 지상기준점을 이용하여 지상과 센서간의 센서모델을 수립한 후 정확한 위치보정을 가능하게 한다. 정사보정

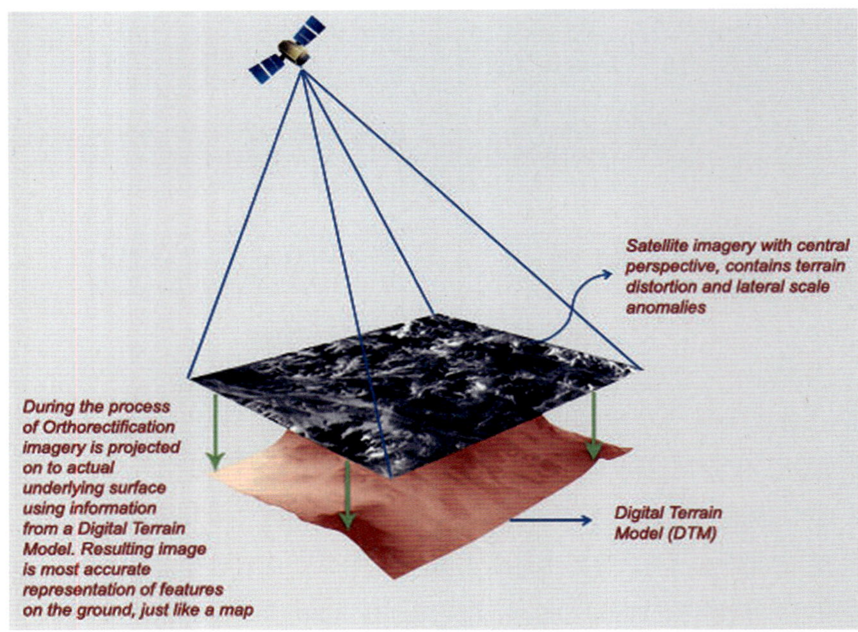

그림 4-11 정사보정방법 개념도

을 위한 기복변위의 제거방법으로 수치미분편위수정 방법이 사용되고 있는데 이를 위해서는 수치화된 영상 자료를 획득하는 방법과 정확한 수치표고모형 자료의 획득방법이 중요하게 대두되며, 이용된 방법에 따라 생성된 정사투영 영상의 정확도 및 효율성이 좌우된다. 정사보정 방법은 모든 왜곡요소의 보정을 위한 수학적 계산 과정이 복잡하고, 항공사진의 카메라와 위성의 센서에 대한 정확한 정보와 촬영대상 지역에 대한 고도자료 등이 필수적으로 요구된다는 점에서 번거롭게 느껴지기도 하지만 그 만큼 정확한 계산이 가능하다는 장점을 가지고 있다. 일단 정사보정이 수행된 영상은 모든 점에서 나타나는 편위가 제거됨으로써 영상 상에 나타나는 상이 일반지도에서 보는 것처럼 모든 점에서 축척이 일정하게 유지된다.

반면에 기하보정 방법은 영상이 갖게 되는 왜곡의 원인(시스템적 왜곡이 아닌)을 구체적으로 보정한 다기보다는 지상기준점을 이용하여 정확한 위치정보를 부여하는 방법으로 정사보정에 비해 상대적으로 그 처리가 간단하다는 장점을 갖는다. 그러나 왜곡의 원인을 고려하지 않는다는 점, 많은 지상기준점이 필요하다는 점, 지상기준점이 없는 지역은 오차가 발생할 수 있다는 점 등이 단점이다.

1.2 후처리

전처리 과정이 끝난 영상은 비로소 원격탐사에서 활용이 가능해진다. 이러한 영상들을 원격탐사에서 더욱 효과적으로 활용하기 위한 방법이 후처리 과정이다. 후처리 과정을 통해 영상의 물체간 식별을 더욱 용이하게 할 수 있고(영상강조), 사용자의 목적에 따라 다양한 산출물 생산이 가능하다.

1.2.1 위성자료의 분류

위성자료는 전처리 과정, 알고리즘을 적용한 산출물 생성, 부가자료와 영상간 합성 등에 따라 자료의 레벨을 분류한다. 상위 레벨로 갈수록 더욱 유용한 파라미터 및 포맷으로 변환된다. 전 세계적으로 위성자료의 레벨별 분류는 대체로 유사한 정의를 사용하고 있지만 위성별로 다른 기준으로 분류되어 있기도 한다. 이번 장에서는 NASA 지구관측위성센터에서 정의하고 있는 위성 레벨별 분류를 기준을 토대로 위성자료의 분류에 대해서 설명한다.

위성자료의 레벨별 분류는 Level 0 자료부터 Level 4 자료로 분류한다. Level 0 자료는 어떠한 영상처리도 거치지 않은 원시영상을 의미한다. 이러한 원시영상은 기하학적 왜곡, 대기 및 센서에 의한 왜곡 등 다양한 왜곡이 포함되어 있어 정확한 영상분석이 불가능하다. 따라서 전처리 과정을 통해 사용자가 사용할 수 있는 기본적인 영상으로 변환시켜야 한다. 이렇게 전처리 과정을 거친 영상을 Level 1자료로 정의한다.

Level 1 자료는 다시 Level 1A, Level 1B, Level 1C 자료 등으로 다시 분류할 수 있다. 먼저 Level 1A 자료는 기하보정, 방사보정을 위한 기초자료를 포함하지만 직접 보정이 수행되지는 않은 자료를 의미한다. Level 1B 자료는 Level 1A 자료에 포함된 정보를 이용하여 기하보정이 수행된 자료이다. Level 1C는 기하보정 된 Level 1B 자료에서 방사보정까지 수행하여 전처리가 완료된 영상자료를 의미한다. 이렇게 전처리가 완료된 Level 1 자료는 다양한 분석을 위한 기본적인 자료가 된다.

전처리가 완료된 Level 1 자료는 분석 알고리즘 적용을 통해 다양한 산출물로 변환될 수 있다. 이러한 자료를 Level 2 자료라고 한다. 이러한 Level 2 자료로는 오존 농도 자료, 해색자료, 지표온도분석 영상자료 등 매우 다양하다. Level 2 자료는 한 개 씬으로 구성된 산출물 영상으로, 이러한 영상자료를 융합하여 전세계 스케일로 변환한 자료를 Level 2G 자료

표 1-5 위성자료의 레벨별 분류 및 정의 [출처: NASA]

구분		정의
Level 0		• 어떠한 영상처리도 거치지 않은 원시자료
Level 1	Level 1A	• 전처리를 위한 기초정보는 포함되었지만 직접 전처리는 수행되지 않은 자료
	Level 1B	• 기하보정이 수행된 자료
	Level 1C	• 방사보정이 수행된 자료
Level 2	Level 2	• Level 1자료를 각종 분석 알고리즘을 이용하여 변환한 영상산출물 자료
	Level 2G	• Level 2자료의 전 세계적 스케일 자료
Level 3		• Level 2영상의 시계열 자료
Level 4		• 다양한 부가자료를 이용하여 모델링을 통해 산출된 자료

라고 한다.

다음으로 Level 2 영상의 시계열 자료는 Level 3, 다양한 부가자료를 활용하여 모델링을 통해 분석된 자료를 Level 4 자료라고 정의한다.

1.2.2 영상강조

이미지를 보다 효과적으로 화면에 표시하거나 분석하기 위해 영상강조기법이 사용된다. 일반적으로 영상강조기법은 영상 안에 존재하는 물체들 간의 시각적 차이를 증폭시키는 기법으로, 원본 영상 자료를 조작하여 새로운 영상을 만드는 것이 영상강조의 목적이다. 이를 통해 원본 영상자료에 비해 좀 더 다양한 시각적 해석, 분석 등이 가능해진다.

원격탐사 시스템은 지표면으로부터 반사되거나 방출되는 복사에너지를 기록한다. 어떤 물질은 특정 파장대의 에너지를 많이 반사하고, 다른 물질은 같은 파장에 대해서 그보다 훨씬 적게 반사한다. 이렇게 되면 원격탐사 시스템이 기록할 때 두 물질은 대비(Contrast)를 이루게 된다. 하지만 원격탐사 영상은 대부분 비교적 저대비 현상이 발생하게 된다. 일반적으로 원격탐사에서 영상의 시각적 해석을 저해하는 저대비 현상이 발생하는 원인은 다음과 같다.

- 일반적으로 물질 사이의 복사속은 가시광선, 근적외선, 중적외선에서 비슷하여 저대비 영상을 이룬다.
- 문화적 요인에 의한 저대비 현상으로 개발도상국의 도시 지역의 건물은 나무, 모래,

흙과 같은 자연물질을 이용해 만들기 때문에 주변 환경과 구분이 쉽지 않다.

- 감지기의 민감도가 방출 혹은 반사되는 에너지의 전 범위를 기록할 만큼 충분치 못하다면 상대적으로 저대비 영상을 획득하게 된다.

저대비 영상은 원격탐사를 통한 시각적 해석을 저해하게 된다. 따라서 정확한 영상 분석과 판독을 위해 대비 강조를 이용하여 영상의 시각적 효과를 두드러지게 만든다.

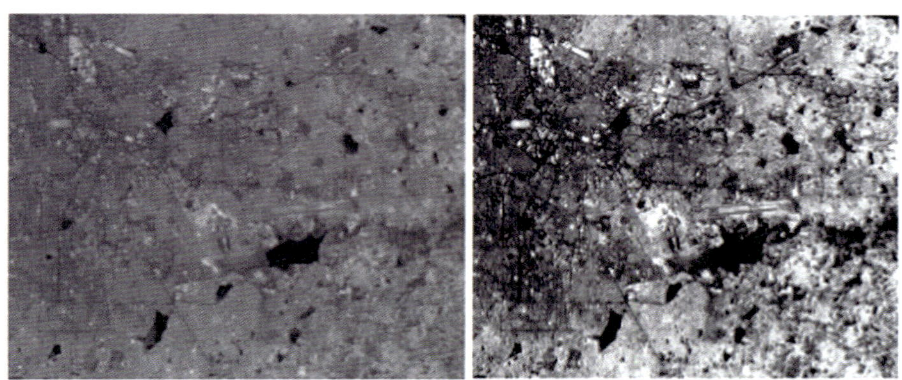

그림 4-12 영상강조를 통한 대조비 향상

1) 대비강조

영상강조의 기법은 다양한 방법이 연구되고 개발되어왔다. 영상강조 기법의 대표적인 방법으로 대비강조 기법이 있다. 대비강조는 대비확장(Contrast Stretching)이라고도 하며, 일반적으로 분광특성을 강조하는 것으로 판독을 위해 대조가 명확해지도록 영상 화소의 회색 단계를 변화시킨다. 이러한 디지털 원격탐사 화상의 대조를 높이기 위해서는 출력 매체에서 활용 가능한 전체적인 반사 값의 범위를 이용하도록 하는 것이 바람직하다. 대비강조 기법은 크게 선형과 비선형 방법으로 구분된다.

선형 대비확장(Linear Contrast Stretching)은 모든 밝기값이 상대적으로 좁은 범위의 히스토그램상에 분포하는 가우스분포나 가우스 분포와 유사한 히스토그램을 가진 위성영상에 적용할 때 가장 적절하다. 즉 자료의 모든 히스토그램 범위를 균일하게 늘려주는 방법으로 영상의 대비를 향상시키기 위한 가장 간단한 방법이다. 선형 대비확장은 다음과 같은 식을 이용한다.

$$BV_{out} = \left\{ \frac{(BV_{in} - \min_k)}{(\max_k - \min_k)} \right\} quant_k \tag{4-6}$$

여기서 BV_{out}은 출력 밝기값, $\max_k$와 $\min_k$는 픽셀의 최대 및 최소 밝기값, BV_{in}은 원래의 입력 밝기값, $quant_k$는 출력 밝기값이다. 이를 이용해 영상이 8bit 자료일 경우 픽셀의 최소값은 0으로, 최대값은 255로 설정하고 그 중간의 값들을 내삽하여 영상의 대비를 강조한다.

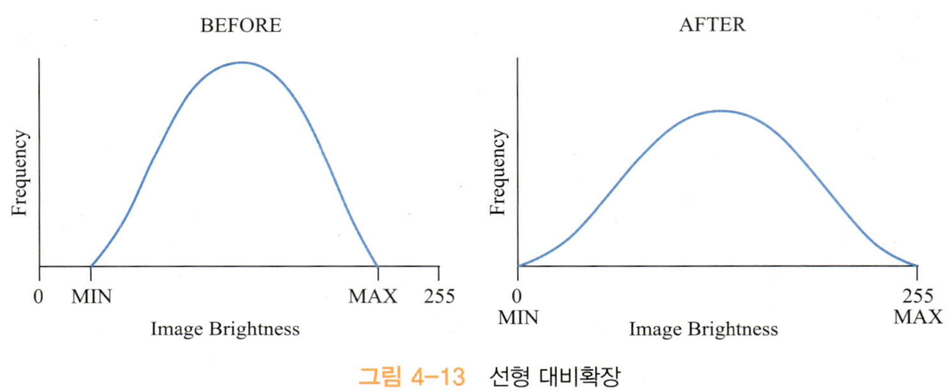

그림 4-13 선형 대비확장

선형 대비강조 중 비율 선형 대비확장(Percentage Linear Contrast Stretch)은 히스토그램의 평균값을 중심으로 화소의 백분율에 따라 최소값과 최대값을 결정하는 방법을 말하며 이 비율이 표준편차 비율과 같으면 표준편차 대비확장(Standard Deviation Contrast Stretch)이라고 한다.

비선형 대비확장 방법 중 가장 일반적으로 사용하는 기법으로 히스토그램 균등화(Histogram Equalization)가 있다. 이 방법은 영상의 각 밴드에 적용하여 사용자가 정한 출력 회색조 클래스에 같은 수의 화소를 할당하는 방법이다. 히스토그램 균등화는 히스토그램 분포가 아주 복잡하게 분포되어 있는 영상에 적용할 수 있는 최적의 기법 중 하나이다. 이 방법은 자동으로 정규분포 곡선에서 양 끝단에 해당하는 매우 밝거나 어두운 부분의 대비를 줄이게 된다.

히스토그램 균등화는 수행하기 위한 정보가 적으며, 일반적으로 원하는 밝기값 클래스와 균등화를 위한 밴드 수 정도만을 필요로 한다. 그럼에도 불구하고 매우 효율적인 결과값을 보여주기 때문에 많은 영상처리 시스템에서 이용되고 있다.

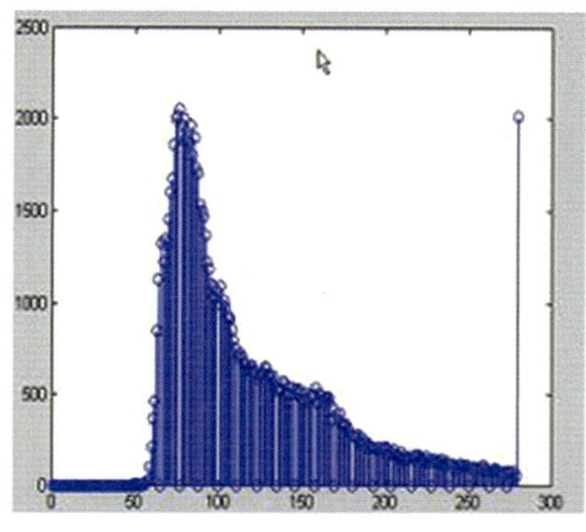

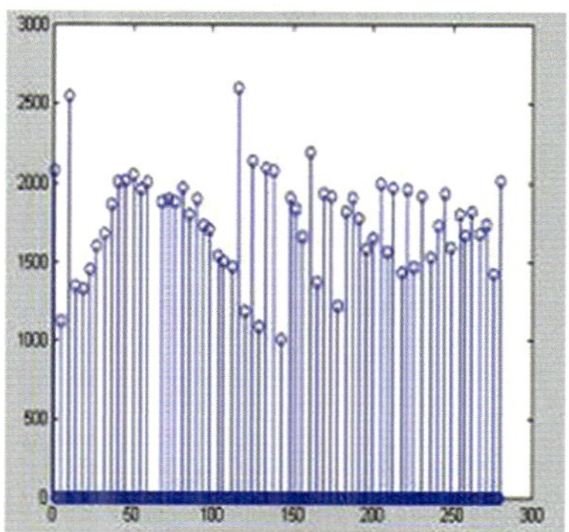

그림 4-14 히스토그램 균등화

구분적 대비확장(Piecewise Contrast Stretching)은 영상 내 모든 히스토그램 범위를 일정하게 강조하지 않고 사용자가 강조하려고 하는 영상 내 LUT를 세 부분(low, middle, high)으로 나누어 각기 다른 Contrast를 부여하는 방법이다. 이 방법은 영상 사용자가 히스토그램상의 여러 구간이 실제로 무엇에 해당하는지 알고 있을 때 사용한다.

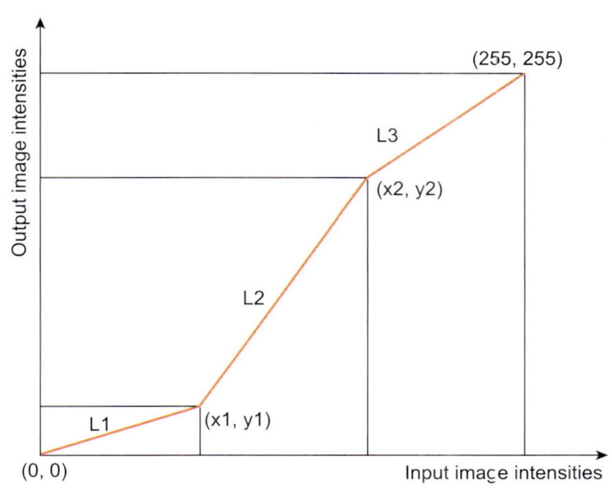

그림 4-15 구분적 대비확장

2) 밴드조합

일반적으로 우리가 보는 사진의 색은 자연색(natural color) 영상이다. 자연색은 적색 파장대는 적색밴드, 녹색 파장대는 녹색밴드, 청색 파장대는 청색밴드를 조합하여 나타낸 색이다. 이러한 자연색 영상은 실제 지형지물의 색을 나타내어 영상 내에서 식별되는 물질의 종류를 판독할 수 있다. 하지만 때때로 이러한 자연색 조합으로 물체를 식별할 수 없는 경우도 있다. 따라서 효과적인 시각적 분석을 위해 다른 밴드조합을 사용할 때도 있다. 이러한 밴드 조합을 통해 나타난 색을 위색(False Color)라고 한다. 위색 조합은 사용자의 목적에 따라 다양한 조합이 가능하다. 즉 분석하려는 물체의 분광특성에 따라 이를 잘 살릴 수 있는 밴드조합을 이용해 영상분석을 수행할 수 있다.

예를 들어 식생에 민감한 밴드인 적외선 밴드를 이용하여 근적외선 밴드와 녹색, 청색 밴드를 조합한다면 식생지역은 붉은색으로 나타나게 된다. 아래의 그림 4-16은 같은 지역의 자연색 영상과 위색영상이다. 위색영상의 경우 식생지역이 붉게 변하여 시각적으로 훨씬 분석을 쉽게 수행할 수 있다.

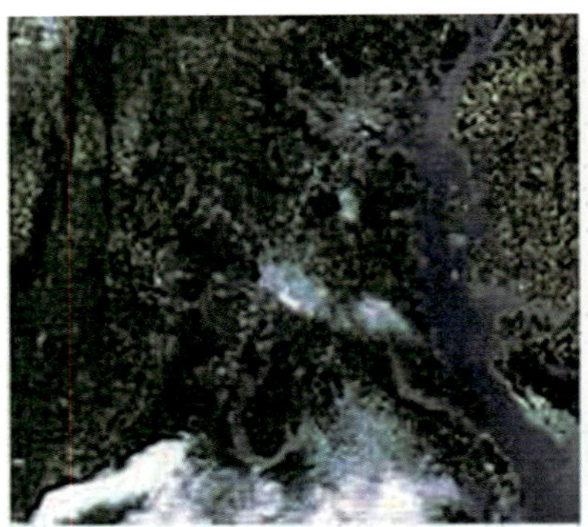
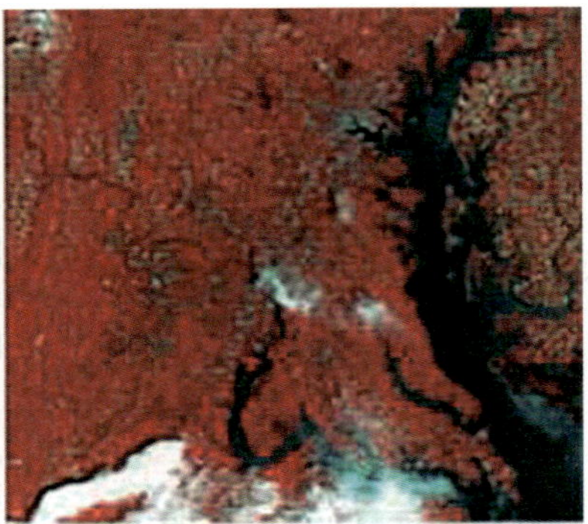

그림 4-16 Landsat 영상을 이용한 밴드조합 (좌: 자연색, 우: 위색)

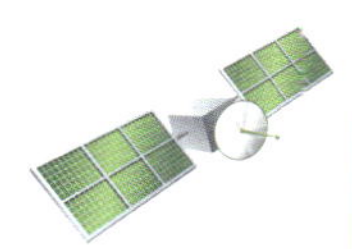

제2장

위성자료 활용기술

2.1 영상분류

영상분류란 위성영상의 모든 픽셀을 사용자의 목적에 맞게 항목화 하는 것이다. 일반적으로 다중분광자료가 사용되며 영상의 모든 분광패턴은 항목화 과정의 근거로써 사용된다. 서로 다른 물체는 분광 반사특성과 복사정도에 따라 각각 가장 식별이 좋은 고유한 밴드들의 조합이 존재한다. 이러한 패턴에 따른 분광정보의 분류를 분광반사패턴인식(Spectral Pattern Recognition)이라고 한다. 분광반사패턴인식은 자동적인 토지피복 분류과정을 이용하여 각 픽셀의 분광정보를 사용하는 분류과정을 의미한다.

영상분류를 수행함에 있어 픽셀의 항목화 근거로 사용되는 다른 영상의 패턴들로는 공간패턴인식(Spatial Pattern Recognition), 시간패턴인식(Temporal Pattern Recognition)이 있다.

공간패턴인식이란 화소와 그 화소 주위의 화소들 간의 공간적 관계에 따라 영상을 항목화 하는 것이다. 공간패턴 영상분류 시 영상의 질감, 화소의 근접도, 물체의 크기, 형태, 방향성, 반복성등과 같은 요소들을 고려하여 시각적인 해석을 수행한다. 공간패턴분류는 분광패턴분류보다 훨씬 복잡하며 집약된 계산식이 필요하다.

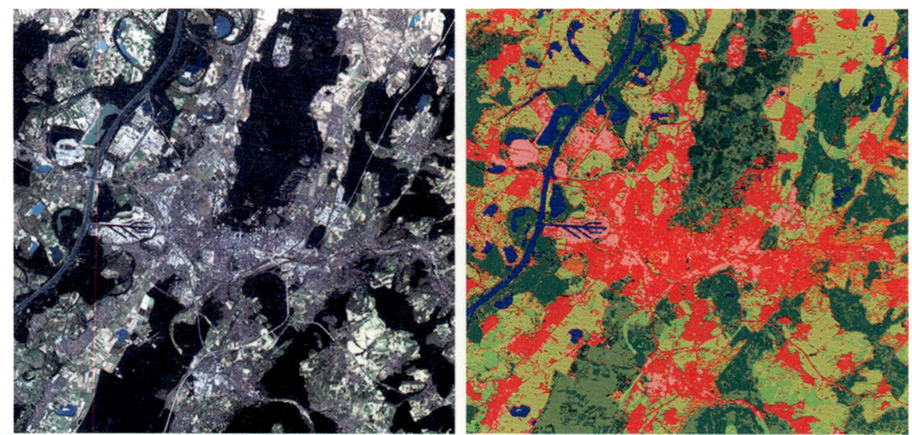

그림 4-17 영상분류 기법을 이용한 Kalsruhe 지역의 Landsat 영상기반 토지피복도

시간패턴인식은 대상 물체들을 분류하기 위해 시계열 자료를 이용한다. 예를 들어 위성 영상을 활용하여 농작물을 분석할 경우 농작물 별로 생육시기가 달라 단일 영상을 사용하여 분류할 수 없다. 즉, 가을철에 막 파종된 겨울밀 재배지는 나대지토양과 분광특성이 유사하여 봄철의 영상을 활용하여야만 분류가 가능할 것이다. 이를 이용하여 작물의 생육시기별 영상자료를 시계열적으로 구축한다면 다양한 작물의 분류가 가능하다.

영상분류기법으로는 크게 감독분류(Supervised Classification)와 무감독분류(Un-spervised Classification)가 있다. 감독분류는 영상 분류자가 직접 항목화에 관여하는 것으로 분류지역에 대해 정확한 자료와 근거가 있다면 높은 정확도를 가진 분류도를 얻을 수 있다. 무감독분류는 사전 정보 없이 영상 화소들의 공간적, 분광적 특성만을 이용하여 영상을 분류하는 기법이다.

이러한 영상분류기법을 이용한 주요 활용 분야로 토지피복도(Land Cover Map), 토지이용도(Land Use Map)가 있다.

2.1.1 감독분류

감독분류는 영상에서 분류하고자 하는 지역의 정보를 분류자가 정확히 알고 있을 때 사용하는 방법이다. 분류자가 알고 있는 지식을 기반으로 토지피복의 특징을 대표하는 트레이닝 셋을 선정하며, 이를 이용하여 각각의 알고리즘을 토대로 토지피복을 분류한다. 감독분류

방법은 기본적으로 크게 1) 트레이닝셋 설정, 2) 영상분류, 3) 영상출력의 세단계로 구분할 수 있다. 트레이닝 셋 설정단계에서는 영상의 분광적, 공간적 특징별로 각 분류항목별 대표적인 트레이닝 샘플을 선정한다. 영상분류 단계에서는 앞서 설정한 트레이닝 셋을 기반으로 이들과 비슷한 값을 가지는 픽셀들을 수집하여 집단의 크기를 확장해가며 전체 영상에 대한 분류작업을 수행한다. 마지막 출력단계에서는 분류된 영상을 사용자의 목적에 따라 주제도, 도표, GIS에서 활용 가능한 디지털 자료화 등으로 출력한다.

감독분류 방법은 분류자의 판단에 의해 트레이닝셋을 설정하여 분류하기 때문에 분류자의 경험이 전체 결과에 매우 중요한 요소가 된다. 즉 결과물의 정확도를 위해서는 많은 부가자료와 분류자의 풍부한 경험에 의한 트레이닝셋 설정이 필요하기 때문에 쉽게 사용되는 기법이라고 볼 수는 없다. 하지만 분류자가 직접 트레이닝셋을 설정해주기 때문에 최종결과물과 트레이닝셋을 비교하여 분류결과의 오류를 발견하기 쉽고 분류 후 분광 집단을 정보 집단으로 재구성해주지 않아도 된다는 장점을 가지고 있다.

감독분류법으로 가장 많이 사용되고 있는 기법들로는 최소거리분류(Minimum Distance

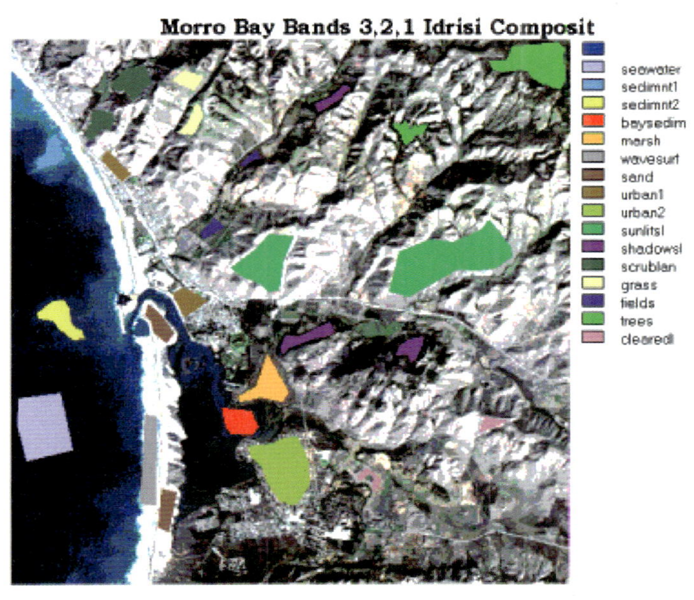

그림 4-18 감독분류 수행 시 설정하는 트레이닝셋

Classification), 평행육면체분류(Parallelepiped Classification), 최대우도분류(Maximum Likehood Classification) 등이 있다.

1) 최소거리분류

최소거리분류는 계산이 간단하여 흔히 사용되는 방법으로 적절히 사용되기만 한다면 다른 복잡한 알고리즘과 비교해도 손색없는 분류결과를 얻을 수 있다. 최소거리분류 기법은 화소 자료와 분류 클래스 특징과의 유사도를 특징공간에 있어서의 거리로 나타내고, 거리가 가장 짧은 즉, 유사도가 가장 큰 클래스에 화소자료를 분류하는 방법이다. 즉, 각 분류항목의 평균 벡터와 분류 하고자 하는 화소의 측정 벡터간의 분광적 거리를 계산하여 가장 가까운 값을 가지는 항목으로 화소가 분류되는 기법이다. 최소거리 분류를 수행하기 위해서 각각의 미지의 화소로부터 각 평균벡터까지의 거리를 계산해야 한다. 거리 계산은 피타고라스의 정리에 기초한 유클리드거리 또는 블록둘레 거리측정법을 사용한다.

$$D_{AB} = \sqrt{\sum_{i=1}^{2}(a_i - b_i)^2} \qquad \text{유클리드거리} \qquad (4-7)$$

$$D_{AB} = \sum_{i=1}^{2}|(a_i - b_i)| \qquad \text{블록둘레 거리측정법} \qquad (4-8)$$

여기서 D_{AB}는 클래스 A와 픽셀 B간의 거리, a_i는 밴드 i의 최소값, b_i는 v화소값, n은 밴드의 수이다.

2) 평행육면체분류

평행육면체분류는 감독분류 작업에 있어서 가장 적은 양의 입력자료를 필요로 하는 방법이다. 일단 k개의 집단이 정해지면 사용자는 그 집단 내 화소들의 최대값과 최소값을 제공하며, 이들 값들은 통계적인 평면상에서 평행육면체의 경계를 결정한다. 이들 경계들은 파장별 공간상에서 지상의 집단을 결정한다. 이러한 결정은 미지의 픽셀이 평행사변형의 경계 내에 있는지를 조사함으로써 이루어지는데, 픽셀들이 두 개 또는 그 이상의 평행육면체 내에 중복되어 포함되는 경우에는 미리 정해진 우선순위에 따라 분류된다. 평행육면체 기법은 단순하고 빠르지만 중복되는 화소들이 많은 경우 분류되지 못하는 화소들이 발생할 수 있다. 다음 식(4−9)은 임계치 값을 결정하기 위한 샘플의 평균과 표준편차를 구하는 식이다.

$$\mu_i = \sum_{j=1}^{N} x_{ij}/N, \sigma_i = \sqrt{\sum_{i=1}^{N}(x_{ij}-\mu)^2/(N-1)} \tag{4-9}$$

여기서 i는 분류항목의 수이며 각 분류 항목의 상한과 하한은 $\mu_i \pm \sigma_i$이다.

3) 최대우도분류

최대우도분류는 하나의 분류 항목에 대한 확률함수가 정규밀도 함수에 근사한다고 가정하고서, 트레이닝 데이터로부터 취득된 통계값들을 이용하여 영상의 화소들을 특정한 항목들로 분류하는 알고리즘이다. 즉, 각 클래스에 대한 화소자료의 우도를 구하고 최대우도 클래스에 그 화소를 분류하는 방법이다. 우도라는 것은 화소자료 X가 관측되었을 때, 이 X가 클래스(분류항목) i로부터 얻어졌을 확률이다. 확률밀도함수로서 다차원 정규 분포를 가정하고, 분류 항목의 평균 벡터나 공분산 행렬은 미지수로서 훈련 데이터로부터 추정한다. 화소 자료 X가 클래스(분류항목) i에 속하는 우도는 다음과 같다.

$$P(X \mid w_i) = \frac{1}{(2\pi)^{N/2}|\Sigma i|^{1/2}} * \exp\left[-\frac{1}{2}(X-U_i)^T \Sigma i^{-1}(X-U_i)\right] \tag{4-10}$$

여기서, $|\Sigma i|$ = 공분산 행렬 Σi의 determinant

Σi^{-1} = Σi의 역행렬

$(X-U_i)^T$ = 벡터 $(X-U_i)$의 전치행렬이고,

$$X = \begin{bmatrix} x_1 \\ x_2 \\ \vdots \\ x_N \end{bmatrix} \quad U_i = \begin{bmatrix} \mu_{i1} \\ \mu_{i2} \\ \vdots \\ \mu_{iN} \end{bmatrix} \quad \Sigma i = \begin{bmatrix} \sigma_{i11} & \sigma_{i12} & \cdots & \sigma_{i1N} \\ \sigma_{i21} & \sigma_{i22} & \cdots & \sigma_{i2N} \\ \vdots & \vdots & & \vdots \\ \sigma_{iN1} & \sigma_{iN2} & \cdots & \sigma_{iNN} \end{bmatrix} \tag{4-11}$$

일 때, X = 데이터 벡터

U_i = 분류항목 i에 대한 N개 밴드의 평균 벡터

Σ_i= 분류항목 i의 공분산 행렬

C_{kl} = 두 개의 밴드들 사이의 공분산 (k와 l 밴드)이다. 따라서

$$C_{kl} = \frac{\left(\sum_{i=1}^{n}(x_{kl} - \mu_k)(x_{lj} - \mu_l)\right)}{n-1} \tag{4-12}$$

밴드 수 : $k = 1, 2, \cdots\cdots, N$

밴드 수 : $k = 1, 2, \cdots\cdots, N$

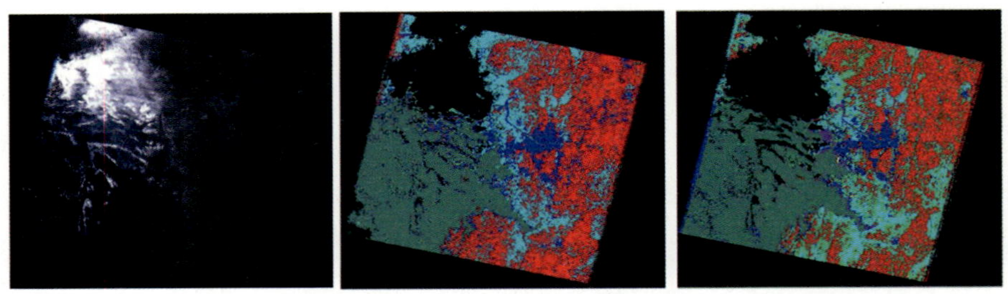

그림 4-19 LANDSAT-5 TM 영상을 활용한 감독분류 토지피복도와 무감독분류 —토지피복도의 정확도 분석 [출처: 한승재 외, 2011]

2.1.2 무감독분류

무감독 분류는 화소의 분광특성에 따라 컴퓨터가 자동으로 그룹을 짓는 처리과정으로 군집화 과정을 통해 n개의 분광클래스로 구성된 분류지도를 얻을 수 있다. 무감독 분류는 다중분광 피처공간에서 원격탐사 영상자료를 분할하는 것과 토지피복 정보를 추출하는데 있어서 매우 효과적인 분류방법이다. 감독분류방법과 비교하여 본다면 항목화 기법에서 트레이닝 샘플 설정을 하지 않기 때문에 최소분량의 초기 입력만을 필요로 한다.

무감독분류를 통해 얻어진 분류자료의 분광 클래스를 주제정보별로 할당 및 변환하기 위한 후처리 과정을 거치는데, 이는 때때로 쉽지 않은 작업이 된다. 왜냐하면 몇몇 분광 클래스는 지표물질이 뒤섞여 있을 수도 있기 때문이다. 따라서 분류자는 특정 정보 클래스로 어떤 군집을 설정해야 하는지 지형의 분광특성을 잘 알고 있어야 한다.

무감독분류를 위한 알고리즘은 수백가지가 개발되었다. 그 중 대표적으로 자주 사용되는 방법으로 k-mean 분류와 ISODATA 방법을 이용한 무감독분류에 대해 설명하도록 한다.

K-mean 분류방법은 영상자료의 Radiance에 있어서 파장별 거리를 이용하여 각 화소에 대해 유한개의 집단을 구성하는 방법이다. 초기에 임의로 각 집단의 중심이 선택되고, 미

지의 화소에서 이 중심까지의 거리를 계산하여 가장 짧은 거리를 갖는 집단을 찾아냄으로써 분류가 수행된다. K-mean 분류방법 알고리즘에서 N_i개의 화소를 갖는 i번째 집단의 중심을 $S_i(k)$라고 한다면 새로 계산된 중심 $S(k+1)$은 다음과 같은 형태로 나타난다.

$$S_i = \left(\frac{1}{N_i}\right)\Sigma x \quad i = 1, 2, 3, \cdots\cdots, k \tag{4-13}$$

이러한 과정은 모든 집단에 대하여 $S_i(k) = S_i\ (k+1)$이 만족될 때까지 계속 반복되어지며, 모든 집단에 대해 더 이상 중심 값의 변화가 없으면 분류 작업을 끝내고 결과를 출력하게 된다.

ISODATA(Iterative Self-Organizing Data Analysis Technique)는 반복분류 알고리즘으로 분류되는 포괄적 자기발견 학습법을 따르는 대표적인 방법이다. 초기 상태로서 적당한 클러스터를 부여하고, 그 멤버를 클러스터 사이에 바꾸어 집어넣음으로서 보다 분류도가 높은 클러스터를 구해 가는 방법으로 두 번만을 반복하지 않고 원하는 결과가 나올 때 까지 반복적으로 수행한다. 따라서 분류 정확도가 매우 높지만 그에 따른 수행시간은 상대적으로 오래 소요하게 된다. ISODATA 알고리즘은 다음과 같다.

$SS_{distance}$를 각 화소에서 클러스터 중심까지의 거리 또는 에러 합이라고 할 때,

$$SS_{distance} = \sum_{\forall_x} [x - C(x)]^2 \tag{4-14}$$

여기서 $C(x)$는 화소 x가 소속한 클러스터의 평균, $SS_{distance}$를 최소화하는 함수는 클러스터 간 평균제곱에러인 MSE(Mean Squared Error)를 최소화하는 함수와 대응한다. 즉,

$$MSE = \frac{\sum_{\forall_x} [x - C(x)]^2}{(N-c)b} = \frac{SS_{distance}}{(N-c)b} \tag{4-15}$$

여기서 N은 화소 수, c는 클러스터의 수, b는 밴드의 수이다.

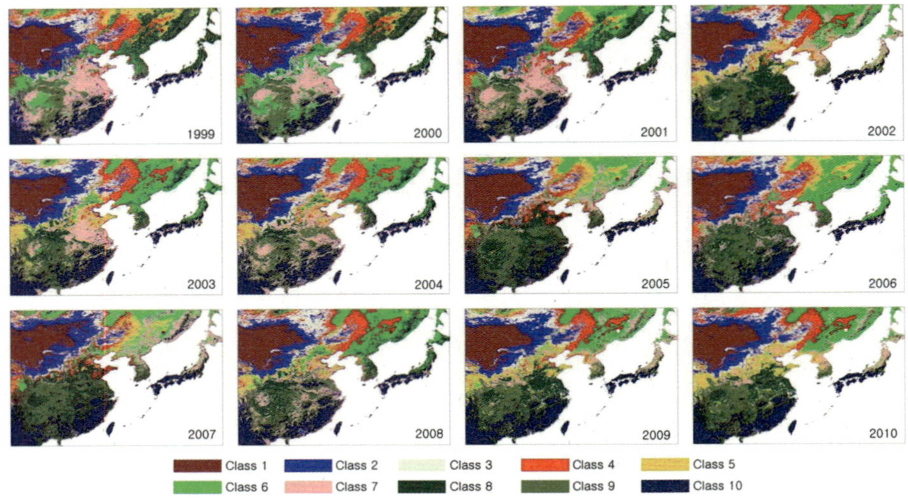

그림 4-20 ISODATA 무감독 분류방법을 이용한 1999-2010 동아시아 토지피복 분류
[출처: 김상일 외, 2011]

2.2 변화탐지

지표면상에 존재하는 생물리적인 물질이나 인공구조물은 원격탐사와 현장관측을 이용하여 조사되고 있다. 그러한 자료 중 일부는 상당히 정적이어서 시간의 경과에 따라 변하지 않는 반면 몇몇 생물리적인 물질이나 인공구조물은 역동적이고 급격히 변화한다. 이러한 변화들을 정확히 조사하여 일련의 변화과정을 충분히 이해하는 것은 매우 중요하다. 토지이용이나 토지피복 변화가 지구에 미치는 영향은 매우 크다. 따라서 많은 과학자들이 원격탐사 자료를 이용한 변화탐지에 많은 연구를 수행하였다.

효과적인 변화탐지 분석을 수행하기 위해서는 몇 가지 중요요소를 잘 설정해야 한다. 이들 중요 요소들은 적절한 관심지역의 설정, 목적에 맞는 적절한 변화탐지기간, 적합한 분류시스템의 선택 등이 있다.

먼저 변화탐지 수행을 위해서는 적절한 관심지역을 설정해야 한다. 변화탐지 수행기간동안 관심지역을 일정하게 유지하는 것이 매우 중요한데 이는 변화탐지를 수행하기 위한 영상자료들이 관심지역을 모두 포함하지 못하여 공백이 생기는 경우 변화통계를 계산할 때 결과값의 오류가 발생하기 때문이다.

다음으로 변화탐지 기간설정은 변화탐지의 목적에 맞게 설정되어야 한다. 변화탐지 기간을 관심대상의 정보를 얻기에 너무 짧거나 길게 설정하게 된다면 자원분석의 비용 지출이 커지고 변화자료 획득에 어려움을 겪게 된다. 예를 들어 교통량 연구는 단 몇분의 변화탐지 기간으로도 가능하다. 반면에 식생 생육상황을 관측하기에는 월별 또는 계절별 자료가 적합하다.

변화탐지에 적합한 토지분류시스템을 선택함에 있어서 고려해야할 사항으로 일반적으로 널리 이용되는 분류시스템을 사용하는 것이 좋다. 널리 이용되는 표준화된 분류시스템을 사용한다면 정확한 결과자료를 도출하는데 도움이 될 뿐만 아니라 다른 연구 결과물과의 정량적, 정성적 비교가 가능하다. 일반적으로 사용하는 표준 분류 시스템의 예는 다음과 같다.

- APA(American Planning Association)의 토지기반 분류 표준(LBCS)
- 미 지질조사국(U.S Geological Survey;USGS)의 원격탐사를 이용한 토지이용/토지피복 분류시스템
- International Geosphere-Biosphere Program(IGBP)의 토지피복 분류 시스템

성공적인 변화탐지를 위해서 고려해야할 사항으로 원격탐사 시스템 고려사항과 환경특성 고려사항이 있다. 변화탐지 처리과정에서 다양한 매개변수의 영향을 이해하지 못한다면 부정확한 결과가 나올 수 있다.

원격탐사 시스템 고려사항으로는 시간해상도, 공간해상도와 촬영각, 분광해상도 등이 있다. 시간해상도는 동일한 시기의 자료를 수집하여야 한다. 공간해상도와 촬영각은 변화탐지를 위한 영상들 간의 공간해상도가 일치해야 한다는 것이다. 또한 위성영상은 연직방향이 아닌 다른 각도에서 촬영 또한 가능하기 때문에 영상 간 같은 촬영각을 유지해야 한다. 분광해상도의 고려사항은 변화탐지를 수행하기 위해 이용하는 영상 센서를 일치시키는 것을 의미한다. 이는 모든 위성 센서들은 동일 파장대역을 가지지 않기 때문이다. 또한 변화탐지 알고리즘 중 상당수가 센서 시스템이 일치하지 않는 경우 정확한 자료산출을 하지 못한다. 예를 들어 Landsat TM 자료와 SPOT 자료를 같이 활용하는 것은 바람직하지 않다. 그러나 동일한 센서의 영상을 수집하지 못한 경우 최소한 서로 근접한 밴드들을 선택하여 변화탐지를 수행해야 한다.

변화탐지를 수행하기 위해 고려해야할 환경특성으로는 대기조건, 토양수분조건, 생물계절주기 특성 등이 있다. 대기조건은 구름이 없는 맑은 날 이어야 하며 습도도 낮은 것이 바람

직한 조건이다. 이는 대기의 조건에 따라 파장대별 반사 특성이 변화되어 두 시기의 위성영상에 분광변화가 발생한 것으로 잘못 판단할 수 있기 때문이다. 만약 변화탐지를 위한 영상간 대기조건이 차이가 크다면 영상 전처리를 통해 대기의 영향을 제거해야 한다. 이상적으로 하나의 변화탐지 프로젝트에서 사용되는 영상들에 대해 토양수분조건이 일치해야한다. 예를 들어 변화탐지에 사용되는 영상들 중 한 시기의 영상만 유독 건조한 시기의 영상이거나 수분이 매우 많은 시기의 영상이라면 결과를 분석함에 있어 오류를 범할 수 있다. 생물주기의 특성을 이해하는 것 또한 중요하다. 자연 생태계는 반복적이고 예측 가능한 생장주기를 가지고 있다. 따라서 이러한 생물계절주기를 이용하여 원격탐사 자료 수집의 시기를 결정할 수 있다.

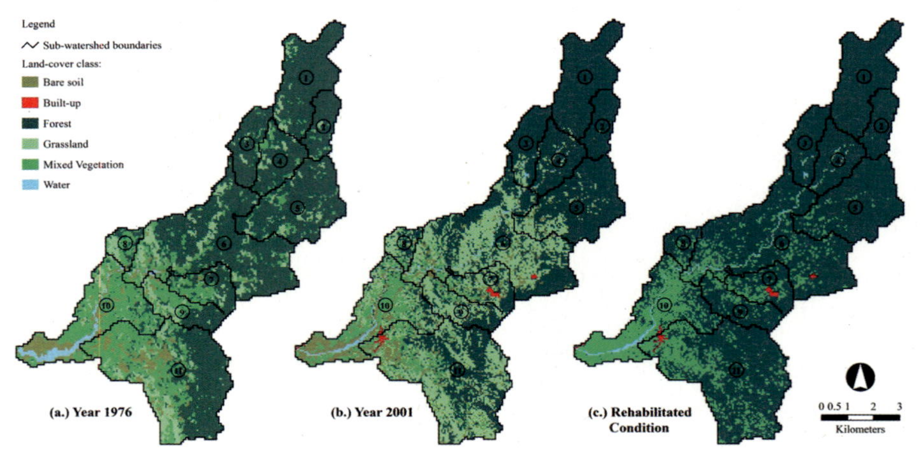

그림 4-21 원격탐사 기법을 이용한 Taguibo 지역의 토지피복 변화탐지

위성영상을 이용한 변화탐지는 크게 변화강조(change enhancement) 기법과 변화속성탐지(change nature detection)의 2가지 분야로 나눌 수 있다. 변화강조는 다중시기원격탐사 화상에 연산을 수행하여 변화지역을 탐지하는 방법이다. 이 방법은 지표의 변화가 위성의 센서가 받아들이는 복사량의 변화를 유발한다는 원리에 근거하는데, 이는 복사량의 변화가 대기 조건이나 태양의 각도, 토양의 수분 함량과 같은 다른 요인에 의한 복사량의 변화보다 지배적이다라는 기본적인 가정에 의한다. 이 방법을 통해서 변화된 위치와 양을 알 수 있으나 변화의 특성, 즉 속성의 변화는 알 수 없다. 변화강조 기법으로는 차연산(image differencing), 비연산(image ratio), 변화벡터분석(Change Vector Alaysis), 주성분분석

(principal component analysis) 등이 많이 사용되고 있다.

반면 변화속성탐지는 변화속성에 대한 정보를 얻기 위한 방법으로, 예를 들어 농경지에서 도심지로 변화되었다는 것과 같은 정보를 얻기 위한 방법에 해당된다. 변화강조기법으로는 변화의 위치와 양만을 알 수 있으나 변화속성탐지를 통해 화소 대 화소의 비교가 가능해 변화속성 정보의 파악이 가능하다. 변화속성탐지 기법으로는 선 분류 후 비교법(post-classification comparison), 다중시기 직접 분류법(direct multi-date classification) 등이 있다.

2.2.1 차연산

영상의 차연산 기법은 두 시기 사이의 변화를 영상에 나타내기 위해 공통좌표계를 갖는 두 영상에서 화소값을 빼 주는 방법이다. 연산 결과가 양의 값 또는 음의 값을 가지게 된 경우는 변화가 이루어진 지역이고 0 값을 가지는 지역은 변화가 나타나지 않은 지역이다. 화소값이 0−255를 가지는 경우 차연산 수행 시 −255에서 255까지의 연산 결과값이 나타나게 된다. 연산 결과는 일반적으로 상수 C를 더하여 양의 값으로 변환을 한다. 이러한 과정은 수학적으로 다음과 같이 표현된다.

$$\Delta x_{ijk} = BV_{ijk}(1) - BV_{ijk}(2) + C \qquad (4-16)$$

여기서 Δx_{ijk}는 화소값의 변화량, $BV_{ijk}(1)$은 시기1에서의 화소값, $BV_{ijk}(2)$는 시기2에서의 화소값, C는 상수(예를들면 255), (i, j, k)는 (행 번호, 열 번호, 밴드 번호)이다.

차연산 기법에서 중요한 사항은 히스토그램 상에서 변화된 화소와 변화되지 않은 화소를 결정하는 임계값을 결정하는 것이다. 일례로 평균에서 표준편차를 계산하고 이러한 값이 올바르게 선정이 되었는지 경험적으로 테스트하여 결정할 수 있다. 이러한 과정은 대상지역에 대한 가장 적절한 임계값을 찾을 때까지 반복적으로 진행이 된다.

2.2.2 비연산

영상의 비연산 기법은 차연산 기법과는 달리 두 시기 영상의 비를 취함으로써 변화영역을 탐지하는 방법이다. 그림자, 태양고도의 계절에 따른 변화 등 촬영조건의 변화는 사물을 정확하게 분류하는 능력을 감소시키지만, 비연산값은 변화하지 않은 채 남아있게 된다. 특히 비연산은 환경에 의한 영향을 줄이기 때문에 여러 시기의 영상 분석에 유용하다. 이러한 요인을 잘 조절할수록 정확한 변화분석의 확률이 높아진다. 비연산 기법은 다음식과 같다.

$$\Delta r_{ijk} = \frac{BV_{ijk}(1)}{BV_{ijk}(2)} \tag{4-17}$$

여기서 $BV_{ijk}(1)$은 시기1에서의 화소값, $BV_{ijk}(2)$는 시기2에서의 화소값, (i, j, k)는 (행 번호, 열 번호, 밴드 번호)이다.

기본적으로 토지피복이 변하지 않는 화소는 두 시기동안 동일한 반사값을 가지며 연산결과는 1.0이 될 것이다. 여러 시기의 화상에서 변화가 발생한 지역은 1.0보다 높거나 낮은 연산결과를 보이게 된다. 따라서 차연산 방법과 유사하게 양쪽 끝이 변화된 지역을 나타내는 히스토그램을 반들 수 있다. 이 방법도 최종 변화지역을 추출하기 위해 적절한 임계값 설정이 필요하며, 경험에 의하여 결정하게 된다.

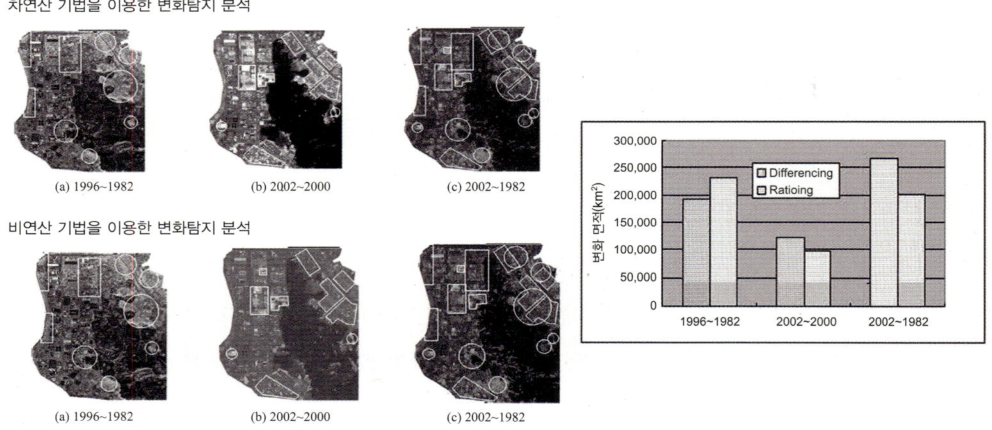

그림 4-22 차연산과 비연산을 이용한 도시지역 변화탐지 분석 비교 연구 [출처: 이진덕, 조창환, 2004]

2.2.3 변화벡터분석

변화벡터분석은 기본의 변화탐지와는 달리, 변화정도의 크기와 함께 변화의 경향을 탐지할 수 있는 기법이다. 변화벡터분석의 결과는 서로 다른 두 시기 영상의 화소 벡터들 간의 크기와 방향으로 나타나는데 벡터의 크기와 벡터의 서로 다른 두 시기의 변화정도를 나타내며

벡터의 방향은 두 시기에 일어난 변화의 경향을 나타낸다. 서로 다른 시기의 두 개 밴드영상을 사용하여 분석을 수행할 경우 식은 다음과 같다.

$$M = \sqrt{(X_2 - X_1)^2 + (Y_2 - Y_1)^2} \tag{4-18}$$

$$D = arctan\frac{Y_2 - Y_1}{X_2 - X_1} \tag{4-19}$$

여기서 M은 화소 벡터들 간의 크기, D는 화소 벡터들 간의 방향, X_1, Y_1은 시기1의 밴드 A, B의 화소값, X_2, Y_2는 시기2의 밴드 A, B의 화소값이다.

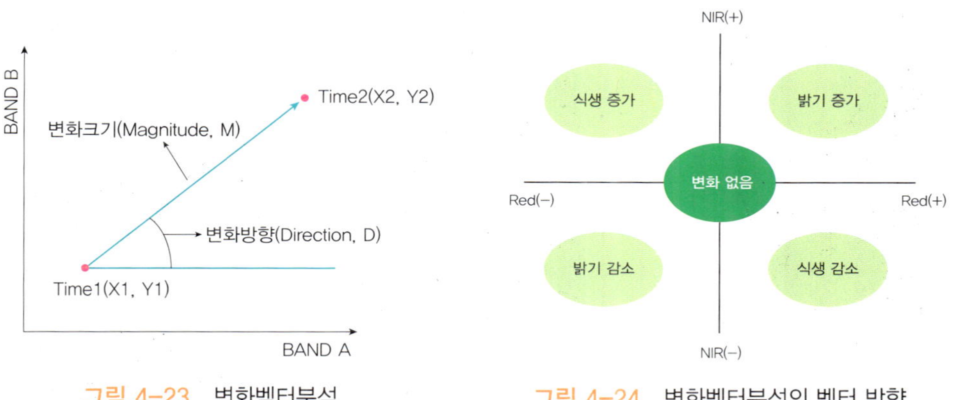

그림 4-23 변화벡터분석

그림 4-24 변화벡터분석의 벡터 방향

2.2.4 주성분분석

주성분분석은 다중 분광 밴드 영역에 걸쳐 나타나는 정보를 몇 개의 주성분으로 변환하여 영상의 크기를 줄이거나, 집약시켜 원 영상에서 나타나지 않았던 새로운 정보를 얻을 수 있도록 하는 기법이다.

원래의 영상인 X_1과 X_2에서 PC_1, PC_2로 변환하기 위해서는 선형 변환식의 계수가 필요하며, 변환식에 사용되는 변환 계수는 원 영상의 공분산행렬로부터 계산된다. 이때 공분산행렬을 이용하면 비표준 주성분분석이되고, 상관행렬을 이용하면 표준 주성분분석이 된다. 주성분분석을 위한 수식은 다음과 같다.

$$Y_1 = a_2{}'X = a_{i1}X_1 + a_{i2}X_2 + \cdots + a_{ip}X_p$$
$$i = 1, 2, \cdots, k, \qquad k \le p$$
$$E(Y_i) = a_i{}'\mu, \qquad Var(Y_i) = a'_i \Sigma a_i \tag{4-20}$$
$$Cov(Y_i, Y_j) = a'_i \Sigma a_i, \qquad i \ne j = 1, 2, \cdots, k$$

단 X = 주성분분석에 사용될 각 밴드의 화소값을 가지는 벡터

a'_i = 변환계수

공분산 행렬로부터 고유벡터와 고유치를 계산하게 되는데 이때 고유벡터들이 변환계수 a'_i가 되며, 고유치들은 각 주성분이 설명하는 총 변이량을 나타내는 값이 된다.

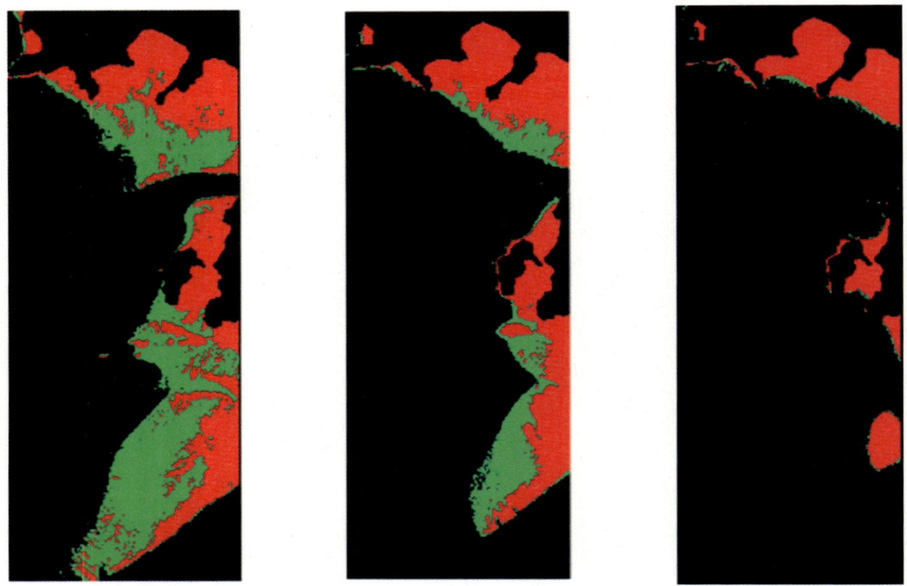

그림 4-25 주성분 분석을 이용한 조위에 따른 경기만 갯벌의 변환 분석 [출처: 윤여상, 2001]

2.2.5 선분류 후비교법

선분류 후비교법이란 각 시기에 대해 분류를 수행하고 이를 직접 영상화소끼리 비교하는 방법으로 어떤 지표피복에서 어떤 지표피복으로 변했는지를 정량적으로 파악할 수 있으며 처리 방법을 이해하기가 쉽다는 장점이 있다. 그러나 변화탐지를 수행하는 영상들의 기하보

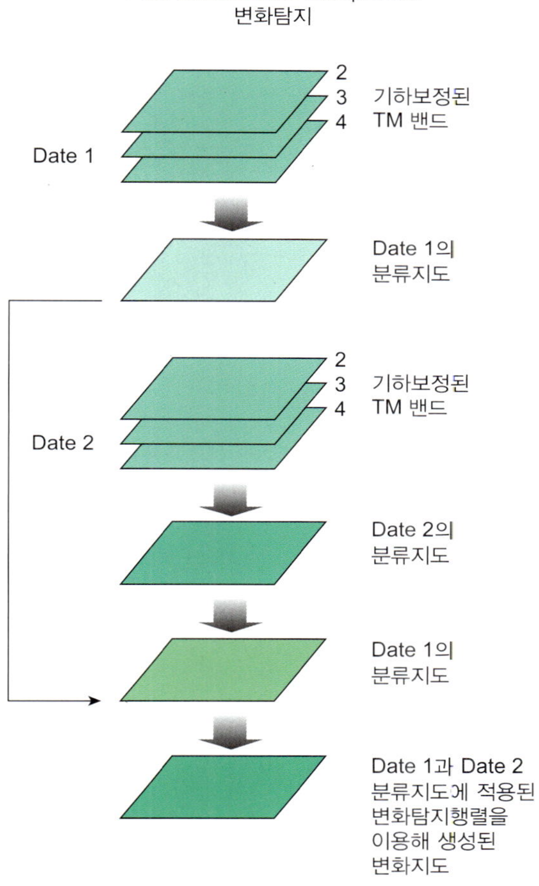

그림 4-26 선분류 후비교법에 의한 변화탐지 개념도 [출처: 양인태 외, 1999]

정이 정확해야 하며, 분류정확도가 높지 않을 경우 변화탐지의 신뢰도가 떨어질 수 있는 위험이 있으므로 최대한 분류정확도를 향상시켜야 한다. 그림 4-26은 선분류 후비교법에 의한 변화탐지 흐름도이다.

일반적인 선분류 후비교법은 어느 한 시기에서 또 다른 시기 사이의 변화만을 보여준다. 따라서 다시기 동안의 변화 패턴을 추적하기 위해 선분류 후비교법에 의해서 생성된 각각의 영상을 선분류된 다음시기 영상과 재 비교를 통해 평가하는 변형된 선분류 후비교법에 대한 연구가 수행되었다. 변형된 선분류 후비교법의 개념도는 다음과 같다.

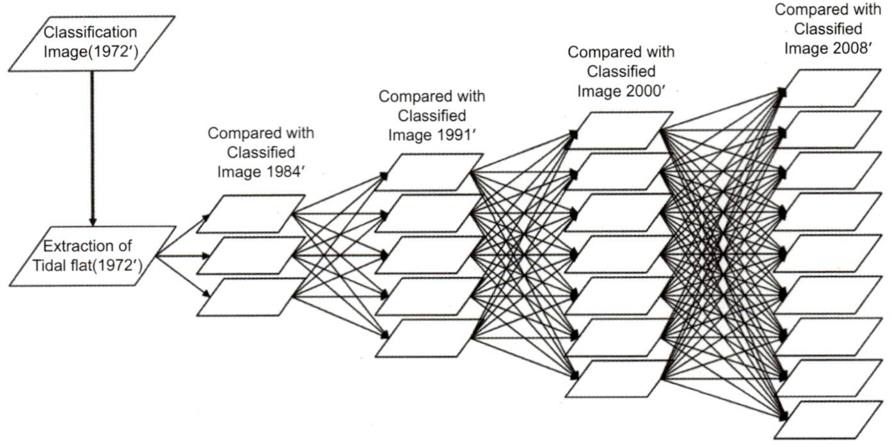

그림 4-27 다중시기 변화탐지를 위한 변형된 선분류 후비교법 [출처: 장동호 외, 2010]

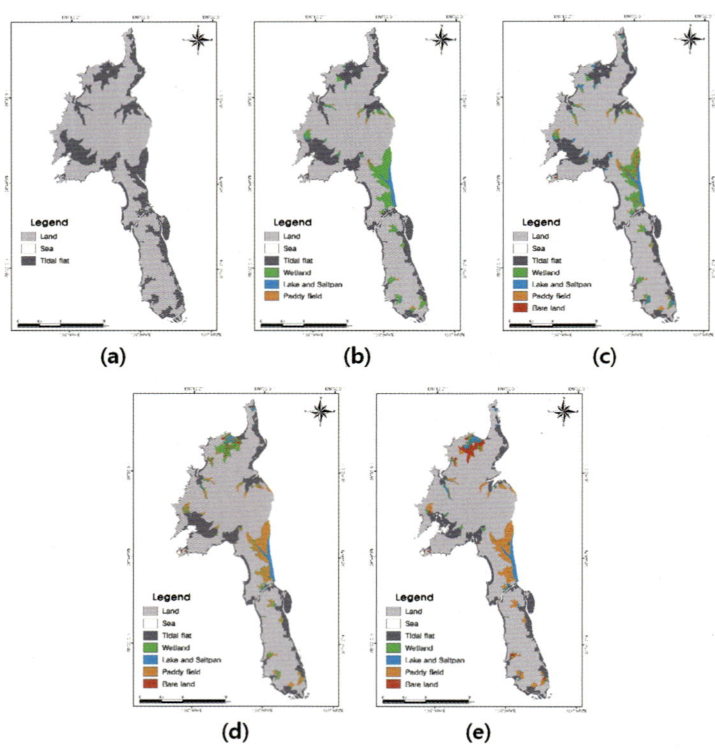

그림 4-28 선분류 후비교 분류법을 이용한 1974-2008 충남 태안군 갯벌지역 토지피복 변화 분석 (a: 1972, b:1984, c:1991, d:2000, e:2008) [출처: 장동호 외, 2010]

2.3 영상융합

원격탐사에서는 종종 다른 종류의 원격탐사 자료를 융합하기도 한다. 영상융합은 서로 다른 특징을 가지는 2개 이상의 영상을 이용하여 각 영상의 장점 및 특징을 모두 가지는 하나의 영상으로 재구성 하는 것을 의미한다. 서로 다른 센서를 통해 수집된 원격탐사 자료를 융합할 때 매우 주의해야 한다. 일단 융합하려는 데이터셋은 서로 정확하게 기하보정 되어 있어야 하며 동일한 화소크기로 재배열되어야 한다.

2.3.1 Pan-Sharpening

일반적으로 고해상도 광학영상에서는 컬러영상과 하나의 전정색 밴드(Panchromatic band)를 제공한다. 컬러영상은 높은 분광해상도, 전정색 밴드는 높은 공간해상도를 가지고 있다. 높은 공간해상도는 개체 추출 및 판독에 용이하고 높은 분광해상도는 토지피복 분류 등 개체의 분광 특성 분석에 대한 장점을 가진다. 따라서 이 두 영상의 장점을 조합한다면 높은 공간해상도와 높은 분광해상도를 지니는 하나의 영상을 제작할 수 있다. 이렇게 하나의 높은 공간해상도를 지닌 전정색 밴드와 높은 분광해상도를 지닌 컬러영상을 조합하여 새로운 영상을 만드는 기법을 Pan-Sharpening이라고 한다. 물론 애초에 높은 분광해상도와 높은 공간해상도를 지닌 센서로 촬영하는 것이 이상적일 수 있다. 하지만 센서의 물리적 한계로 인하여 공간해상도와 분광해상도는 서로 trade-off 관계를 지니고 있고, 결국 위성영상의 촬영 시점에서 흑백영상과 같이 높은 공간해상도를 지니는 칼라영상을 생성하는 것은 기술적으로 어려운 실정이다.

이와 같은 물리적 한계를 극복하기 위하여, 공간해상도가 높은 흑백영상과 분광해상도가 높은 칼라영상을 수학적으로 융합하여, 한 장의 고해상 칼라영상으로 재구성 하는 영상융합 기술이 개발되었으며, 이는 원격탐사 분야에서 매우 중요한 연구분야로 인정받고 있다.

이러한 영상융합에는 다양한 기법이 존재한다. 대표적으로 HPF, Modified IHS, Pan-Sharpened, Wavelet 등이 존재한다. HPF 기반의 영상융합기법은 색상과 공간정보의 보존정도가 상대적으로 높은 방법으로 알려져 있다. 일반적으로 저역통과필터는 영상의 잡음을 제거하거나 경계선을 흐리게 하여 전체적으로 부드러운 영상을 만들어주며, 고역통과 필터는 모서리나 경계선등과 같은 영상의 세부적인 내용을 강조하여 지형지물의 해독력을 높여

주는 특징을 가지고 있다.

IHS 기반의 영상융합기법은 가장 일반적으로 사용되는 융합방법으로 RGB 공간의 칼라 영상을 IHS 공간으로 변환시킨 후, 변환된 intensity 영상을 흑백영상으로 교환하는 과정을 거쳐 고해상의 칼라영상을 제작한다. 또한, 영상융합이 진행되기 전에는 흑백영상과 칼라영상에 대한 히스토그램 매칭이 수행된다. 그러나 흑백영상과 칼라영상의 파장대역은 완전히 일치하지 않기 때문에 융합된 영상의 색상이 왜곡되어 표현되는 문제가 발생된다. 이러한 문제를 수정하기 위하여 다양한 방법으로 개량된 IHS 융합기법이 개발되었으며, 대표적으로 modified IHS가 널리 사용되고 있다. 그러나 이 융합기법은 한 번에 3개의 밴드만 처리 가능하다는 것이 가장 큰 단점으로 지적되고 있으며, 다른 시기에 촬영되었거나, 다른 센서에서 촬영된 영상간의 융합결과는 대부분 적합하지 않은 성능을 보이는 것으로 알려져 있다.

Pan-sharpened는 현존하는 pan-sharpening 알고리즘에 통계적인 기법을 적용하여 발전시킨 방법으로, 최소제곱법을 이용하여 실제 칼라영상과 흑백영상, 그리고 융합된 영상간의 대략적인 관계를 파악하여 색의 왜곡이나 데이터 의존적인 문제를 해결한 융합기법이다. 또한 각 채널의 평균값과 표준편차를 유지할 수 있다는 것도 장점이다.

Wavelet 융합기법은 신호처리 및 영상처리 분야에서 다양하게 적용되는 wavelet 변환

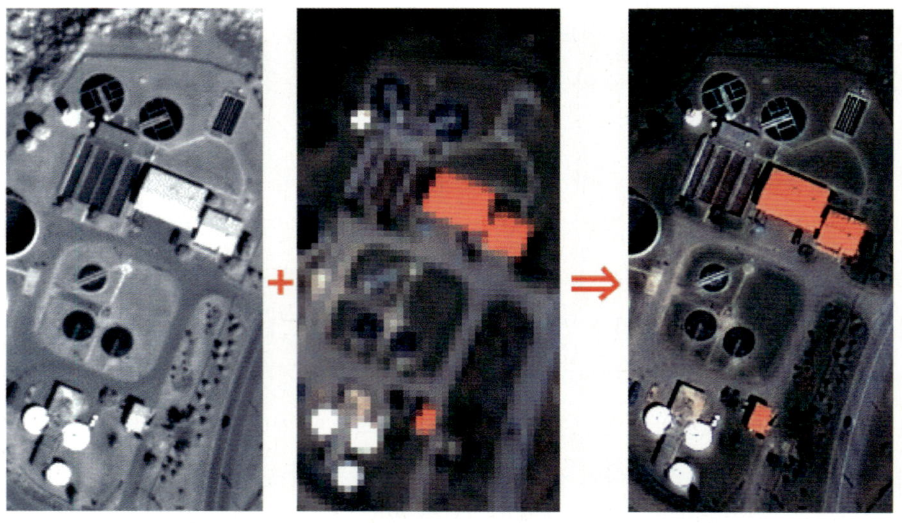

그림 4-29 영상융합을 이용한 새로운 영상 생성 [출처: DigitalGlobe]

을 적용한 방법으로 우선, 고해상 흑백영상을 저해상 칼라영상의 공간해상도와 일치하도록 wavelet 변환을 적용하여 근사영상과 세부영상을 구하고, 근사영상을 저해상 칼라영상으로 대체한 후, 이를 역변환 하여 영상을 융합하게 된다.

2.3.2 이종센서 영상융합

Pan-Sharpening은 고해상도 전정색 밴드와 멀티스펙트럴 밴드영상의 융합을 통해 고해상도 컬러 광학영상을 제작하는 기법이다. 이러한 기술은 같은 위성의 밴드끼리 또는 같은 광학위성의 영상자료간의 융합기술이다. 즉 광학영상(단일센서영상)의 단점을 여전히 포함하고 있다.

최근에는 광학, IR, SAR, 초분광 센서 등 다양한 종류의 센서가 개발되었고 위성에 탑재되어 지표면에 대한 다양한 관측자료를 제공하고 있다. 이들 영상 자료는 각각의 다양한 특징들이 존재하며 장단점을 내포하고 있다. 따라서 각 이종센서간의 장점만을 취합하여 최적의 관측자료를 제작하는 연구가 시작되고 있다. 그러나 현재까지 개발된 이종영상 융합 기술은 많은 한계점을 지니고 있으며, 특히 고해상도의 이종영상 융합 기술은 매우 어려운 과제로 남아있다.

우리나라에서도 고해상도 광학센서를 탑재한 다목적실용위성(아리랑) 2, 3, 3A호(KOMPSAT-2, 3, 3A)와 SAR를 탑재한 다목적실용위성 5호(KOMPSAT-5)가 성공적으로 발사되어 운용 중에 있으며, 이를 통해 이종센서 자료가 지속적으로 축적되고 있다. 따라서 우리나라의 다목적실용위성 자료는 단일센서 자료의 명확한 한계점을 극복하고, 이를 통해 고부가 활용가치의 산출물을 개발하는데 유용하게 사용될 수 있다.

센서기술 및 우주항공기술이 발전하면서 다양한 종류의 위성영상들이 취득되고 있지만, 이를 종합적으로 이용한 이종영상 융합 알고리즘의 발전은 아직 시작단계이다. 특히 원격탐사 자료를 통해 제공할 수 있는 가장 기본적이고 널리 쓰이는 토지피복 분류 기술은 대부분 단일영상을 활용해 왔으며, 이종센서 자료를 이용하는 연구는 더디게 발전하고 있다. 기존의 단일영상을 활용한 토지피복 분류의 연구 결과는 자료의 한계로 인하여 일정 수준 이상의 분류의 결과 정확도를 기대하기 어려운 실정이다. 따라서 이종영상의 융합을 통해 보다 정확하고 정밀한 토지피복 분류를 수행할 수 있는 알고리즘의 개발이 필수적이다.

이종센서 융합을 통한 토지피복 분류 기술은 주로 서로 다른 특성을 갖는 광학 영상을 이용하거나 광학 영상을 항공 라이다 또는 SAR 영상과 융합하는 연구가 주로 수행되었다. 하지만, 열적외선 영상을 이용한 연구는 현재 거의 이루어지지 않고 있다.

우리나라의 경우 주로 광학 영상과 라이다 자료를 활용한 연구가 진행되어 왔으며, 광학 영상과 SAR 영상을 이용한 연구는 최근 들어 진행되고 있다. 열적외선 영상의 경우 취득 센서의 부재, 영상 취득의 어려움 등으로 인하여 아직까지 토지피복 분류에 활용되지 못하고 있다.

고해상도 영상에서 객체를 탐지하는 기술은 도시 계획, 도시화 모니터링, 디지털 맵핑, 그

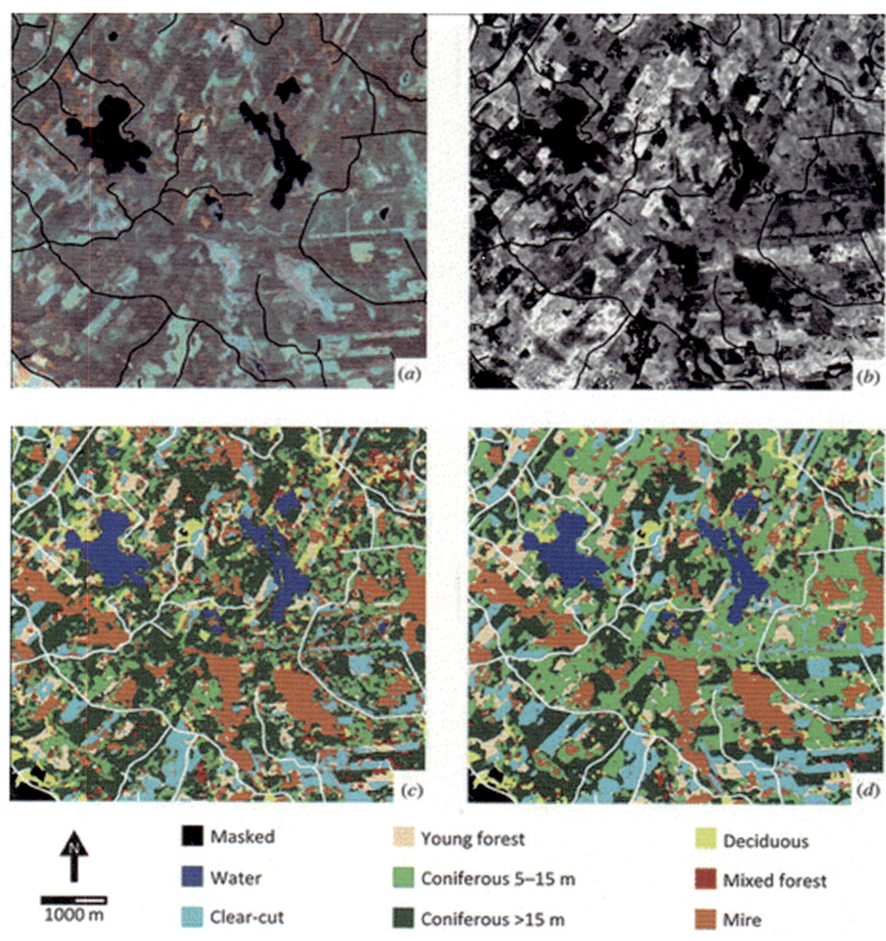

그림 4-30 (a) SPOT 위성영상 (b) 항공 라이다 자료 (c) SPOT 위성영상을 이용한 분류 결과 (d) SPOT 위성영상 및 항공 라이다를 이용한 분류 결과

리고 재난 관리 등의 여러 분야에서 매우 유용하게 사용될 수 있다. 그러나 영상자료에서 도심지의 객체를 추출하는 것은 매우 복잡하고 어려울 뿐만 아니라, 공간해상도, 촬영방식에 의한 지형의 왜곡특성, 노이즈 등 영상의 다양한 특성에 의하 많은 오류를 포함하고 있다. 최근에는 특정 객체뿐만 아니라 도심지에 존재하는 다양한 객체(건물, 도로, 식생, 수목 등)의 전반에 걸친 정보를 사용자가 요구하고 있는데, 단일 센서 자료로부터 이러한 정보들을 제공하는 것은 매우 어렵다. 다양한 종류의 영상자료를 융합하면, 단일 센서 자료가 가지는 단점을 보완할 수 있으며, 이를 통해 도심지역에 대한 다양하고 정밀한 자료를 제공할 수 있을 것이다. 이에 따라 단일 센서 자료에 의한 도심지 객체탐지 기술의 한계점을 극복하고, 고부가 활용 가치가 있는 정보를 제공하기 위하여 이종영상을 활용한 보다 정확하고 정밀한 도심지 객체 탐지 기술이 필요하다.

광학영상에서 관찰되는 도로의 분광학적 특성과 SAR 영상에서 관측되는 도로의 후방산란 특성, 그리고 두 영상에서 공통적으로 나타나는 도로의 형태학적 특성을 융합하면 단일 센서 영상을 사용할 경우보다 높은 정확도의 도로탐지가 가능할 수 있다. 최근에는 해외 연구자들을 중심으로 광학과 SAR 영상을 융합한 도로탐지 기술개발이 활발히 이루어지고 있는데, 주로 각각의 영상에서 객체분할을 기반으로 도로를 탐지한 후, 결과를 융합하는 방법이 채택되고 있다.

도심지 객체탐지에는 위와 같은 중저해상도의 이종영상브다 고해상도의 영상이 더욱

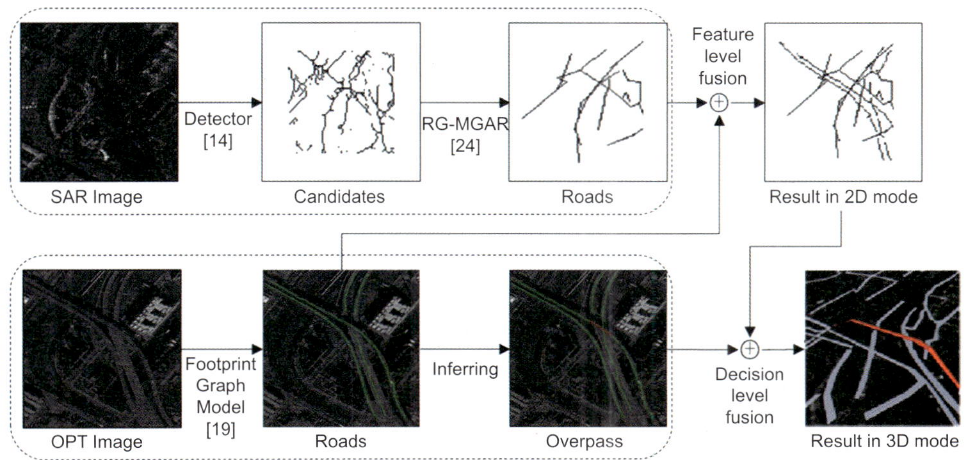

그림 4-31 RG-MGAR과 스테레오 광학영상을 융합한 3차원 도로 제작 알고리즘 흐름도

효과적으로 사용될 수 있다. He et al.(2013)은 고해상도의 TerraSAR-X SAR 영상과 QuickBird 다중분광영상을 이용한 3차원 도로지도 제작 기술을 개발하였다. 먼저, RG-MGAR(Road network grouping based on the multi-scale geometric analysis of detector response) 알고리즘을 이용하여 SAR 영상에서 도로를 추출하였다. RG-MGAR 알고리즘은 SAR 영상에서 낮은 후방산란이 직선 형태로 이어지는 특성을 나타내는 도로를 탐지하는 기법이다. SAR에서 추출된 도로 네트워크는 QuickBird 영상에서 객체분할 기법으로 추출된 도로와 의사결정 단계에서 융합되었고, 이는 단일 센서 영상을 사용했을 경우보다 높은 정확도를 나타냈다. 이와 같이 이종영상의 도로탐지 결과는 광학영상의 스테레오 매칭으로 제작된 3차원 지형모델과 융합되어, 최종적으로 3차원 도로 지도가 생성되었다.

그러나 고해상도의 광학과 SAR 영상을 융합에 기초한 도심지 객체탐지 연구는 단일 센서 영상을 사용한 사례보다 많이 수행되지 못하고 있다. 이는 고해상도의 영상일수록 광학 및 SAR 영상의 정합이 어렵기 때문이며, 도심지 객체에 대한 영상의 왜곡이 크게 발생하기 때문이다. 따라서 고해상도의 이종영상 융합을 통한 도심지 객체탐지 기술은 각각의 영상이 가진 단점을 상호 보완할 수 있는 방향으로 개발되어야 할 필요가 있다. 예를 들어, 광학영상에서 나타나는 그림자 영역에 대해 SAR 영상으로 보완하고, SAR 영상의 레이오버(Layover), 그림자 지역에 대해서는 광학영상으로 보완할 수 있는 기술의 개발이 필요할 것이다.

전 지구적으로 기후가 변함에 따라 이상고온, 폭설, 집중호우, 가뭄 등의 재난/재해의 빈도가 높아지고 있으며, 이에 대한 신속한 조기 대응, 피해 규모 산출, 사후 처리 등이 중요한 요소로 주목받고 있다. 또한 재난 재해에 의해 예기치 못한 지표의 변화가 빈번하게 발생하고 있고, 이외에도 인간 사회의 발달에 따른 변화발생의 빈도가 증가하고 있다. 따라서 재난 및 재해를 좀 더 정확하게 예측하고 모니터링 및 평가하는 것은 매우 중요하다. 위성영상으로부터 취득되는 자료는 넓은 지역을 주기적으로 촬영할 수 있기 때문에 변화탐지와 재난 재해 모니터링에 널리 활용되어 왔다. 과거에는 지상의 영상을 취득하는 센서의 부족, 취득 성능, 보안상의 이유로 활용 가능한 자료가 부족하였고, 대부분 단일 센서 영상을 활용하는 연구가 진행되었다. 그러나 단일 센서 영상에 의한 연구는 판독에 의한 변화탐지 및 재난 재해 모니터링에 그친 경우가 많기 때문에, 고품질의 결과를 제공하는데 한계가 있었다. 최근에는 센서 및 우주 기술의 비약적인 발전으로 다양한 특성을 가진 센서(광학, SAR, IR 등)가

다수 발사되어 지구에 대한 방대한 양의 자료를 취득하고 있다. 이러한 자료들이 축적되면서 이종센서에서 취득된 자료를 종합적으로 활용하여 단일 영상을 사용한 기존의 연구들에 비하여 보다 활용성 높은 기술 개발이 가능할 것으로 판단된다. 따라서 이종영상의 융합을 통한 변화탐지 및 재난 재해 모니터링 기술 개발은 필수적이라 할 수 있다.

불특정한 시기에 발생하는 자연재해에 대하여 신속하게 대응하기 위해서는 광학영상이나

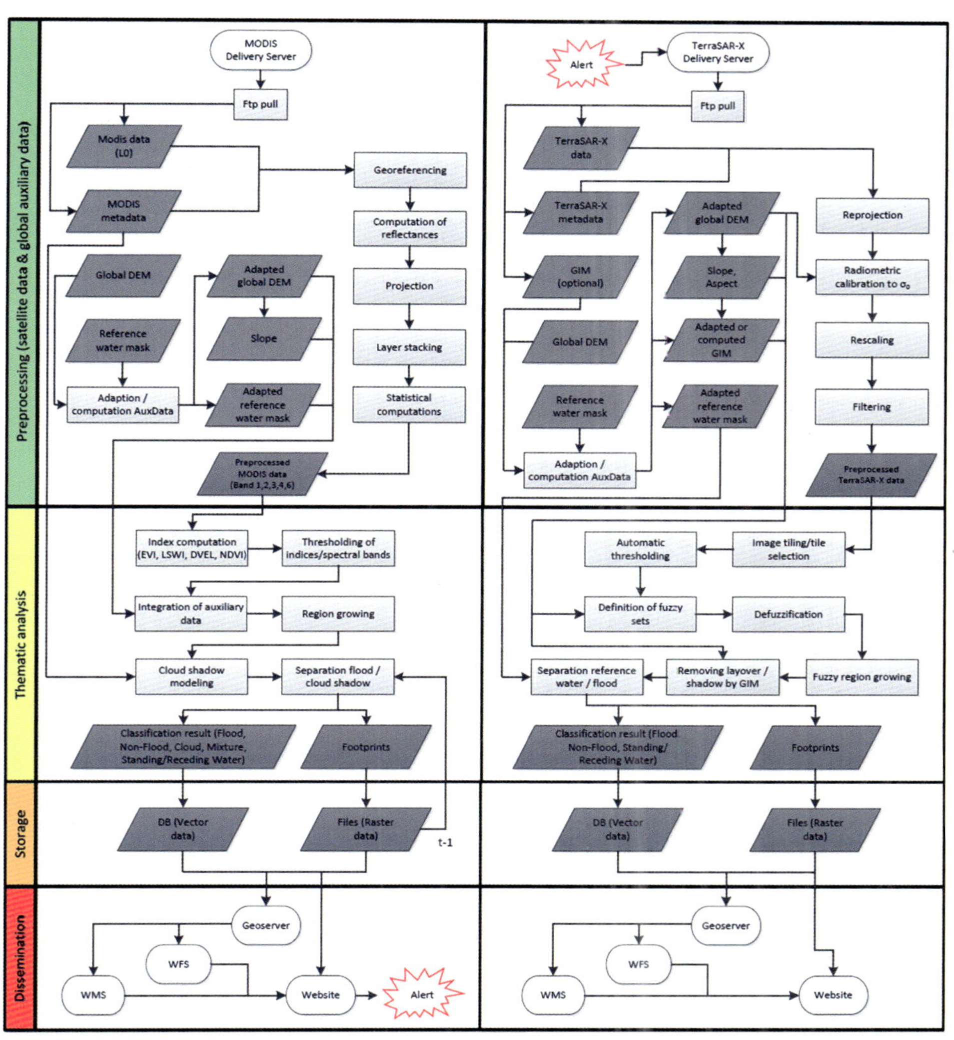

그림 4-32 MODIS 영상과 TerraSAR-X 영상을 통합적으로 이용하는 다중스케일 홍수 모니터링 시스템의 자료처리 흐름도 [출처: Martinis et al., 2013]

레이더영상을 통합적으로 이용하는 것이 바람직하다. 특히, 광학영상은 재해 발생기간의 구름이나 강우 등 기상현상에 영향을 받으므로 갑작스럽게 발생하는 재해를 효과적으로 관측하기 어려운 경우가 많다. 반면에 레이더영상은 재해 현상에 대해 시기적절하게 관측할 수 있는 장점이 있지만, 광학영상에 비해 가시성이 낮고 영상의 해석에 어려움이 있어 탐지 정확도가 저하될 수 있다. 이러한 이종 영상의 통합적 이용을 통한 침수 지역 탐지에 대한 연구는 영상을 중첩하여 가시적인 분석을 수행하거나 감독분류 결과를 비교분석하는 등 주관적이고 수동적(manual detection)인 방법이 주를 이루고 있다.

Martinis et al.(2013)에서는 완전히 자동화된 홍수 모니터링을 위하여 레이더영상과 광학영상의 시너지를 활용한 다중스케일 홍수 탐지 시스템을 제안하였다. 이 방법은 우선 저해상도 광학영상인 MODIS를 이용하여 광역적인 탐색을 주기적으로 수행하고, 이를 통해 홍수가 발생했을 가능성이 높은 지역을 경보 영역으로 설정한 후, 해당 영역에 대하여 레이더영상을 분석함으로써 고해상도 관측을 수행하도록 하는 처리 과정을 거친다.

제5부

위성지상국 시스템 개발

제1장

위성지상국 위치 선정

1.1 위치 선정에 따른 고려 사항

위성 지상국의 위치 선정 시 다음과 같은 요소를 고려하고, 지상국 시스템을 설계해야 한다. 위성 지상국이 송·수신하고자 하는 위성에 따라 지상국의 구성하는 장비가 차이가 있을 수 있으나 위성에 송신하고 수신하기 위한 위치 선정 시 고려해야 할 기본적인 사항은 동일하다. 위성으로부터 오는 신호를 수신하기 위한 기본적 요구사항은 다음과 같다.

1.1.1 관련 법규

- 전기통신기본법
- 전기통신사업법
- 전기통신공사업법
- 전파법
- 전기용품 안전관리법
- 공산품 품질관리법
- 소방법

- 직업안정법
- 기타 본 공사와 관련된 관계 표준공법

1.1.2 지형적인 고려사항

- 위성 커버리지 확인
- 위성 지향 최소 앙각 범위 확인
- 위성 지상국의 위치 선정을 위해 부지 확보 용이성
- 위성 지상국의 접근성 과 보안성
- 위성 지상국 무게 및 환경조건에 따른 지반 조건(기초, 풍압하중을 고려한 전반적인 설치 조건를 포함) 및 기초대 형태
- 위성 지상국이 위성을 지향 또는 추적이 가능한 공간 확보

그림 5-1은 위성 지상국이 위성을 지향 및 추적에 따른 안테나의 방향 좌표를 나타낸 것이다.

지상국이 수신하고자 하는 위성 궤도에 따른 위성 커버리지 확인과 그림 5-1과 같이 지성국의 위성 지향 최소 앙각 범위 확인을 통해 위성 지상국의 위치 선정을 수행해야 한다.

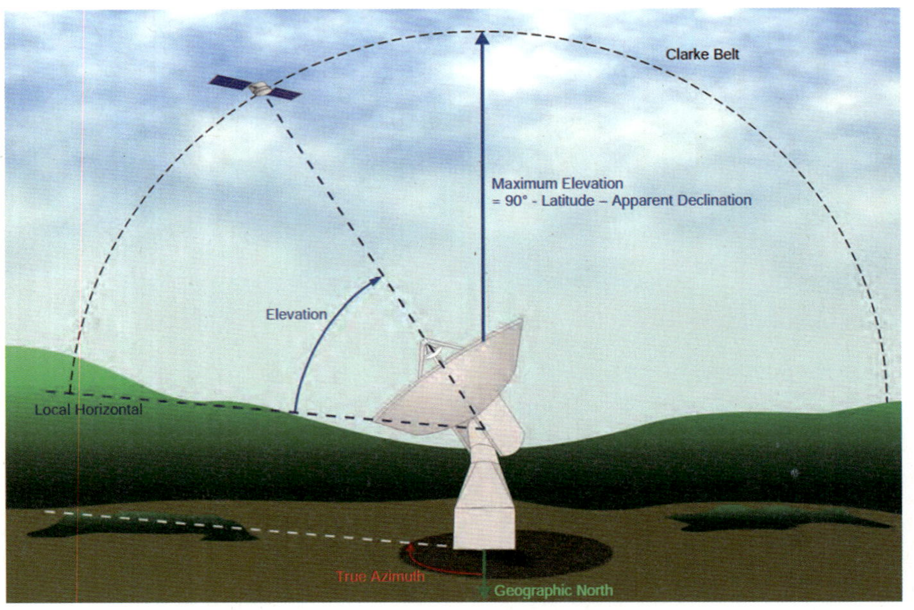

그림 5-1 지상국의 위성 지향 좌표 개념도

1.2 전파 환경 조건을 고려한 위치 선정

"전파환경"이라 함은 일정한 장소에 존재하는 전파의 세기 · 잡음 등 전파의 분포현상을 말한다.

따라서 위성 지상국이 사용하는 주파수 대역이 지상에서 사용하는 통신 서비스에 간섭을 주는 경우와 지상 통신 서비스가 위성 지상국에 간섭이나 장애를 발생 할 경우와 인접 위성에 간섭을 주는 다양한 전파 환경 분석을 수행해야 한다.

그러나 일반적인 위성 지상국 위치 선정 절차는 먼저 최우선 적으로 국내의 전파환경을 고려하는데, 후보지를 기준으로 국내 마이크로파(microwave)망과의 상호 주파수 공유를 위해 현재 및 미래의 주파수 이용 조건을 고려하여 전파 간섭 계산을 시행하게 된다.

- 위성 지상국이 수신하는 위성의 인접 위성의 사용 주파수 대역 분석
  위성 지상국이 수신하고자 하는 동일 주파수대역의 존재 유무와 신호의 세기 분석 과 신호원 분석
- 낙뢰 및 EMI 환경 분석
- 위성지상국의 위치 선정 시 전파 월경과 관련된 품질 분석
- 항공로가 인접되는 경우에 통신 링크에 간섭들이 발생하기 때문에 항공로의 유무 등 분석

그림 5-2 이동형 전파환경 분석 시스템

위성과의 통신 안정성 과 정확한 위성 자료를 생산, 자료 처리, 저장, 배포 서비스까지 수행 및 위성 자료를 활용하도록 지원하는 것이 주요 임무로 위성 자료를 제공하는데 어려움이 없는 장소를 선정해야 한다.

전파환경 측정 등에 관한 규정에 의하면 전파환경 조사는 그림 5-2과 같은 환경 분석 장비를 사용하여 주파수대 구분에 따라 지정된 1개 지점에서 주파수 대역별로 1회 측정하여 간섭 유무를 판단한다.

- 20 Hz 이상 30 MHz 미만
- 30 MHz 이상 1 GHz 미만
- 1 GHz 이상 20 GHz 미만
- 20 GHz 이상 40 GHz 미만
- 40 GHz 이상 300 GHz 미만(각 20 GHz로 구분한다)

희망 위성망에 대한 유해한 간섭을 제거하기 위해서는 간섭 신호의 출력 값을 제한하거나 희망 신호의 출력을 증가시킴으써 유해한 간섭을 제거할 수 있다. 간섭 위성망이 희망 위성망에 간섭을 주는 경우, 희망 위성망의 최소 제원이 보통 운용치 보다 매우 낮아 간섭량이 크

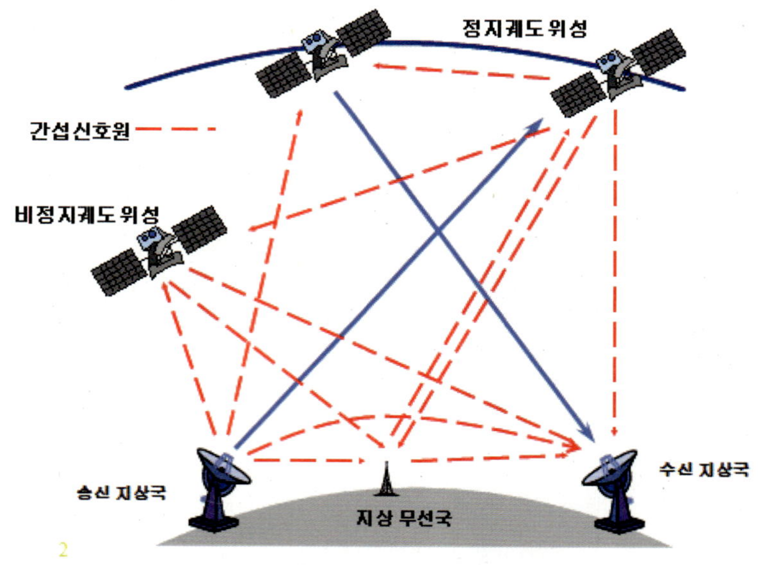

그림 5-3 전파 간섭 발생 가능도

게 나올 수 있다. 이러한 경우, 간섭 위성망은 희망 위성망의 최소 제원을 기준으로 운용 값을 조정하는 반면에, 희망 위성망은 자국의 회선 품질 보호와 여유 있는 운용을 위하여 허용 범위 내에서 출력 증가를 고려하여야 할 것이다.

ITU-R 권고 S. 741에 제시된 간섭 반송파 및 희망 반송파의 종류 및 대역폭에 따른 C/I 계산 방법을 그림 5-4에 나타내고 있다.

<table>
<tr><th rowspan="2">간섭신호</th><th rowspan="2">간섭형태</th><th colspan="5">희망신호의 종류별 C/I (dB)</th></tr>
<tr><th>FDM-FM, CFDM-FM</th><th>SCPC-FM</th><th>디지털 협대역</th><th>디지털 광대역</th><th>TV-FM</th></tr>
<tr><td>FDM-FM, CFDM-FM, TV-FM</td><td>$BW_{Ia} \le BW_D$</td><td rowspan="6">ITU 권고서 SF.766 참조</td><td>Not applicable</td><td colspan="3">$\frac{C}{I} = 10\log_{10}\left(\frac{C}{I}\right) - 10\log_{10}\left(\frac{BW_D}{BW_{Ia}}\right)$</td></tr>
<tr><td>with live modulation</td><td>$BW_{Ia} > BW_D$</td><td colspan="4">$\frac{C}{I} = 10\log_{10}\left(\frac{C}{I}\right) - A$</td></tr>
<tr><td>SCPC-FM, 디지틀 협대역</td><td>$BW_{Ia} \le BW_D$</td><td colspan="4">$\frac{C}{I} = 10\log_{10}\left(\frac{C}{I}\right) - 10\log_{10}\left(\frac{BW_D}{BW_{Ia}}\right)$</td></tr>
<tr><td>디지틀 광대역</td><td>$BW_{Ia} > BW_D$</td><td colspan="4">$\frac{C}{I} = 10\log_{10}\left(\frac{C}{I}\right) - 10\log_{10}\left(\frac{BW_D}{BW_{Io}}\right)$</td></tr>
<tr><td rowspan="2">TV-FM (EDS 신호 변조만 존재한 경우)</td><td>$BW_{Ia} \le BW_D$</td><td>Not applicable</td><td colspan="3">$\frac{C}{I} = 10\log_{10}\left(\frac{C}{I}\right) - 10\log_{10}\left(\frac{BW_D}{BW_{Ia}}\right)$</td></tr>
<tr><td>$BW_{Ia} > BW_D$</td><td>$\frac{C}{I} =$ $10\log_{10}\left(\frac{C}{I}\right)$ 단, BW_D가 EDS 신호보다 작으면 ITU 권고서 671 적용)</td><td colspan="3">$\frac{C}{I} = 10\log_{10}\left(\frac{C}{I}\right)$</td></tr>
</table>

BW_D : 희망 신호의 점유 대역폭
BW_{Io} : 간섭 신호의 점유 대역폭
BW_{Ia} : 간섭 신호의 할당 대역폭
I : 간섭신호 출력(W)
C/I : 희망 신호대 간섭신호 총 전력비(dB)
A : 대역 이득 인자

그림 5-4 전파 간섭 발생 가능도 도 및 간섭 유형별 계산 방법

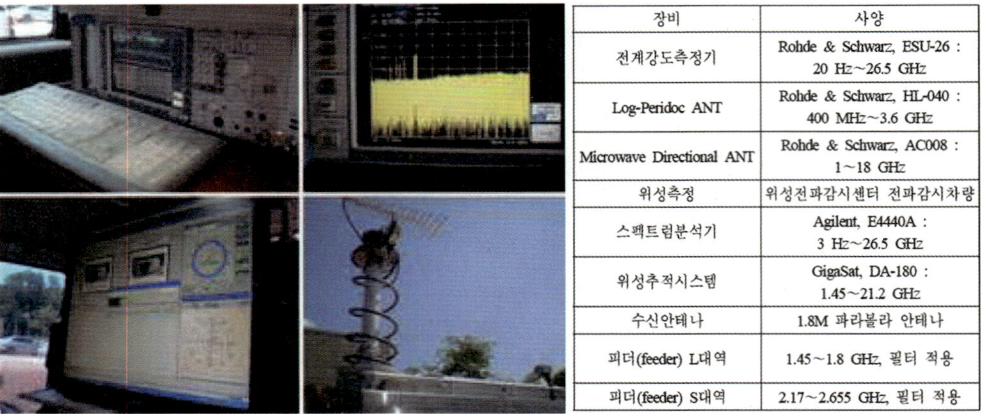

장비	사양
전계강도측정기	Rohde & Schwarz, ESU-26 : 20 Hz~26.5 GHz
Log-Peridoc ANT	Rohde & Schwarz, HL-040 : 400 MHz~3.6 GHz
Microwave Directional ANT	Rohde & Schwarz, AC008 : 1~18 GHz
위성측정	위성전파감시센터 전파감시차량
스펙트럼분석기	Agilent, E4440A : 3 Hz~26.5 GHz
위성추적시스템	GigaSat, DA-180 : 1.45~21.2 GHz
수신안테나	1.8M 파라볼라 안테나
피더(feeder) L대역	1.45~1.8 GHz, 필터 적용
피더(feeder) S대역	2.17~2.655 GHz, 필터 적용

그림 5-5 전파 간섭 측정 시 사용 장비 및 사양

실례로 천리안 위성을 위한 위성 지상국 후보지 전파 환경 측정을 위해 전파 간섭을 피하고, 사용자의 위성활용도를 극대화하기 위한 지상국 위치 선정 시 X-Band 주파수를 사용하는 MODIS-Aqua, MODIS-Terra, NPP 위성, L-Band를 사용하는 NOAA 위성 등을 대상으로 전파환경 분석을 수행한 결과를 설명하면 후보지에서 전파 감시 차량을 이용하여 관심 대역에 대한 주변 전파 환경을 측정하고, 대상위성은 NOAA 위성으로 수신 환경을 측정하였고 간섭 분석을 통해 전파 환경 분석을 수행하였으며 이때 사용된 장비는 그림 5-5과 같다.

측정 방법과 결과는

- 지상파 : 신청인이 지정한 장소에서 360°전 방위를 45° 간격으로 지향하여 오전 2회, 오후 2회를 0°, 45°, 90°, 135°, 180°, 225°, 270°, 315°에 걸쳐 각각 주변 전파환경을 측정

  * 저잡음증폭기 ON 1회, 저잡음증폭기 OFF 1회 총 2회
- 극궤도 위성 : NOAA18, NOAA19 위성의 수신환경을 각각 2회 측정
- 정지궤도위성에 대해 8회(1시간 간격 30분동안) 측정
- 측정대상 주파수대역에 대하여 Peak MAX Hold로 수신 전계강도를 du μV, du μV/m, dBm 단위로 측정하여 기록하고 분석한 결과를 그림 5-6에 전파 간섭 측정 결과를 예시하였다.

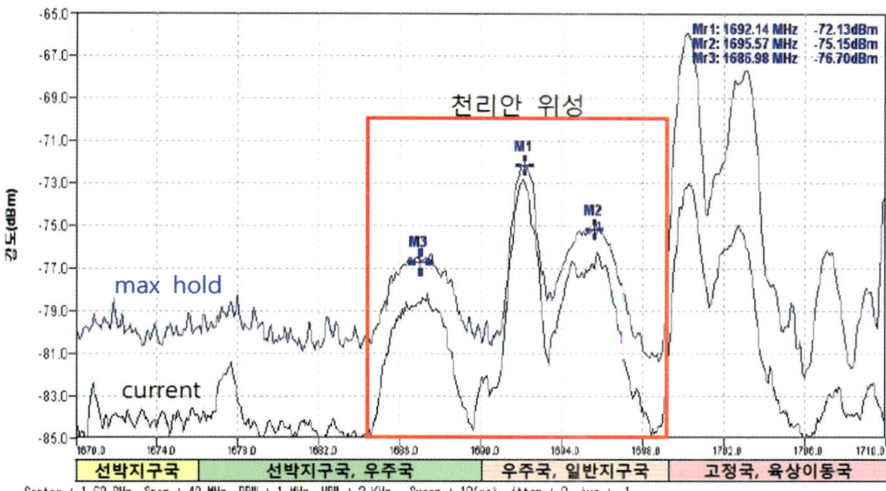

그림 5-6 전파 간섭 측정 결과 예시

제2장

위성지상국 시스템 개발 절차

2.1 시스템 개발을 위한 기본 사항

위성 지상국 시스템을 개발하기 위해서는 위성의 제원과 위성으로 부터의 신호를 수신하기 위한 기본 설계를 수행해야 한다.

지상 관측위성은 고도 1,000 km내외의 궤도에서 운용되는 저궤도위성으로 또는 비정지궤도 위성이라 불리며, 36,000 km의 정지궤도에서 운영되는 정지궤도 위성과는 달리 일정한 주기를 갖고 있다.

또한 지상 관측 위성은 고도가 관측 목적에 따라 차이가 있어 위성의 궤도 및 주기를 파악하고 사용주파수 대역과 전송되어지는 데이터 용량, 비정지궤도가 정지궤도위성 및 타 위성 지상국 및 지상파에 혼신발생 여부를 검토해야 한다.

위성 지상국의 일반적으로 고려해야 할 사항은 앞 절에서 거론 하였고 본 절에서는 위성 지상국 시스템 개발에 따른 절차 및 기본 사항은

- 위성의 궤도 특성 및 사용 주파수
- 위성의 전력밀도
- 전력 밀도에 따른 지상국의 수신능력

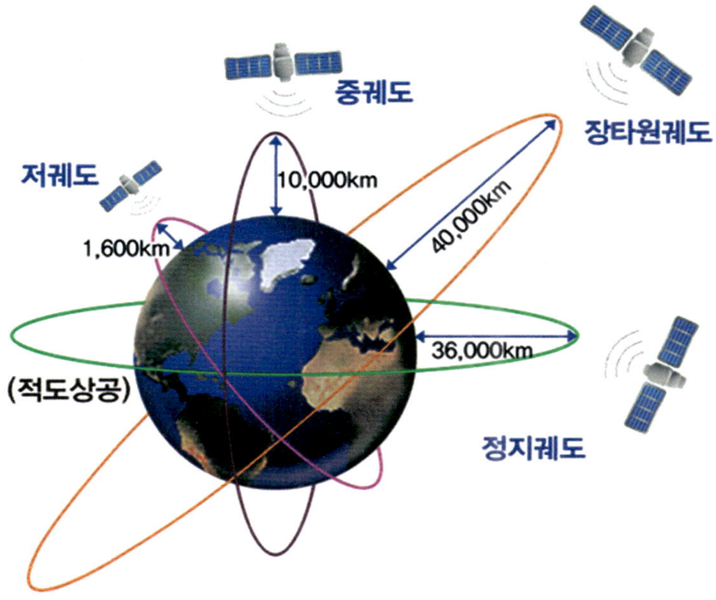

그림 5-7 위성 궤도 분류

- 지상국의 대지 접지 저항 조건
- 지상국의 운영조건으로 온도, 습도, 내 지진력, 운영풍속, 보존풍손, 중력 등의 환경 조건
- 지상국이 갖는 포인팅 오차, 추적 오차 등의 위성 추적 성능
- 지상국이 위성을 추적 시 추적 방식은 스텝추적, 모노펄스 추적 등 다양한 추적 방법을 사용하여 운영되므로 추적 방식 선정을 운영목적에 맞게 선정해야 한다. 또한 지상 관측 위성은 고도가 관측 목적에 따라 차이가 있어 위성의 궤도 및 주기를 파악하고 사용주파수 대역과 전송되어지는 데이터 용량, 비정지궤도가 정지궤도위성 및 타 위성 지상국 및 지상파에 혼신발생 여부를 검토해야 한다.

2.2 시스템 개발 절차

위성 지상국은 일반적으로 4개 분야로 구성할 수 있다

- 하드웨어(Hardware)
- 소프트웨어(Software)
- 인력
- 운영

하드웨어(H/W)는 안테나, 구동부, 송수신기, 컴퓨터, 파워, 데이터 저장장치 등을 말하며 소프트웨어(S/W)는 3종의 운영 소프트웨어로 전처리 S/W, 실시간 S/W, 후처리 S/W 로 구성하며 위성체의 탑재(On board) S/W를 포함 4종의 운영 소프트웨어로 구분하기도 한다.

또한 인력은 다양한 전문 분야 지식을 습득한 전공자들로 구성되어 H/W, S/W를 운영할 수 있는 인력으로 구성되어지며 이러한 인력구성을 기반으로 H/W, S/W를 통합 지상국을 운영하게 되며 일반적인 지상국 구성 개념도는 아래 그림 5.8과 같다.

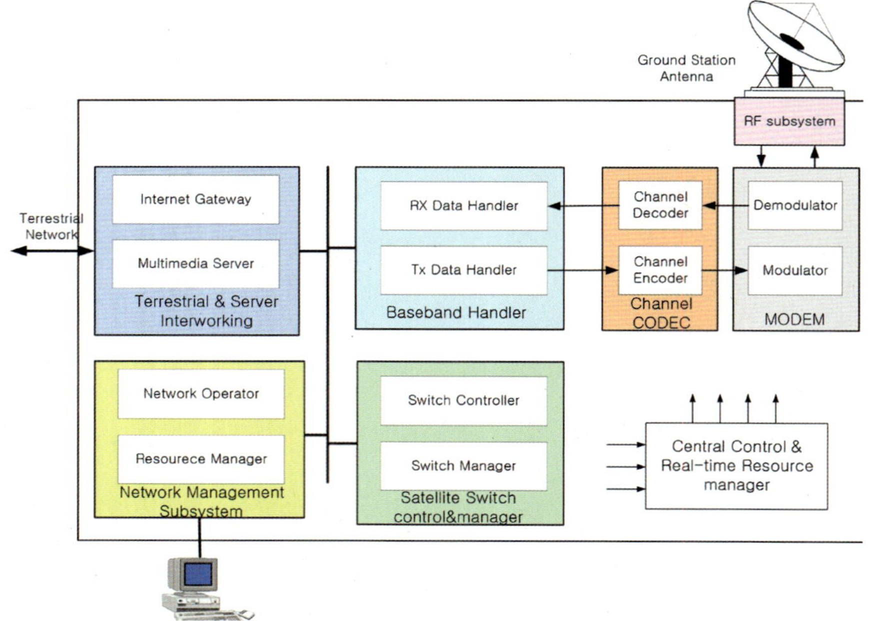

그림 5.8 지상국 구성 개념도 [출처:ETRI]

위성 시스템 구성을 위한 개발 상태 및 단계별 점검 관련 주요 프로그램은 아래 그림 5.9와 같이 유럽의 ESA, 미국의 NASA, 국방성의 DoD 절차를 각 단계별 사용자, 개발자 그리고 스폰서 간의 역할을 간략히 나타내었으며 일반적인 지상국 구성 개념 및 개발 절차는 제 3장에서 다루기로 한다.

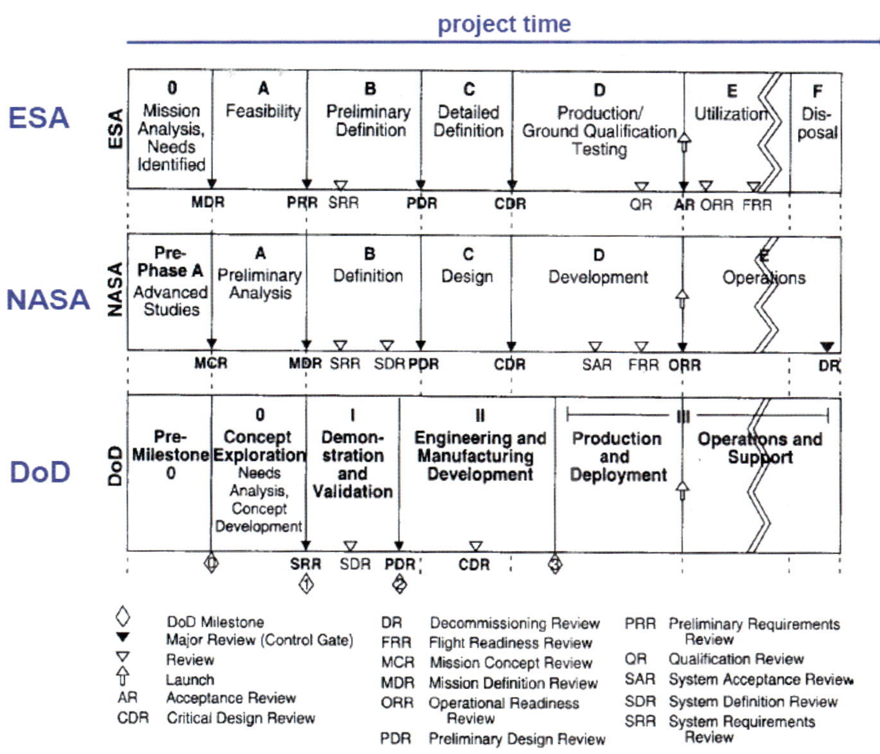

그림 5.9 우주 사업 개발 단계. 각 우주사업의 개발 단계
[출처:J.R. Wertz, W.J.Larson: Space Mission Analysis and Design, SMAD, 3rd edition, ISBN 1-881883-1-8]

또한 위성 시스템 개발 시 적용하는 개발모델은 그림 5.10 V-model 형태의 시스템 조립 방식을 일반적으로 적용하며 위성 시스템 구성을 간략히 나타내었다

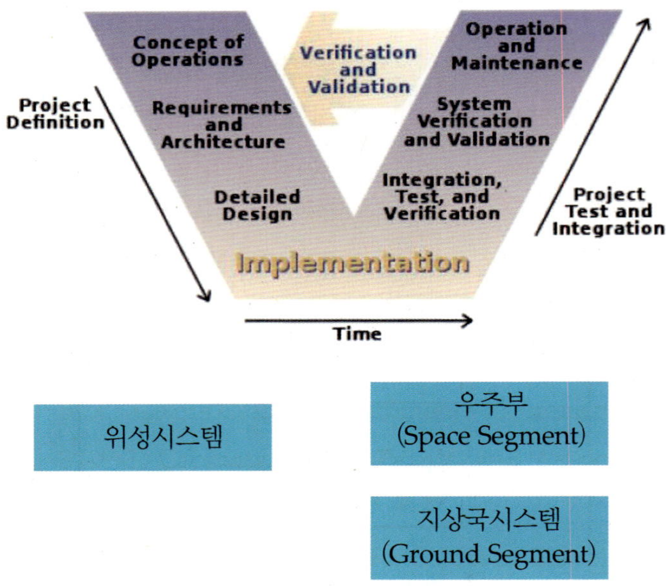

그림 5.10 위성 시스템 구성과 V-Model System Engineering 방식

위성 시스템의 우주부의 임무 중 데이터 전송 방식은 임무 수행 목적에 따른 위성 운영 방식에 따라 다르게 정의된다. 우주부의 탑재체 관측 데이터는 지상국을 통해 수집 전달, 배포되며, 사용자 요구 시 실시간 전송도 가능하게 정의될 수 있는 것이다. 우주와 지상국간 데이터 전송 시 자동 운영(autonomy), 데이터 전송 지연(data latency), 통신 밴드폭(communication bandwidth), 사용자 군, 서비스 지역, 위성체나 지상국 자료처리 방식과 위성 수명 동안의 자료 생산, 운영, 그리고 위성 최종 수명 단계까지의 전체 스케줄을 포함한 예산, 기술개발, 시스템 요구 기한 등이 고려해야 할 사항이다.

위성 지상국의 시스템 개발은 위성의 관측 목적과 위성 궤도에 따라 전송되어지는 데이터, 사용주파수 대역을 고려하여 시스템 개발을 한다.

제3장

위성지상국 시스템 요구 규격

일반적으로 위성 지상국의 그림 5-11과 같이 위성과 송수신기능을 갖는 구성을 갖고 있으며, 그 구조는 위성과 송 · 수신하는 안테나, 수신 신호를 증폭하는 저잡음 증폭기(Low Noise Amplifier, LNA), 송신 신호를 증폭하는 고출력 증폭기(High Power Amplifier, HPA)은 주파수 변환기(Up/Down Converter), 안테나 추적장치, 안테나 및 장비 상태를 감시 제어하는 장치(M&C)와 모뎀 기저대역 변환기(Modem Base Band) 등의 장비로 구성되어있다.

시스템 요구사항 및 규격을 정의하고 개발 절차 수립 시 고려 사항은

- **위성 운영 목적 정의**: 임무 수행 목적을 광범위하게 정의한다.
  임무 수행 목적은 주(primary)목적과 부(secondary)목적으로 나뉘어서 정의가 될 수 있는데, 주목적은 수행될 임무의 목적을 개괄적으로 정의하게 되며, 부목적은 보다 세부 임무로 부목적에 의해 탑재될 장비가 결정된다.
- **위성 요구사항 정의**: 위성의 궤도, 주기 주파수, 위성 출력
  기능적 요구사항으로 임무 수행 목적을 달생하기 위한 시스템 성능과 시스템 운영 측면에서의 방식 및 사용자와 시스템의 인터페이스를 결정한다.

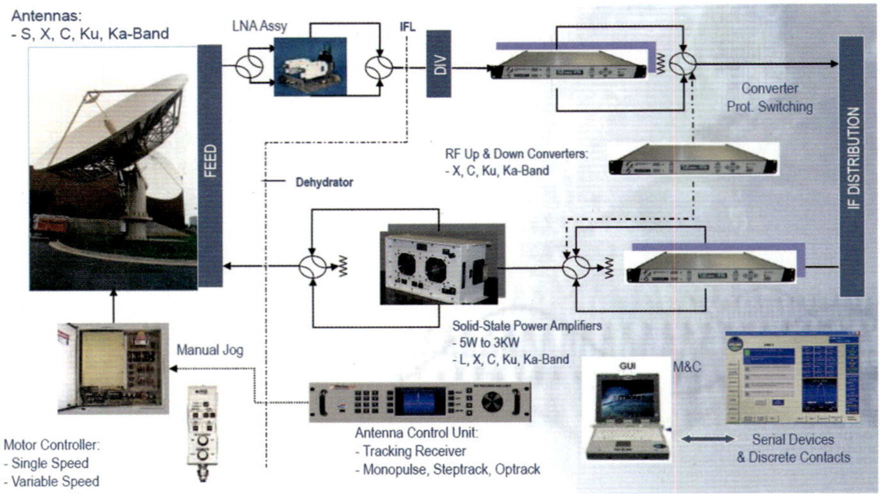

그림 5-11 위성 지상국 구성도 [출처: GDSatCOM-OVERVIEW]

- **지상 지상국 환경 분석**: 강우감쇄, 지진, 운영 풍속, 보존 풍속, 온도. 습도 조건
  시스템 운영 개념을 정의하고 기 위해서는 데이터 전송(data delivery), 통신 구조(communication architecture), 임무 운영 계획 및 조정, 그리고 임무 스케쥴(mission timeline) 등이 정의하고 계산을 통해 기본적인 지상국 구축에 따른 기술적 사양을 정의한다.
- **환경 조건을 고려한 시스템 링크 계산**: 위성의 출력으로부터 환경 조건을 반영한 위성과 지상국간의 전송 선로 계산, 시스템 운영 개념을 정의하기 위해서는 데이터 전송(data delivery), 통신 구조(communication architecture), 임무 운영 계획 및 조정, 그리고 임무 스케쥴(mission timeline) 등이 정의하고 계산을 통해 기본적인 지상국 구축에 따른 기술적 사양을 정의한다.
- **위성 지상국 상세 설계**: 상기조건을 반영하여 위성 지상국의 크기부터 모뎀 및 신호처리 단까지 설계를 수행하는 절차를 수행한다.
  위성 지상국 상세 설계 시 사용자 요구사항은 기술적 적합성과와 정치 · 경제적 적합성이 잘 반영이 되어야 한다.

상기와 같은 항목을 정의 하고 분석을 통해 시스템 설계가 수행되어 진다.

3.1 부지선정 조건

- 전파간섭에 대한 영향 및 전파 잡음 분포상태를 고려한 환경 평가와 주변 마이크로웨이브 간섭여부를 평가하여야 한다.
- 효율적인 위성운용을 위한 시야각 확보를 위해 전 방향에 걸쳐 수평으로 5° 이상의 고도 내에 장애물이 없어야 한다.
- 업무 효율성 확보와 운용자 복지추구를 위해 적절한 교통, 공공시설, 주거환경이 고려되어야 한다.
- 기존 시설과의 연계성이 용이한 부지가 선정되어야 한다.
- 토목공사비의 최소화(성토, 절토, 도로포장면적 등 고려), 유지관리 및 보수가 용이한 부지를 선정하여야 한다.
- 기후조건, 강우감쇄 영향을 고려(기온, 최대강우량, 상대습도, 보존풍속 등) 거대한 안테나를 운용하기에 충분한 지내력을 지닌 부지이어야 한다.
- 장래 국가환경위성센터의 확장에 대비할 수 있는 부지이어야 한다.
- 환경위성 데이터 처리 시설이 들어설 지상국과 안테나 설비에 유리한 위치조건을 모두 만족시키기 어려울 경우, 지상국과 안테나 시설분리 건립하는 방안을 고려할 수 있다.
- 지상국은 업무효율성과 인식성, 기능성과 밀접한 관련이 있고, 안테나 설치 부지는 양호한 전파환경과 시야각에 많은 영향을 받는다.

3.2 전파환경 요구사항 분석

정지궤도 복합위성 2B의 안정적 운영을 위한 환경위성지상국 적합지 선정을 위한 후보지역의 사전 전파환경 분석이 필요하며 그 내용은 다음 요구사항을 만족하여야 한다.

- 국가환경위성센터 지상국 구축 부지는 C 대역(7,000 MHz) 일부, X 대역(8000 MHz ~ 11,000 MHz) 및 Ku 대역 일부(12,000 MHz~13,000 MHz)를 수신하는데 다른 전파에 의한 간섭 등이 없어야 한다.

- 단, 부지에서 위성자료를 수신하는데 협소하지 않으나 주위에 건물이 있어 X 대역 위성자료를 수신하기 어려울 경우 위성자료 수신을 위해 시야각 확보가 필요하다. 따라서 수신안테나를 건물 옥상에 설치하거나 안테나 수신타워 위에 안테나를 설치하여야 한다.
- 이동전파종합감시시스템(무지향성 안테나 1기, 주파수분석장치(Spectrum Analyzer) 1대, PC 1대 및 프린터 1대)으로 측정된 국가환경위성센터 지상국의 전파환경은 다음 그림 5-12 사례와 같다. 그림 5-12의 가로축은 측정대상 주파수 대역이며, 세로축은 측정대상 주파수대역에 대한 수신 전계강도(dBm) 단위로 측정하여 기록한 결과이다. 따라서 국가환경위성센터 지상국 부지는 다음 그림 5-12과 같이 인근지역에 위치한 군사시설, 전파연구시설, 전파운용기관 등으로부터 전파간섭 등이 없는 전파청정지역으로 확인되어야 한다.

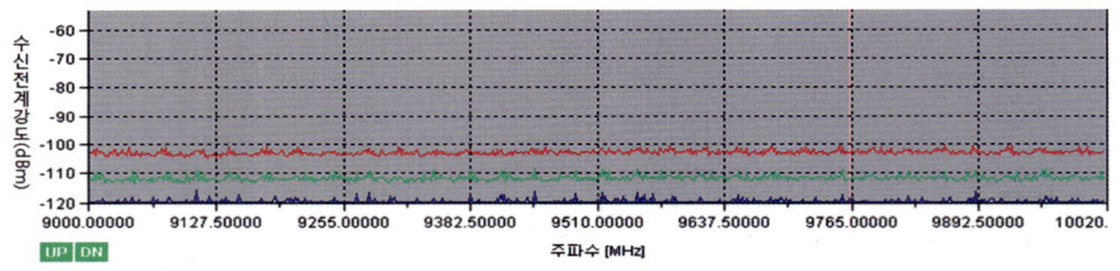

그림 5-12 전파환경측정 스펙트럼(9000–10020 MHz)

3.3 국가환경위성센터 지상국 특성

정지궤도 복합위성 2B는 정지궤도에서 운영되며, 임무수명 이후 후속위성을 발사하여 지속적으로 임무를 수행한다. 정지궤도 복합위성 2B는 환경 분야 임무 외에 해양 분야의 임무를 수행하는 독립적인 탑재체를 가지며, 본 장에서는 환경 분야 임무에 국한하여 기술한다.

정지궤도 복합위성 2B는 정지궤도 환경감시 분광계(주사식 자외선-가시광선 분광계; Scanning UN-Visible spectrometer)를 운영한다. 위성체는 대기환경 측정센서 외에도 데이터 송수신 장비, 전원 공급 장치, 자세제어장비, 열 제어부 등을 포괄하며, 환경탑재체의 임무수행과 궤도상의 이동, 자세안정화, 에너지 공급 등에 필요한 제반 기능을 제공해야 한다. 환경탑재체는 국가환경위성센터 지상국을 통해 수신되는 명령에 따라 정규관측임무 및 특별관측임무를 수행할 수 있어야 하며, 측정된 데이터를 위성관제 센터와 환경위성센터 지상국으로 전송해야 한다.

다음 **표 5-1**은 환경탑재체 관측운영 모드에 따른 관측주기 및 관측 영역을 나타낸다.

표 5-1 환경탑재체 관측운영 모드에 따른 관측주기 및 관측 영역

관측 운영 모드		관측주기	동서스캔영역 (서울위도 기준)	비 고
정규관측		60분	동경 75도 – 동경 145도	–
특별관측	동아시아(EA) 모드	60분	동경 110도 – 동경 140도	동아시아 지역 감시
	동아시아 상세(EEA) 모드	60분	동경 115도 – 동경 130도	동아시아 지역 집중감시 겨울철 운용모드
	로컬지역(LA) 모드	30분	지상명령에 의해	한반도에 비상상황 발생시

환경위성지상국은 위성 탑재체 운용 상태를 지속적으로 감시(Monitoring)하고 위성이 정상적인 임무를 수행할 수 있도록 임무계획을 전달함과 동시에, 위성으로부터 수신 받은 데이터를 처리/관리/분석하고 이를 사용자에게 분배하는 기능을 수행한다.

환경위성지상국 시스템은 안테나 서브시스템, 위성자료수신 서브시스템, 자료처리 서브시스템, 통합운영관리 서브시스템, 자료분석 서브시스템, 자료관리 서브시스템, 자료배포 서브시스템, 자료교환 서브시스템, 종합상황 서브시스템으로 구성 된다

본 장에서 요구하는 환경위성지상국 시스템의 임무 수명은 10년 이상이며, 그 가용도는 99.7% 이상 이어야 한다.

3.4 환경위성지상국 서브시스템 상위 요구사항 및 지상국과 위성관제국 간의 인터페이스

3.4.1 환경위성지상국 서브시스템 상위 요구사항

1) 안테나 서브시스템

정지궤도 복합위성 2B의 환경탑재체로부터 측정된 환경데이터를 X 대역 신호로 국가환

경위성센터 지상국에서 수신한다. 지상국 안테나 서브시스템은 X 대역 안테나, X 대역 저잡음 증폭기(LNA), X 대역 주파수 변환기(D/C; Down Converter), DVB-S2 복조기(Demodulator)로 구성된다.

안테나 서브시스템의 구성요소는 다음과 같은 기능을 수행하여야 한다.

X-band 안테나

- X-band 안테나는 반사판, Feeder, 안테나 지지대, 모터 구동장치, 제빙장치 등으로 구성된다.
- 안테나는 정지궤도 복합위성 2B 탑재체로부터 X 대역 신호를 수신한다.
- 안테나 반사판의 크기는 정지궤도 복합위성 B2의 유효등가방사전력(EIRP; Effective Isotropic Radiated Power), 사용 주파수, 전송방식 등에 따라 통신링크설계(Link Budget)에 의해 결정된다.
- 하향링크 편파는 반시계 방향 원형편파(LHCP; left hand circular polarization)이다.
- 안테나의 지향오차 손실은 1 dB 이내로 한다.
- 안테나의 빔 포인팅을 위해 자동 추적(Auto Tracking) 기능 구현한다.
- 안테나의 풍속조건은 설치 위치에 따라 결정하도록 한다.
- 안테나는 접지, 과전류 방지 및 제빙 장치 제공한다.

X-band LNA(Low Noise Amplifier)

- X-band LNA는 저잡음 증폭기로서 안테나로부터 수신된 X-band 신호를 증폭하는 기능을 수행한다.
- LNA의 주파수는 X-band 대역으로 주파수 범위는 8,025~8,400 MHz 신호를 증폭하도록 한다.
- LNA는 손실의 최소화를 위하여 안테나 Hub에 설치되며 Antenna $\frac{G}{T}$는 시스템 잡음 온도에 대한 이득의 비율이다. $\frac{G}{T}$는 서비스 신호(carrier)에 대한 Bit Error Rate(BER)와 연관되고, 수신 $\frac{G}{T}$(carrier to noise)에 영향을 끼치므로 위성 통신 안테나의 중요한 파라미터 이다. $\frac{G}{T}$는 안테나 이득 대비 잡음온도를 나타내며 지상국

수신안테나의 수신특성을 나타내는 주요한 변수로 다음 식 (5-1)과 같다.

$$\frac{G}{T} = G_R / T_S \tag{5-1}$$

여기에서 G_R은 수신안테나 이득이고 T_S는 안테나 수신기의 시스템 잡음온도이다. 수신안테나 출력단에서 수신기 잡음온도 T_S는 안테나의 잡음온도 T_A와 수신기 자체의 잡음온도 T_R의 합이다.

안테나 이득(G)은 다음 식 (5-2)와 같다.

$$G = A_e \frac{4\pi}{\lambda^2} = \eta A \frac{4\pi}{\lambda^2} \tag{5-2}$$

여기에서 η는 안테나 효율이고, A는 안테나 반사판의 면적이며 λ는 파장이다.

X-band D/C(Down Converter)

- X-band D/C는 LNA로부터 전달된 8,025~8,400 MHz 신호를 L-band 신호인 950~1,450 MHz로 주파수 변환하는 기능을 수행한다.
- 안테나와 Demodulator와의 설치 거리를 고려하여 X 대역 이상의 D/C는 통상적으로 야외(Outdoor)에 설치하여야 한다.

DVB-S2 Demodulator

- 정지궤도 복합위성 2B의 전송방식에 따라 복조기를 선정하여야 한다. 만약 디지털 비디오 방송-위성2 (DVB-S2; Digital Video Broadcasting vis Satellite 2 generation) 방식으로 위성전송 방식이 선정된 경우 DVB-S2 복조기를 선정하여야 한다. 이때 DVB-S2 복조기는 X-band D/C로 부터 수신된 L-band의 950~1,450 MHz 신호를 복조하여 기저대역의 신호로 위성자료 수신 처리 시스템으로 전달한다. DVB-S2 전송규격은 채널 부호화의 다양한 부호율을 제공하고 변조방식은 QPSK(Quadrature Phase Shift Keying)/8 PSK(Phase Shift Keying)/16 APSK(Amplitude Phase Shift Keying)/32 APSK(Amplitude Phase Shift Keying)이다.

2) 위성자료수신 서브시스템

위성자료수신 서브시스템은 안테나 및 무선주파수(RF) 및 기저 대역(BB)을 통해 전달 받은 Telemetry를 수신 처리하여 위성관측 자료를 초기 영상자료로 생성하는 서브시스템이다.

자료수신 서브시스템의 주요 기능은 다음과 같다.

- 원시자료(Raw Data) 관측분광 스펙트럼 원시자료 입력 및 처리
- 궤도정보 추출
- Raw Data와 Level 0 영상자료의 리샘플링(Re_sampling)
- 복사검정처리 및 정확도 평가
- 위치보정처리 및 정확도 평가
- Level 0 자료 생성(헤더, 트레일러, 화소값 포함)
- 전처리시스템 상태, 프로세스 모니터링, 실시간 영상 viewer, 파라미터 조정 등 전처리 감시, 제어
- 전처리 이외 다른 시스템과의 효율적 인터페이스
- 다중화 구성에 적합해야 하며, 운영 시 주–백업 시스템 간 신속하고 안정적인 임무 전환

3) 자료처리 서브시스템

자료처리 서브시스템은 수신 받은 위성자료를 위성자료 처리용 알고리즘을 활용하여 환경 분석 산출물을 생성하는 서브시스템이다. 복사보정 및 기하보정 등 보정 처리 및 자료 분석을 위한 기초 산출물을 생성한다. 이 과정에서 생산되는 자료는 뷰어를 통해 표출하고, 보정할 수 있다.

자료처리 서브시스템의 주요 기능은 다음과 같다.

- 수신영상 리스트 목록 검색 및 보기
- Level 0 데이터 처리(Level 1/ Level 2)
- 영상자료 및 기타자료 메타데이터 조회 및 저장
- 연구개발 시스템의 결과 보기 및 적용
- 알고리즘 조합적용, 결과 도시
- 알고리즘 설명, 메타데이터 구성, 계수 데이터 관리

- 알고리즘 적용 프로세스 관리 및 진행상황별 감시 · 제어 기능

4) 자료관리 서브시스템

자료관리 서브시스템은 생성된 최종 생성 자료를 수신 받아 메타 데이터를 데이터베이스에 기록하고 파일을 스토리지에 저장한다. 또한 자료량을 충분히 고려하여 작업의 지연이 없도록 충분한 성능으로 구성한다. 자료의 무결성이 최대한 보장되는 매체를 선택하여 백업 라이브러리 시스템을 구성하고, 자료처리시스템, 대화형 위성자료 분석 서브시스템 등 타 서브시스템 간의 파일 공유 지원 자료복구 중에도 중단 없는 시스템운영을 지원한다.

자료관리 서브시스템의 주요 기능은 다음과 같다.

- 대상별 데이터베이스 설계
- 등록확인, 조회, 수정, 삭제 등 기본기능
- 메타데이터 생성, 등록 관리하는 체계 & 메타데이터 생성 프로세스
- 저장소별 관리체계 구성(jukebox, 스토리지, 테이프 기록장치 등)
- 위성관련 자료의 저장/검색/보관
- 환경위성자료의 업무에 필요한 기상 · 해양 · 국외위성 자료 DB 구축

5) 자료배포 서브시스템

자료배포 서브시스템은 위성영상자료를 웹, 파일 전송 프로토콜(FTP; File Transfer Protocol)을 통하여 내부와 국내외 사용자들이 활용할 수 있도록 자료를 제공한다. 내부사용자를 위하여 인트라넷 서비스와 외부 사용자를 위하여 FTP, 홈페이지 서비스가 필요하다.

자료배포 서브시스템의 주요 기능은 다음과 같다.

- 웹, FTP를 이용한 서버 운영
- 위성 및 웹을 통한 정보제공

6) 자료교환 서브시스템

자료교환 서브시스템은 위성영상데이터를 자료관리 시스템과 연동하여 한국항공우주연구원 및 기타 유관기관과 해양탑재체 원시자료/Level 1B 등 주요 자료교환을 수행하는 서브시스템이다. 자료교환을 위해서는 환경위성센터 내 자료관리 서브시스템 간 원활한 인터페

이스 구성 및 통합된 데이터 양식 확립이 요구된다.

자료교환 서브시스템의 주요 기능은 다음과 같다.

- 자료 입수 및 제공
- 대용량 자료 송수신
- 외부 기관과의 연계를 위한 표준화

7) 통합운영관리 서브시스템

통합운영관리 서브시스템은 영상 자료 수신 및 처리 현황을 모니터링 할 뿐만 아니라 운영 상황과 위성자료 분석 결과를 종합적으로 분석할 수 있도록 운영자에게 여러 상황을 종합적으로 알려주는 서브시스템이다. 통합운영관리 시스템은 모든 업무흐름(Work Flow)을 관리하고, 각 서브시스템 간 발생하는 업무 주문(Work Order)을 생성 및 추적하는 역할을 한다. 또한 각 서브시스템의 중앙처리장치(CPU; Central Processing Unit) · 기억장치관리 MEM(Memory) · 하드 디스크 드라이브(HDD; Hard Disk Drive) 등의 리소스를 모니터링하고 유지보수를 위한 원격제어 역할을 수행한다.

통합운영관리 서브시스템의 주요 기능은 다음과 같다.

- 작업지시서 흐름 제어
- 포트, 프로세스, 로그 모니터링
- 외부 인터페이스 연계
- 위성자료, 관제정보, 감시제어 정보 표출
- 지상국 시스템 운영상황 감시 및 제어
- 지상국 네트워크 감시

3.4.2 환경위성지상국과 위성관제국 간의 인터페이스 요구사항

본 장에서는 정지궤도 복합위성 2B의 위성관제국과 환경위성지상국 간의 데이터 흐름을 다음 그림 5-13과 같이 표시하였다. 위성관제국과 환경위성지상국 사이에는 데이터 교환을 위한 인터페이스가 필요하며 그 인터페이스 요구사항은 다음과 같다.

- 환경위성지상국은 정지궤도 복합위성 2B에 장착된 환경탑재체 센서를 이용하여 원격으로 대상 지역을 관측하고자 할 때 이 인터페이스를 통해서 위성관제국에 환경탑

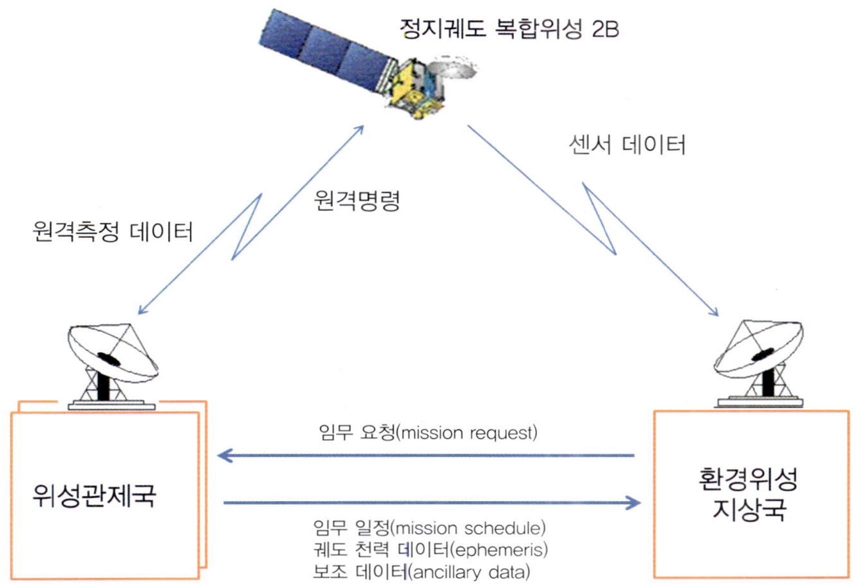

그림 5-13 정지궤도 복합위성2B의 위성관제국-환경위성지상국 간의 데이터 흐름도

재체 센서 운용을 위한 임무요청(mission request)을 하여야 한다.

- 임무요청서를 수신한 위성관제국은 요청된 임무를 임무계획(mission plan)에 포함시키고, 임무 일정(mission schedule)을 환경위성지상국에 통보하여야 한다.
- 환경위성지상국은 환경탑재체 센서 운용 일정을 통보받음으로써 임무요청이 임무계획에 포함되어 있음을 확인하여야 한다.
- 환경위성지상국은 위성관제국으로부터 통보받은 위성의 임무일정, 즉 위성의 센서 운용 일정에 맞춰서 위성으로부터 센서 데이터를 수신하여야 한다.
- 위성관제국은 원격측정정보로부터 추출된 궤도천력데이터(orbit ephemeris data)를 환경위성지상국에 보내고, 환경위성지상국은 이 천력데이터를 이용하여 위성으로부터 받은 센서 데이터를 보정 하여야 한다. 천력데이터는 다음과 같다.
  - 일자 및 시각과 함께 지구중심 직각좌표계로 표시된 위성 위치와 속도
  - 일자 및 시각과 함께 위성의 국지좌표계에서 방위각 및 앙각으로 표시된 태양 및 달의 위치와 속도, 달빛의 광도 등
- 위성관제국은 원격측정데이터(위성관리데이터)로부터 추출된 보조데이터(ancillary

data)를 일정주기로 수집하고 그 데이터들을 환경위성지상국으로 송신하여야 한다.

- 보조데이터는 우주과학 관측 데이터의 계획 및 분석에 사용된 다양한 관측 기하학적 파라미터(observation geometry parameters)들을 계산하기 위해 필요한 비행역학데이터 및 이와 유사한 데이터이다.

제4장

위성지상국 시스템 설계

본 장에서는 위성 지상국 설계 및 운영 블록도로 그림 5-14는 위성 지상국 구성도와 중요 시스템적 기술 내용을 기술하며 그림 5-15에 위성 지상국 설계 순서도를 나타내었고 항목을 정의 하고 분석을 통해 시스템 개발이 수행되어 진다.

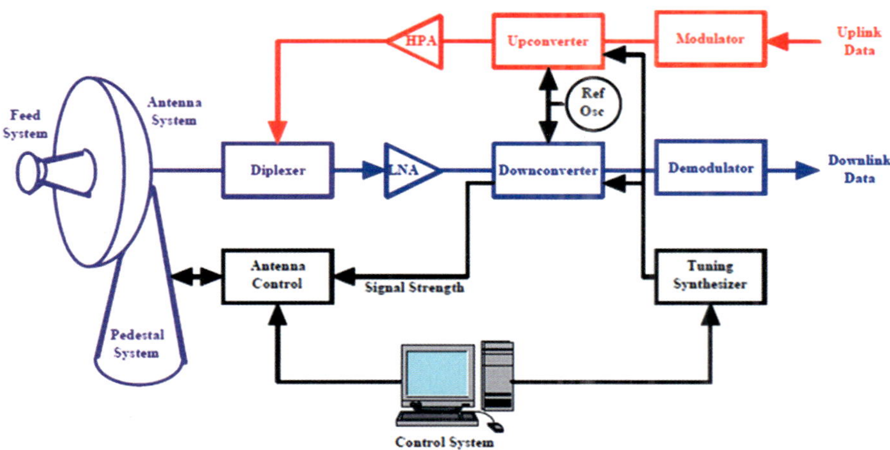

그림 5-14 위성 지상국 구성도

안테나부의 가장 기본적인 기능은 위성으로부터 신호를 수신하는데 있다. 이의 효율을 높이기 위하여 반사경 안테나(Reflector Antenna)를 주로 사용되며, 위성 신호의 효과적인 수신을 위해 최적화되도록 설계된다. 이중 반사경인 경우주반사판으로 복사된 위성신호는 집

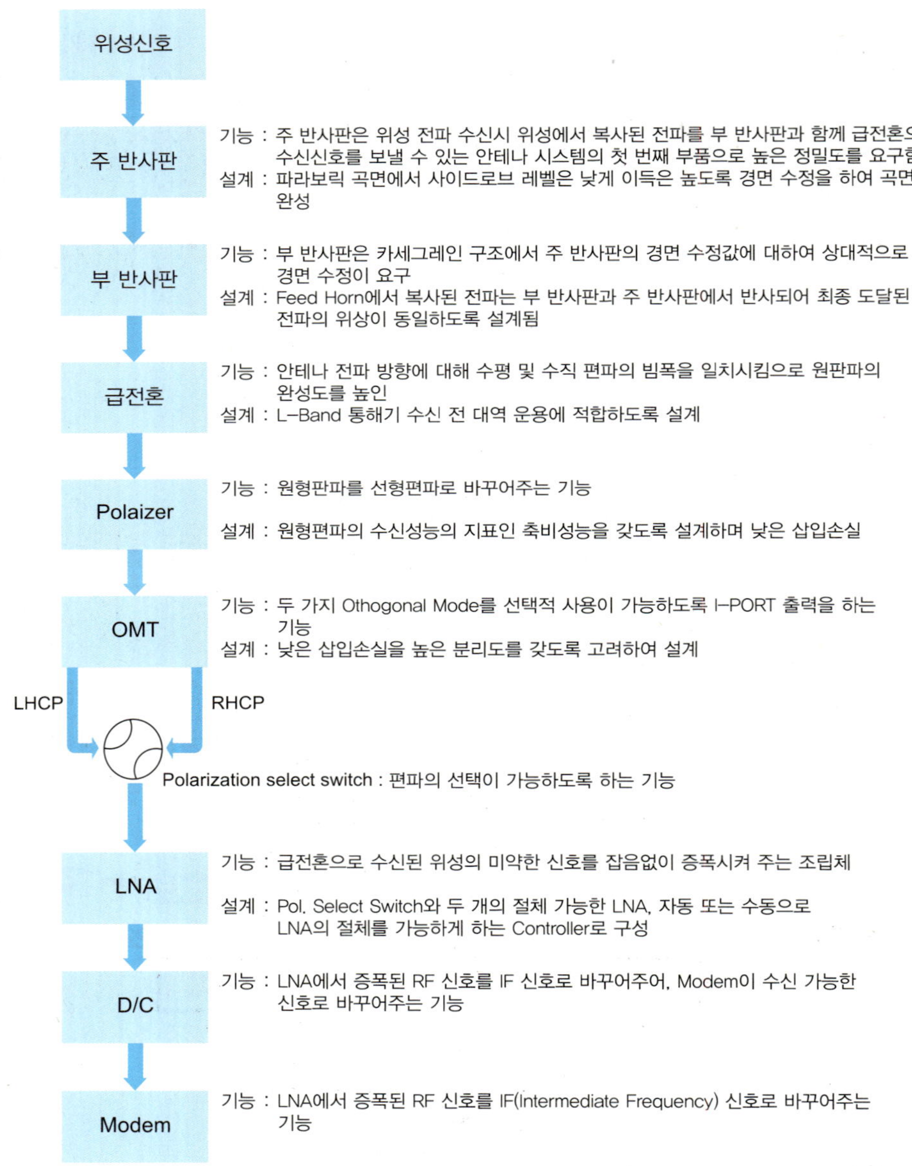

그림 5-15 위성 지상국 설계 순서도

적되어 부 반사판으로 전달되며, 이를 다시 집적하여 급전혼으로 전달하게 된다. 위성의 신호는 선형편파 또는 원편파로 수신 가능하도록 설계 된다. 급전혼에서 수신된 신호는 원형편파기를 통하여 OMT를 거쳐 RF 부에 전달된다. 이에 대한 손실이 가장 적게 발생되도록 설치된다.

지상국의 성능을 나타내는 BER(Bit Error Rate)을 유지하기 위해서는 안테나 Gain 및 $\frac{G}{T}$를 높여야 위성 자료를 끊임없이 수신할 수 있게 해야 한다.

반사경안테나의 종류는 다양하고 추적하는 방식에 따라 안테나 구조형태도 다양한 구조를 갖고 있다.

그림 5-16은 위성 지상국에 사용되는 대표적인반사경 구조인 카세그레인 안테나의 구조를 나타내었다.

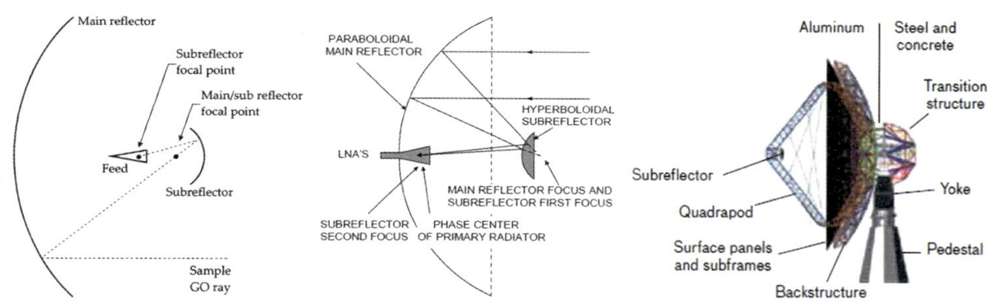

그림 5-16 (a) 그레고리안 (b) 카세그레인 안테나 구조

그림 5-17은 위성 지상국이 위성을 추적하기 위해 사용되는 다양한 안테나 구조물 형태를 보여주고 있으며 통상 사용되는 안테나 구조는 (b) Az/El Mount 구조를 사용하나 위성궤

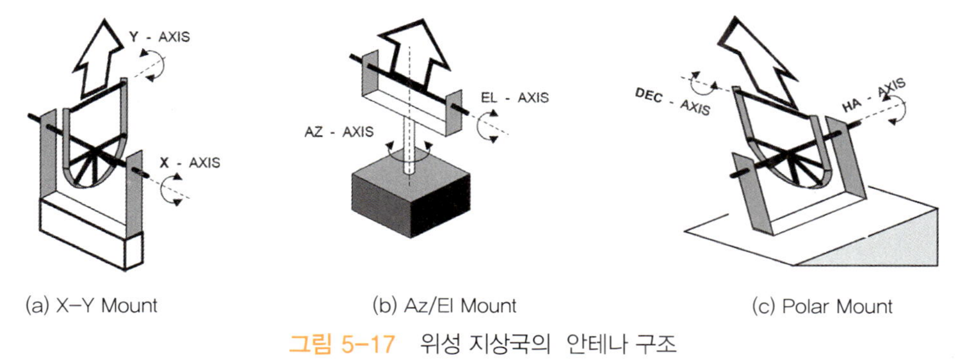

(a) X-Y Mount (b) Az/El Mount (c) Polar Mount

그림 5-17 위성 지상국의 안테나 구조

도와 운영에따라 다양한 구조로 설계되어 사용되고 있다.

위성 지상국의 최적의 반사경을 설계를 위해 아래 그림 5-18과 같이 위성 지상국 안테나 설계 순서도 같은 수순으로 행해지며 최적의 반사경 크기를 결정을 위해서는 반복적인 설계를 통해 최적의 해를 찾아 결정하는 방법을 수행하게 된다.

안테나의 성능관련 지표를 나타내는 인자는

안테나 이득

$$G = 4\pi Ae/\lambda^2 \quad (5-1)$$

으로 나타내며

Ae: 반사경의 유효 면적

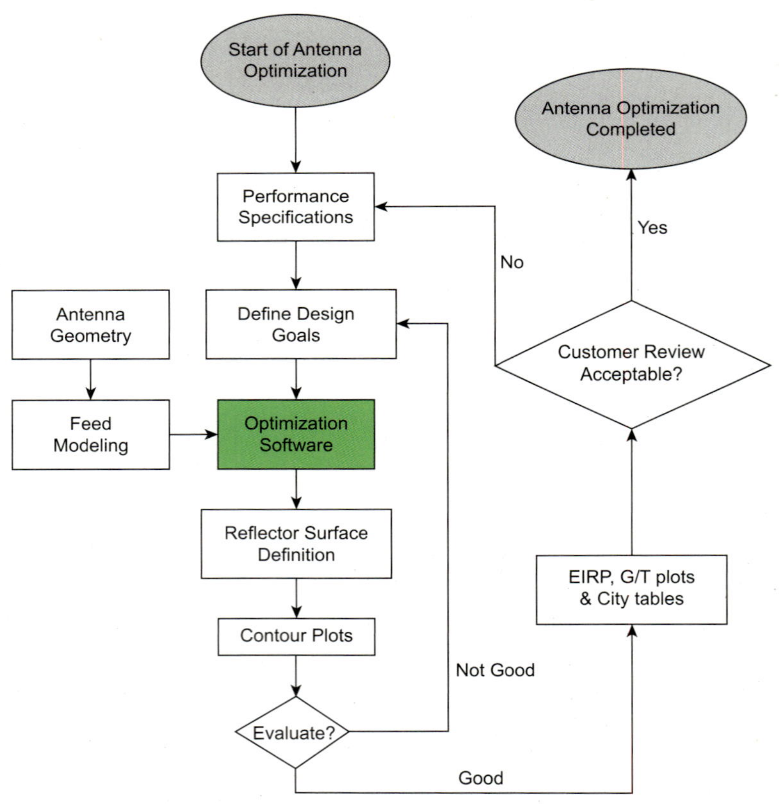

그림 5-18 위성 지상국 안테나 설계 순서도

λ: 파장

을 나타내며 안테나의 효율 η를 고려하여 다시 쓰면

$$G = \eta(\pi d/\lambda)^2 \tag{5-2}$$

이 된다.

빔폭(Beamwidth)

안테나 복사패턴에서 볼 때 주빔(Main Lobe)의 최대 복사방향에 대해 이득이 -3 dB이 되는 두 점 사이의 각 Half-Power Beamwidth (HPBW)으로 정의한다.

- 전력상으로는 최대 복사전력의 1/2
- 전계차원에서는 복사 전계강도의 $1/\sqrt{2}$

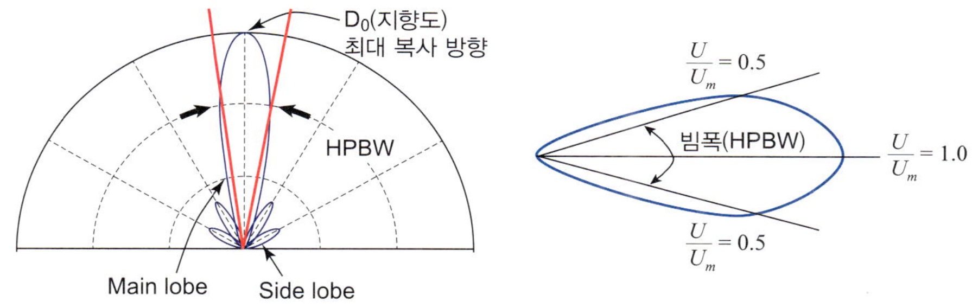

그림 5-19 안테나 빔폭 정의

간략식으로 HPBW

$$HPBW = \frac{1}{d\sqrt{\eta}} \times 57.29 \tag{5-3}$$

로 구하면 된다.

여기서 d: 안테나 직경(m), η: 안테나 효율, λ: 파장(c/f)

안테나 부엽 준위(Sidelobes)

안테나 복사패턴이 최대가 되는 방향을 포함하는 복사 Lobe(둥근 돌출부)를 말하고 보통 안테나를 설계할 때 원하는 방향으로의 최대 에너지 전송 등을 나타낼때는 주빔으로 표기하

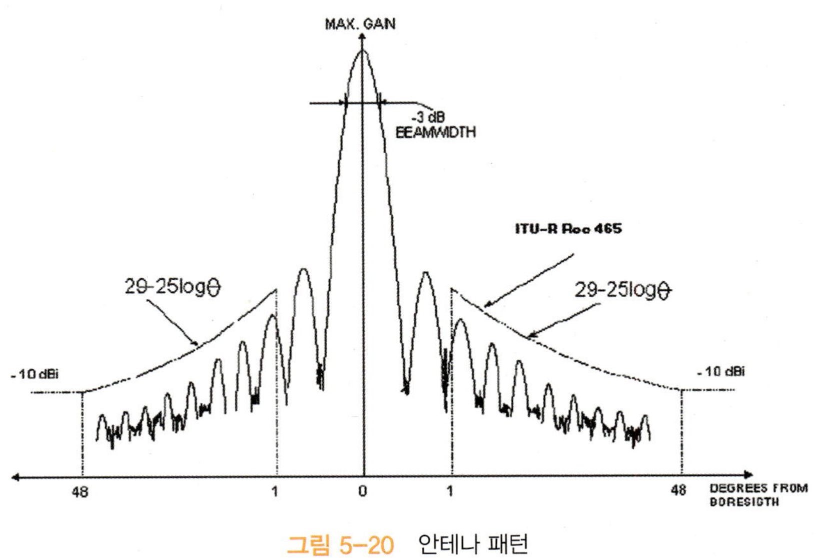

그림 5-20 안테나 패턴

고 주빔을 제외한 측엽을 정의할 때 사용하며 부엽준위에 대해서는 ITU-R Rec 465에 관련 권고사항을 정하고 있다.

그림 5-20에서 나타낸 것과 같이 위성 지상국 안테나 설계는 안테나의 기본적인 성능은 만족시키고 높은 효율을 얻기 위해 반복적으로 해석을 수행하고 이를 시스템에 반영하고 성능을 정의 하고 분석을 통해 시스템 개발이 수행되어 진다.

안테나 수신능력(G/T 모델)

G/T는 위성 통신지구국 수신계의 성능을 나타내는 지수로 안테나 이득(G)을 수신기의 등가 잡음 온도(T)로 나눈 값으로 dB/K(decibel per degree Kelvin)로 표시한다. G/T의 값이 클수록 성능이 양호한 수신계라 할 수 있으며 개념도를 아래에 나타내었다.

안테나 이득은 간략히 아래 그림 5-21을 이용 간략히 구할 수 있으며 수학적 모델은 가능과 같이 표현된다.

$$G(\theta,\phi) = 4\pi(\frac{U(\theta,\phi)}{P_{\in}}) \tag{5-4}$$

로 표기하며 반사경 안테나인 경우

Aperture-Type	Beamwidth (From Aperture)	Directive Gain (From Aperture)	Directive Gain (From Beamwidth)	Antenna Efficiency (Aperture Illumination Efficiency)
Uniformly Illuminated Circular Aperture-hypothetical parabola 18 dB side-lobe level	$\theta = \frac{58\lambda}{a}$ $\theta = \theta_1 = \theta_2$	$g_d = \frac{15a^2}{\lambda^2}$ $g_d = \frac{9.87a^2}{\lambda^2}$	$g_d = \frac{52,525}{\theta^2}$ $\theta = \theta_1 = \theta_2$	100%
Uniformly Illuminated Rectangular Aperture or Linear Array 13 dB Side-lobe Level	$\theta_1 = \frac{51\lambda}{a}$ $\theta_2 = \frac{51\lambda}{b}$	$g_d = \frac{1.6ab}{\lambda^2}$	$g_d = \frac{41,253}{\theta_1\theta_2}$	100%
Rectangular Horn (a) Polarization Plane: E-plane 13 dB Side-lobe Level	$\theta_1 = \frac{56\lambda}{a_E}$	$g_d = \frac{7.5 a_E a_H}{\lambda}$	$g_d = \frac{31,000}{\theta_1\theta_2}$	60%
(b) Orthogonal Polarization Plane: H-plane 26 dB side-lobe Level	$\theta_2 = \frac{67\lambda}{a_H}$			
Nonuniformly Illuminated Circular Aperture (10 dB Taper)–Normal Parabola 26 dB Side-lobe Level	$\theta = \frac{72\lambda}{a}$ $\theta = \theta_1 = \theta_2$	$g_d = \frac{5a^2}{\lambda^2}$	$g_d = \frac{27,000}{\theta^2}$ $\theta = \theta_1 = \theta_2$	50%
	$a >> \lambda$	$G_d = 10 \log_{10} g_d$ dB	$G_d = 10 \log_{10} g_d$ dB	

Table 2. Computations of directive gain end beamwidth for representative aperture-type

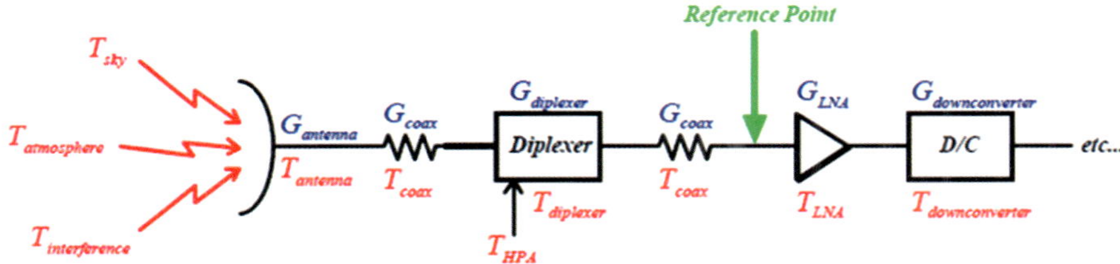

그림 5–21 위성 지상국 안테나 수신능력(G/T 모델)

$$G_{\max} = D_u = \frac{4\pi}{\lambda^2} A_P \tag{5–5}$$

가 되고

반사경 유효 면적에 효율을 고려하면

$G = \varepsilon_{ap} D_u = \frac{4\pi}{\lambda^2} \varepsilon_{ap} A_P$ 로 표현되고 $\varepsilon_{ap} \leq 1$: 효율

반사경 효율 ε_{ap}는 다음과 같은 요소를 포함하고 있다.

$\varepsilon_{ap} = \varepsilon_s \ \varepsilon_t \ \varepsilon_p \ \varepsilon_x \ \varepsilon_b \ \varepsilon_r$

ε_s: Spillover Efficiency

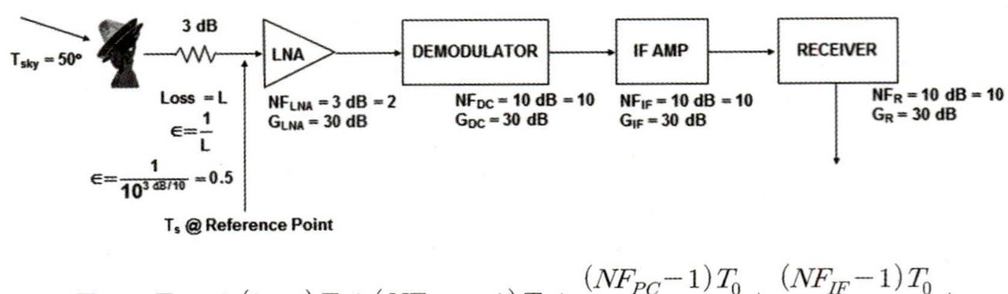

$$
\begin{aligned}
T_S &\approx \epsilon T_{SKY} + (1-\epsilon)T_0 + (NF_{LNA}-1)T_0 + \frac{(NF_{PC}-1)T_0}{G_{LNA}} + \frac{(NF_{IF}-1)T_0}{G_{LNA}G_{DC}} + \ldots \\
&\approx 0.5(50) + (1-0.5)290 + (2-1)290 + \frac{(10-1)290}{1000} + \frac{(10-1)290}{1000X1000} + \ldots \\
&\approx 25 + 145 + 290 + 2.6 + 0.0026 + \ldots.. \\
&\approx 462^{o}k
\end{aligned}
$$

그림 5-22 위성 지상국 안테나 시스템 잡음 온도 계산 예시

ε_t: Aperature Taper Efficiency

ε_p: Phase Efficiency

ε_x: Cross polarisation Efficiency

ε_b: Blockage Efficiency

ε_r: Surface Random Error Efficiebcy

그림 5-23은 위성 지상국 설계 순서도로부터 양호한 안테나 수신 능력을 갖는 안테나를 선정하기 위해서는 위성으로 부터의 신호링크 계산을 수행하여 최적의 지상국을 설계하며 예로 그림 5-22에는 위성 지상국 안테나 시스템 잡음 온도 계산 예시를 나타내었고 일반적인 위성의 위성개념은 그림 5-23 위성 지상국 안테나 위성 링크 개념도를 기초로 하여 링크 계산을 수행하고 그 예시 결과를 그림 5-24에 나타내었다.

일반적인 위성 링크 버짓 계산 방법을 기술하면

$$\frac{C}{N_0} = P_T G_T \frac{1}{L} \frac{G_R}{T} \frac{1}{K} \tag{5-6}$$

여기서, : 신호대 잡음의 주파수 대역 파워 밀도(noise power spectral density)

$\frac{C}{N_0}$ $P_T G_T$: 송신 EIRP, EIRP(dB) = P_T(dB) + G_T(dB) (5-7)

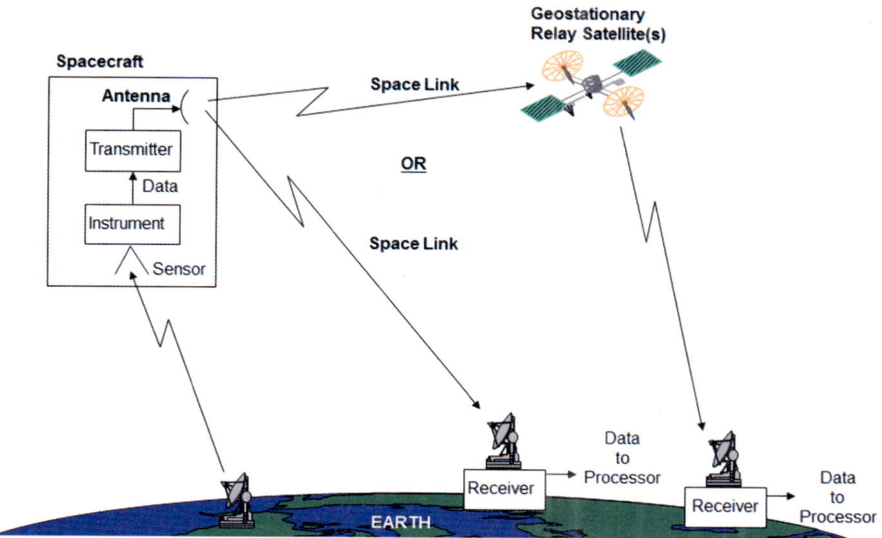

그림 5-23 위성 지상국 안테나 위성 링크 개념도

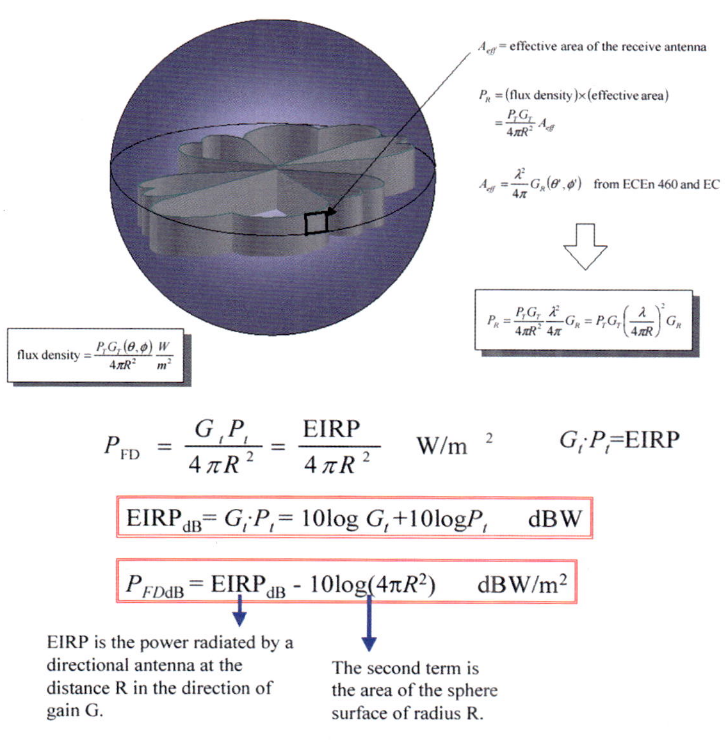

그림 5-24 EIRP와 PFD

$$L: 자유공간손실,\ L = 10\log(\frac{4\pi R f_u}{c})^2 \tag{5-8}$$

잡음온도와 신호감도 G/T관계는

N: 유효 잡음 파워(effective noise power)

$$N = N_0 B_N = N_0 B \tag{5-9}$$

N_0: 잡음의 주파수 대역 파워 밀도(noise power spectraldensity)

B: 잡음 측정 대역폭(Bn)

잡음온도는

$$T = \frac{N}{KB} = \frac{N_0}{K} \tag{5-10}$$

K: Boltzmann's constant = 1.38×10^{-23} J/K(−228.6dBW/HzK),

잡음지수(Noise Figure)=$(S/N)_{\in} / (S/N)_{out}$

장치의잡음온도 T_d는 다음과 같이 나타낼 수 있다.

$$T_d = T_0\ (NF-1)$$

T_0 :290°K(상온, Room Temperature)

NF_{dB} = 3dB라면, $NF = 10^{3/10} = 2$가 된다.

$T_d = 290(2-1) = 290$°K가된다.

신호감도(figure of merit) $G/T = G - T$(dB/°K)

예로 안테나 수신 이득이 50dBi이고 시스템 잡음온도가 500°K라면

신호감도(figure of merit) $G/T = 50-10\log(500) \cong 23.0$(dB/°K)가 된다.

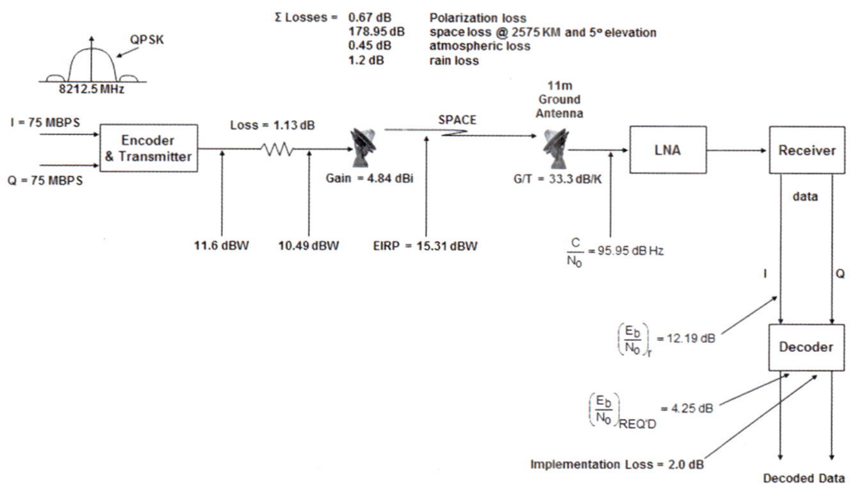

DOWNLINK @ 2.45 GHz			
Feature	**Data**	**Result**	**Unit**
Maximum Distance	1160		km
Transmission Power	25		dBm
Transmission Loss	1		dB
Transmission Antenna Gain	4.5		dB
EIRP		30.5	dBm
Free Space Loss	161.47		dB
Atmospheric Absorption	1		dB
Polarization Loss	3		dB
Antenna Misalignment Loss	1		dB
Propagation Loss		166.47	dB
Satellite Antenna Gain	35		dB
System Noise Temperature	110.11		K
Figure of Merit		14.59	dB/K
Boltzmann Constant	-228.6		dB/K/Hz
Pr/N0		77.22	dBHz
Bit Rate	9600		bit/s
Eb/N0		37.4	dB
BER	10^{-5}		
Eb/N0 @ 10^{-5}	9.6		dB
Downlink Margin		27.8	dB

그림 5-25 위성 지상국 안테나 위성 링크 계산 결과 예시

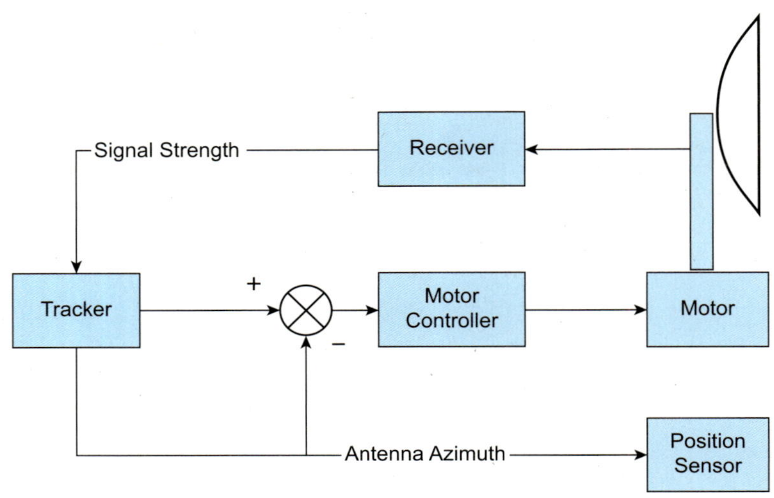

그림 5-26 위성 추적 메카니즘

안테나 추적능력 및 지향 정밀도

추적이란 안테나를 항상 위성으로 지향하게 하기 위해서는 위성이 발사하는 전파 신호를 수신하여 안테나를 자동적으로 전파가 도래하는 방향으로 향하게 하는 것이다.

기본적인 추적 메카니즘은 기본적으로 그림 5-26과 같은 구조를 갖고 있다.

추적시스템은 다음과 같은 기본 기능을 갖고 있다.

Five Basic Functions

- Sense position error magnitude and direction
- Provide position feedback
- Provide data smoothing / stabilization
- Provide velocity feedback
- Provide a power-driving device

지상국에서는 위성을 추적하기 위한 추적시스템이 필요한데 추적 방식에 따라 자동추적, 프로그램추적, 수동추적이 있다. 자동추적은 위성에서 발사되는 비컨파(비컨이라는 송신기를 통해 위성의 위치 정보를 알려주는 신호, Beacon) 또는 신호파를 수신하여 그 수신 상태로부터 안테나의 지향 방향과 위성 방향과의 오차를 검출하여 안테나가 자동적으로 위성을 지향하도록 하는 방법이다. 안테나 시스템의 추적 성능은 안테나가 지향하고 있는, 지향하고자 하는 방향을 얼마나 정확히 지향하는가를 나타내는 방향 지향의 정확도와 전파 신호의 지향성 정도가 추적 정확도로 나타내고 그림 5-27 위성 지향 정의 와 추적 및 포인팅 정밀도를 나타내었다.

한 예로 프로그램 추적은 미리 어떤 위성궤도의 예측 데이터와 실제 안테나가 향하고 있는 방향을 컴퓨터 등으로 비교 계산하여 안테나를 위성 방향으로 지향시키는 방법이다. 수동추적은 자동 또는 프로그램 추적에 따르지 않고 운용자가 직접 조작하여 궤도 예측 데이터 등을 사용하여 안테나가 위성 방향을 향하도록 하는 방법이다. 이 방법은 자동 및 프로그램 추적이 고장 등으로 동작하지 않을 경우에 사용한다.

또한 위성을 지향하거나 추적 시 추적 방식에 따른 손실도 고려해야 하며 아래 그림 5-27과 같이 위성 지향 정의와 추적 및 포인팅 정밀도의 정의를 나타내고 있다.

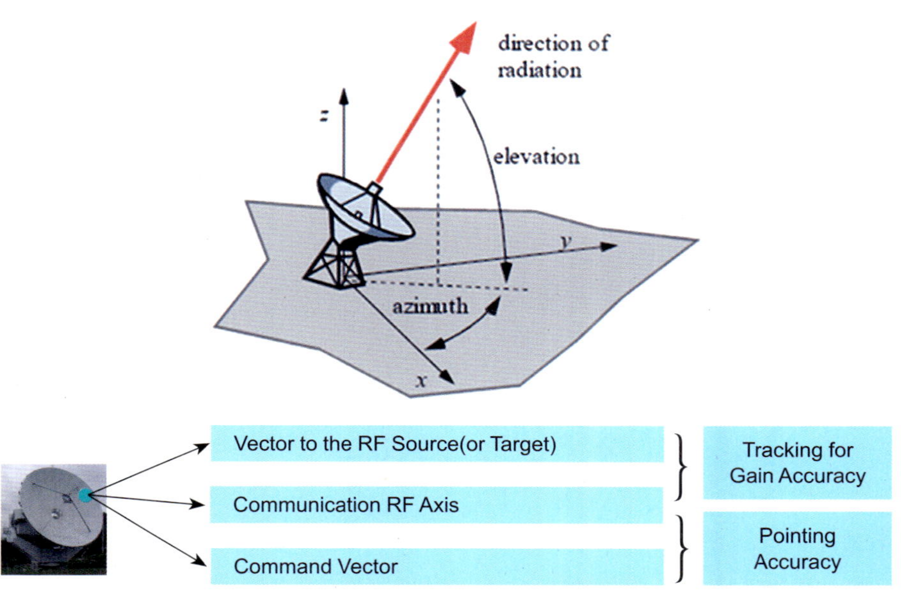

그림 5-27 위성 지향 정의와 추적 및 포인팅 정밀도

특히 위성을 추적시 사용하는 추적 방식에 따라 정밀도 와 안테나 이득 손실을 표 5-2에 나타 내었고 그림 5-28에 위성 지상국의 정밀 포인팅 오차를 발생하는 관계를 나타내었다.

표 5-2 위성 추적 방식에 따른 정밀도와 안테나 이득 손실

추적방식	지향정밀도	이득 손실
고정형 (Fixed)	IPE(Initial Pointing Error) = 0.1~0.2 @ θ_{3dB}	Function of Staion – Keeping window
프로그램 / 계산 (Programming/ Calculated)	Typical: 0.01 deg.	Function of D/λ
코니칼 스캐닝 (Conical Scanning)	0.05~0.2 @ θ_{3dB} Typical: 0.01 deg.	ΔG = 0.03 ~ 0.5 dB
계단방식 (Step by Step)	0.05~0.15 @ θ_{3dB} Typical: 0.01 deg.	ΔG = 0.03 ~ 0.3 dB
전자적 편차방식 (Electronic Deviation)	0.01~0.05 @ θ_{3dB} Typical: 0.01 deg.	ΔG = 0.001 ~ 0.03 dB
모노펄스 (Monopulse)	0.02~0.05 @ θ_{3dB} Typical: 0.01 deg.	ΔG = 0.005 ~ 0.03 dB

간략히 안테나 패턴은 다음과 같은 식으로

$$G(\theta) = 20\log_{10}\left[10^{-0.6\left(\frac{\theta}{\theta_H}\right)^2}\right]\text{dB} \qquad (5-11)$$

나타낼 수 있고, 포인팅 손실은

$$(\text{xdB}) = 20\log_{10}\left[10^{-0.6\left(\frac{\theta_P}{\theta_H}\right)^2}\right] \qquad (5-12)$$

와 같이 표현하며

$$\text{Loss} = 12\left(\frac{\theta_P}{\theta_H}\right)^2 \text{dB} \qquad (5-13)$$

이 된다.

예로, 안테나 직경이 25 m, 주파수가 4 GHz일 때, 수평빔폭은 $\Theta_H \approx 67/D_\lambda, D_\lambda \approx 333$ 3dB 빔폭은 0.2도가 된다. 따라서 포인팅 손실은 다음과 같이 구할 수 있다.

$$\begin{aligned} \Theta_p &= 0.005\text{deg.} \\ GainLoss &= 12\left(\frac{0.05}{0.2}\right)^2\text{dB} = 0.75\text{dB} \end{aligned} \qquad (5-14)$$

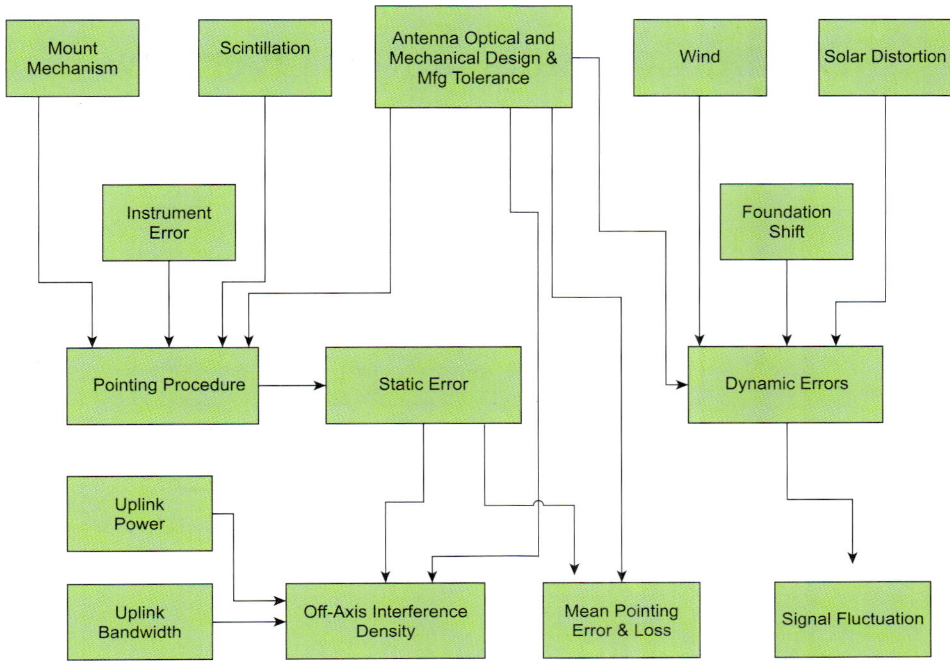

그림 5-28 위성 지상국 추적성능에 영양의 포인팅 오차 요인

송수신부

위성 관측 자료를 지상시스템에서 수신할 때 또는 지상시스템에서 위성으로 자료를 송신할 때는 전송에 유리하도록 원래 정보가 있는 기저대역(Base Band, BB)보다 훨씬 높은 고주파대역 주파수(RF carrier)를 통해 자료를 송수신하게 된다. 실제로 통신 시스템에서 정보를 담은 주파수는 영상자료를 표현한 아주 낮은 기저대역으로, 이러한 기저대역 주파수대의 신호를 실제 안테나를 통해 위성으로 전달하기 위해서는 고주파대역의 주파수로 올려 보내야 한다. 왜냐하면 무선 환경, 즉 대기 중에는 반드시 하나의 신호만 존재해야 하는데 대부분의 음성/영상 데이터는 유사한 주파수 대역을 사용하므로 중첩되기 때문이다. 그렇기 때문에 적당히 정해진(보통 국가에서 승인되어 할당받은) 주파수로 변조해서 송수신해야 하는데, 이렇게 실제 신호를 싣고 다니는 주파수를 소위 반송파(carrier) 주파수라고 부르며, 위성 통신 시스템이 사용하는 주파수란 이러한 신호 전송을 위해 할당받은 고유한 고주파대역 주파수를 의미하는 것이다.

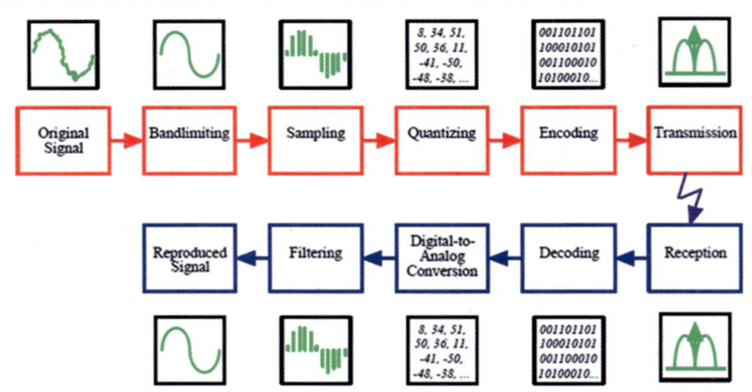

그림 5-29 위성 통신 전송 개념도

- 주파수 분할 다원 접속(FDMA)
  주파수 대역을 적당한 주파수 간격으로 분할하여 수신지별로 할당함으로서 다수의 회선을 만들어 송신할 수 있는 기술
- 시간 분할 다원 접속(TDMA)
  신호를 시간으로 분할하여 각 시간 세그먼트를 지구국에 할당하는 방식 지구국은 할당된 시간폭의 신호를 단속적으로 수신하게 됨.
- 코드 분할 다원 접속(CDMA)
  수신 전용의 지구국에 저속의 데이터를 전송하는 경우에 일반적으로 이용되고 있으며 데이터 정보를 특정하게 코드화된 광대역 파형으로 변환한 후 RF 반송파로 변조하여 중계기 대역폭에 넓게 분포한 신호를 생성함. 이런 이유로 CDMA를 SSMA(Spread Spectrum Multiple Access)라 함.

안테나에서 수신한 자료를 처리하는 과정을 살펴보면, 안테나가 수신한 RF 신호를 원래의 BB 신호로 바꾸거나 혹은 반대로 BB 신호를 RF 신호로 바꾸기 위해서는 IF(Intermediate Frequency)라는 중간 단계를 거쳐야 한다. IF를 사용하는 데에는 여러 가지 이유가 존재한다. 그중 가장 큰 이유는 선택도 때문이다. 선택도란 자신이 원하는 주파수대역만을 정확하게 골라내는 능력을 의미한다. 높은 중심주파수대역에서는 그만큼 더 성능이 뛰어난 필터를 사용해서 채널을 선택해야 하는데, 필터의 크기나 가격, 성능 면에서 상당한 부담이 된다. 하지만 이런 채널 선택 과정에 IF 주파수 대역으로 내리고 나서 처리하면 필터의 성능 요구가 줄어들고, 채널 선택도 더 깔끔하게 좋아진다. 두 번째는 IF를 이용하면 민감도가 향상된다. IF단이 없으면 RF단의 각종 주파수 변동이나 이상이 그대로 베이스 밴드로 전달된다. 중간에 IF가 존재함으로써 일종의 격리 효과가 발생하는 셈이다. 세 번째는 IF를 사용하면 시스템의 발진(원하지 않는 주파수대역에서 정체불명의 신호가 발생하는 현상)에 대한 부담을

표 5-3 다원접속 기술인 FDMA, TDMA, CDMA, SDMA의 비교

방식 / 특성	FDMA	TDMA	CDMA	SDMA
채널분할방법	주파수	시간	확산 부호	공간(빔, 궤도, 편파)
중계기당 채널수	다수	하나	다수	다수
채널용량 제한 요인	상호변조, 보호대역	보호시간	타사용자 간섭	타사용자 간섭과 빔 수
통신회선 유연성	낮음	매우 유연	유연	–
간섭의 영향	높음	낮음	매우 낮음	–
주파수 사용	분할사용	전체대역 사용	다수 사용자 공유	재사용
응용사례	트래픽이 적은 아날로그 통신	트래픽이 많은 아날로그와 디지털 통신	군사, 데이터 수집 및 디지털 통신	여분의 채널과 용량 증가가 필요시
기저대역신호의 다중화	FDM	TDM	FH:FL나 DS: PSK 및 PN 부호	–
지구국장비의 복잡성과 비용	낮음	높음	경우에 따라 다름	약간 증가
수신기 주소	주파수대역으로 분리	시간간격과 주소	미리 정해진 코드	–
상향링크 전력제어	필요	불필요	필요	–
장점	위성의 전력	채널 용량	비밀 유지 및 간섭 강인성	주파수 재사용
단점	대역폭, 채널 용량, 필터 증량	지구국과의 복잡성	주파수의 비효율성	복잡한 위성체

줄일 수 있다. RF수신 단에는 매우 작은 레벨의 신호가 들어오기 때문에 수신된 신호의 증폭이 필요하게 된다. BB처리부에 들어가기 전에 IF가 사용되지 않는다면 이런 증폭의 부담은 RF단에서 이루어져야만 하는데, IF를 사용하면 이런 큰 증폭에 의해 발생하는 불안정성 문제를 크게 개선시킬 수 있다.

표 5-4 회선 접속 할당 방식들의 상호 특성을 비교

특성 \ 방식	PAMA	DAMA	RAMA
지구국의 채널요구 방식	NOC에 기록됨	NOC에 요구	사용안함 (채널상에서 경쟁)
Bursty 트래픽의 영향	채널 용량이 고정되어 타사용자 사용 불가	효율적	경쟁 사용사 사이의 간섭
할당시간	몇 달~수년	데이터의 전송시간 동안	버스트 또는 패킷 길이 동안
NOC의 기능	주파수, 시간할당 간격을 부가 또는 삭제	NOC에서 채널 할당	채널 상태 감지
응용사례	INTELSAT FDMA, Network TV	INMARSAT, SPADE	ALOHA
장점	지구국 가격 저렴 운용 용이	높은 통신 자원의 활용도	NOC의 부하가 적고 장비 가격 저렴
단점	실제 트래픽에 적응성이 떨어짐	고가의 지구국 장비 NOC에 따라 성능 변화	사용자 동시 제어 불가능 Blocking에 의한 비 효율화
유사한 지상망	AM, FM, TV에 할당	셀룰러 휴대폰	아마추어 햄

제5장

위성지상국 시스템 제작

본 장에서는 위성 지상국 시스템 제작관련에 대해 관련 적용 규격 및 방법 등을 기술하였다.

5.1 적용 규격

성 지상국 시스템 제작관련에 대해 관련 적용 규격은 사용 목적 과 및 응용에 따라 적용하는 규격의 차이는 있으나 본장에서는 전반적인 규격을 나열하였고 제1장에서 관련 법규를 제시하였다.

특별히 언급이 없는 설계, 제작, 시험, 검사, 납품, 설치 및 검사 등에 적용하는 표준규격은 KS 및 국제표준의 최신판을 적용하여야 한다.

- 전파법
- 전기통신설비의 기술기준에 관한 규칙
- 한국공업규격(KS)

- 한국통신기술협회(TTA) 표준
- 국제 전기 통신 연합 권고(ITU−R)
- 국제위성통신협회 지구국 표준(IESS)
- MIL−HDBK−217F: Reliability Prediction of Electronic Equipment
- MIL−STD−1472F: Department Of Defense Design Criteria Standard Human Engineering
- MIL−STD−810F: Department Of Defense Test Method Standard Environmental Engineering Considerations and Laboratory Tests
- FED−STD−595C: Colors Used in Government Procurement
- EIA/ECA−310−E: Cabinets, Racks, Panels, and Associated Equipment, 2005−DEC−01
- IPC/EIA J−STD−001: Requirements for Soldered Electrical and Electronic Assemblies
- ISO−9001: International Systems Organization − Quality Systems − Model for quality assurance in design, development,
- production, installation and servicing
- AWS D1.1/D1.1M: Structural Welding Code − Steel
- AWS D1.2/D1.2M: Structural Welding Code − Aluminum
- US CFR 47, FCC Part 15: Code of Federal Regulations, Radio Frequency Devices

5.2 안테나 시스템 구성

안테나 시스템 구성은 송 · 수신 장치, 송 · 수신을 하기 위한 안테나, 위성의 방향에 정확히 향하게 하는 추적 장치 등으로 크게 구성되어지고 그림 5−30에 나타내었다.

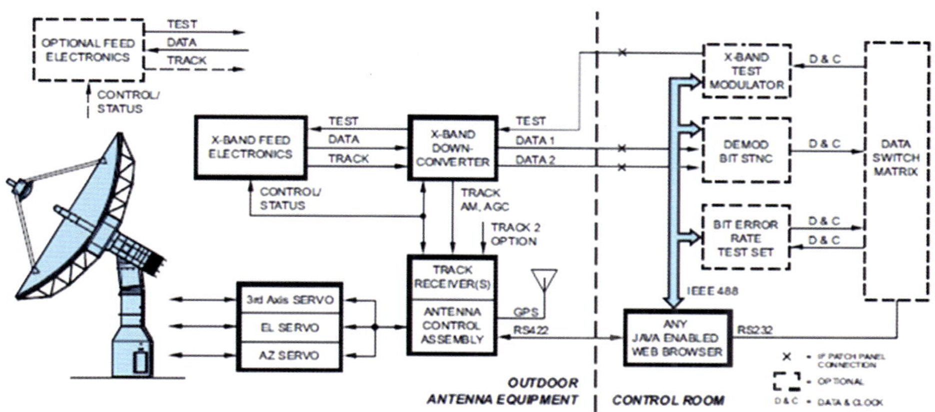

그림 5-30 X-대역 추적 안테나 시스템 [출처: L-3 COMMUNICATION]

안테나 시스템 구성을 위해 고려해야 할 사항은 다음과 같다.

1) 하드웨어

제안요청 내용을 명확하게 이해하고 본 제안의 목적, 범위, 전제조건 및 제안의 특징 및 장점을 요약하여 제시하여야 한다.

- 구축 목표
- 시스템 구성도 및 내역
- 구축 추진절차

2) 응용 소프트웨어

시스템 S/W 및 아키텍처, 공통 S/W, DB를 포함한 S/W의 전체적인 구성도를 제시하여야 하고 최적의 DB 설계 및 구축 방안을 제시하여야 한다. S/W 통합 구축시의 각 구성요소별로 차질없는 업무수행을 위해 시스템 통합절차와 방안을 제시하여야 한다.

- 전체 구성도
- DB 설계 및 구축 방안
- 응용 S/W
  - 응용 S/W 개발 목표 및 전략

  - 응용 S/W 개발 내역
  - 개발 공정 및 수행방안
  - 지역간/기능간 연계방안
- S/W 통합방안:

3) 네트워크

구현하기위한 설계 특징을 제시하여야 하고, 전체 네트워크의 구성도를 제시하여야 한다.

- 설계 특징
- 전체 네트워크 구성도

4) 시스템 보안 및 장애 대책

시스템, 네트워크, DB, S/W 등의 보안을 위한 구현방안과 장애대책을 유형별로 제시하여야 한다.

- 보안 대책
- 장애유형별 대책

5) 시스템 시험 및 설치

시스템, 네트워크, DB, S/W 등의 시험을 위한 구현방안과 설치방안을 제시하여야 한다.

- 시스템 시험
- 시스템 설치

6) 개발을 위한 접근방법

업무개발에 적용할 방법론 및 기법의 활용방안을 제시하고 시스템 개발에 필요한 하드웨어, 네트워크, 장비 S/W 개발도구 등의 활용방안 제시하여야 한다

- 개발 방법론 적용방안
- 개발 도구 활용방안

7) 사업관리 부문

7–1) 사업 추진 체계

- 수행조직 및 업무 분장
- 사업 수행 전략

7-2) 작업 계획서

7-3) 품질보증계획

7-4) 산출물 관리

7-5) 통제계획 및 리스크 관리

- 통제 방안
- 리스크 대처방안

8) 지원 부문

- 작업장 확보 계획
- 교육 훈련 계획
- 유지보수 계획
- 기술 이전 계획

5.3 안테나 시스템 장치에 사용되는 각 주요부의 구성품 제작

5.3.1 주반사판

부반사판을 거쳐 도달된 전파를 전면단일방향으로 반사시켜 유효 복사 전력을 최대로 증대시킬 수 있는 곡면을 유지하여야 하며, 포물선 곡면을 기본곡면으로 하되 방사 에너지의 효율적인 분배로 성능을 향상시킬 수 있어야 한다.

분해, 조립이 가능하고 주반사판 지지구조물 및 주반사판 중앙지지대에 부착할 수 있도록 제조되어야 하며, 표준평균곡면편차(RMS)가 기계적 특성 이내이어야 한다.

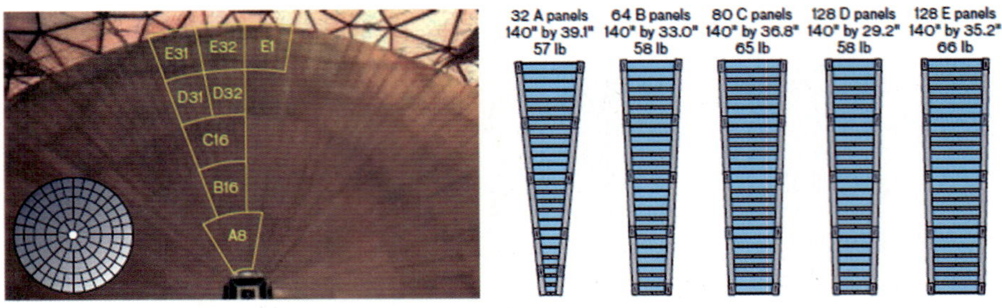

그림 5-31 안테나 주 반사판

5.3.2 부반사판

휘드혼에서 복사된 전파를 주반사판으로 전달하는 중간 반사체로서 복사 에너지를 조정할 수 있어야 한다.

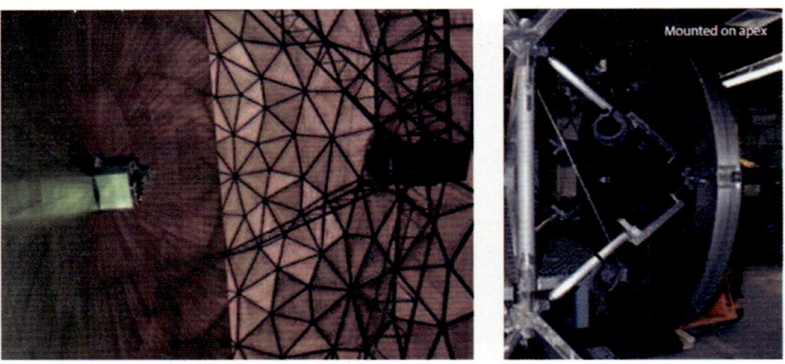

그림 5-32 안테나 부 반사판

5.3.3 주반사판 지지구조물

전파의 빔(Beam)이 반사판에 반사될 때, 최대의 효율을 발휘할 수 있도록 주반사판이 결합되며, 조정이 가능하여야 한다.

주반사판 지지구조물은 주반사판을 설치, 조정한다.

5.3.4 부반사판 지지대

효율적인 전파전송을 위해 부반사판을 최적의 위치에 견고하게 설치할 수 있어야 한다. 부반사판 지지대는 부반사판을 설치 조정할 수 있어야 하며, 지지대는 4개로 구성된다.

그림 5-33 안테나 반사경 구조물

5.3.5 주반사판 중앙지지구조물

회전장치의 부착으로 안테나 지지구조물과 연결되며 주반사판 지지구조물이 조립될 수 있어야 한다. 도파관급전형인 경우는 휘드혼 및 다이프렉사가 설치될 수 있어야 하며, 사용중에 장비 등을 유지 보수할 수 있는 공간을 확보한다.

그림 5-34 주반사판 중앙지지구조물

5.3.6 안테나 지지구조물

안테나 지지구조물은 주반사판, 부반사판 및 주반사판 지지구조물 등을 지지하여야 하며, 허용풍속 등 환경조건에 대하여 안테나의 운용 및 보존이 되어야 하고 이러한 하중을 기초대에 전달, 발산시킬수 있어야 한다.

유지보수요원의 접근이 용이하도록 계단 또는 사다리와 작업대를 설치하여야 한다. 야간 유지보수가 용이토록 조명시설을 한다.

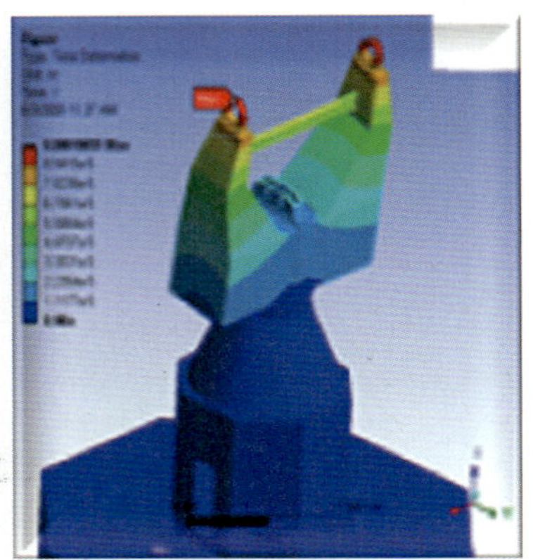

그림 5-35 안테나 지지구조물

5.3.7 휘드혼

전파를 복사 또는 흡수하는 기능을 갖어야 하며, 사용주파수 대역에서 송수신이 동시에 이루어져야 한다. 원추형의 모양으로 광대역 특성을 지니며, 방수 및 휘드혼 전면에 빗방울 등의 맺힘이 없도록 하여야 한다.

휘드혼은 사용주파수 및 안테나 크기에 따라 결정되며, 내면에는 홈이 가공된 원추형혼(Corrugated Horn)을 통상 사용한다.

도파관급전형은 휘드혼 개구면에 빗방울 맺침을 방지하고, 동절기에는 눈 또는 결빙을 방지하기 위한 온풍장치를 설치하여야 한다.

그림 5-36 안테나 급전 혼

5.3.8 송 · 수신 웨이브가이드 시스템

송 · 수신시 웨이브가이드는 전파의 송 · 수신 기능에 적합하여야 하며, 안테나 회전시 운용에 지장이 없어야 한다.

5.3.9 다이프렉사

송신 및 수신 주파수의 분리기능을 갖으며, 송 · 수신 동시 운용을 할 수 있어야 한다. 휘드혼과 부착될 수 있도록 제조하여야 한다.

수신측 단자는 저잡음 수신기(LNA)를 물리적으로 결합할 수 있어야 하고, 송신측 단자는 고출력 송신기(HPA)를 연결할 수 있어야 한다.

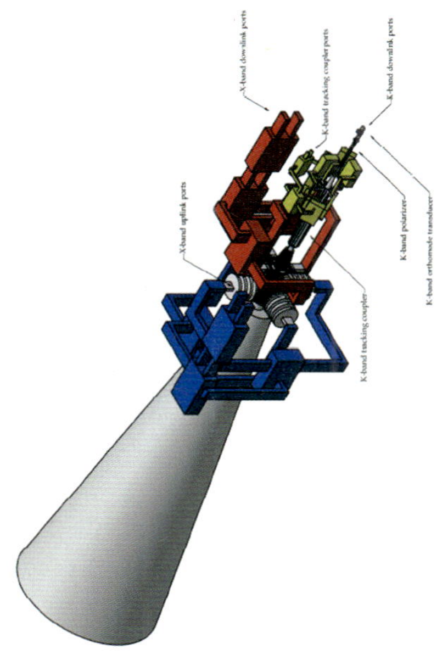

그림 5-37 안테나 급전 조립체

5.3.10 앙각 및 방위각 구동장치

본 장치는 안테나 지지구조물의 형태에 따라서 각기 구동장치가 달라야 하며, 앙각구동장치는 앙각기어 또는 스크류잭을 이용하여 상 · 하 구동, 방위각 구동장치는 바퀴구동, 링기어구동 및 스크류잭 등을 이용하여 좌우 구동되어야 한다. 앙각 및 방위각 구동장치는 안테나를 원활히 회전시킬 수 있어야 한다.

(a) King Post 형식

(b) Wheel on Track 방식

(c) York and Tower 방식

그림 5-38 안테나 구동방식

5.3.11 자동추적장치

안테나 제어장치(ACU : Antenna Control Unit)는 수신용 안테나를 제어하기 위한 장치로서 비정지궤도 위성의 전파를 수신하여 위성을 자동 추적할 수 있는 자동추적 기능과 미리 설정된 데이터를 이용해서 위성을 추적하는 프로그램 추적기능을 모두 갖추어야 한다.

ACU는 시험기능을 내장하여 성능지수(G/T), BER, 지지부 구동 속도, 스텝 반응 등을 측정할 수 있어야 한다.

ACU는 안테나의 비정상적인 구동, 과열 등 에러를 탐지하는 기능이 있어야 하며, 비정상적인 상황에서 시스템을 보호하기 위해 안테나 구동을 자동으로 멈출 수 있어야 한다.

ACU는 터치스크린 전면 패널로 안테나 구동 상태를 모니터하고 간단한 조작이 가능하도록 하여야 한다.

안테나 제어장치는 고장 시 수동조작이 가능하여야 한다.

안테나 구동축에 관련된 각종 파라미터를 입력하여 운용할 수 있어야 하며, 위성의 위도, 경도 및 고도를 입력하여 안테나 지향각을 세팅할 수 있어야 한다.

안테나 제어장치는 각 축에 대한 각도 및 신호세기의 Digital 표시, 각 축의 수동조작, 현재 운용모드 표시기능, 안테나 제어상태 표시기능, 각축의 Limit 표시기능 등이 가능하여야 한다.

안테나 제어장치는 수동추적 모드와 자동추적 모드 상호간 전환이 가능하여야 한다.

자동추적 모드에서 추적 신호가 사라진 경우 자동추적 모드를 유지한 상태에서 대기하다가 신호가 포착되면 다시 추적하도록 설계하여야 한다.

수동추적 모드는 자동추적 모드와 프로그램추적 모드에 우선하여야 한다.

안테나 제어장치는 구동부의 방위각, 앙각의 모터를 제어하며, 표시장치를 통해 시스템의 상태와 이상 유무를 확인할 수 있어야 한다.

앙각 및 방위각의 위치변환기로부터 위치정보, 멈춤 스위치, 리미트 스위치 등의 상태정보를 지속적으로 확인하여 동작하여야 한다.

구동장치와 관련된 과전압, 과전류로부터 시스템을 보호할 수 있도록 설계하여야 한다.

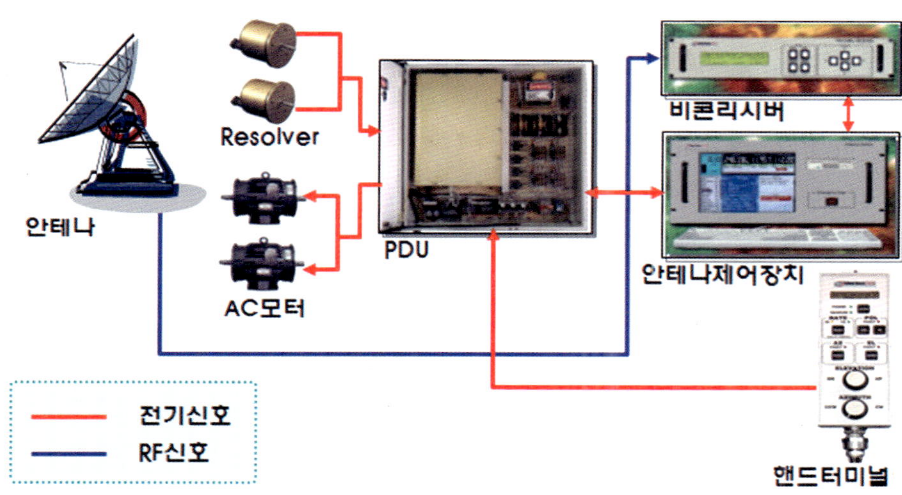

그림 5-39 안테나 제어 구동 시스템

안테나는 그림 5-39과 같은 안테나 제어 구동 시스템으로 위성을 추적 및 동작할 수 있어야 한다.

지구국의 안테나를 위성 방향으로 지향시키는 추적 방식. 추적 방식은 모노 펄스 방식과 로빙 방식으로 대별된다.

모노 펄스 방식은 단일 펄스의 전파를 사용하여 순간적으로 방위 오차를 검출하여 추적하는 방식이다. 이 방식에는 전파가 오는 방향이 안테나의 중심축으로부터 벗어났을 때, 급전부의 원형 도파관 내에 발생하는 고차 모드를 이용하여 추적하는 고차 모드 방식과 여러 개의 복사기를 각기 대칭적으로 배치하여 각 복사기로 수신하는 비컨파 또는 수신파의 진폭 또는 위상의 상대 관계를 사용하여 추적하는 멀티혼(multihorn) 방식 등이 있다. 모노 펄스 방식은 동시 로빙(lobing) 방식이라고도 한다.

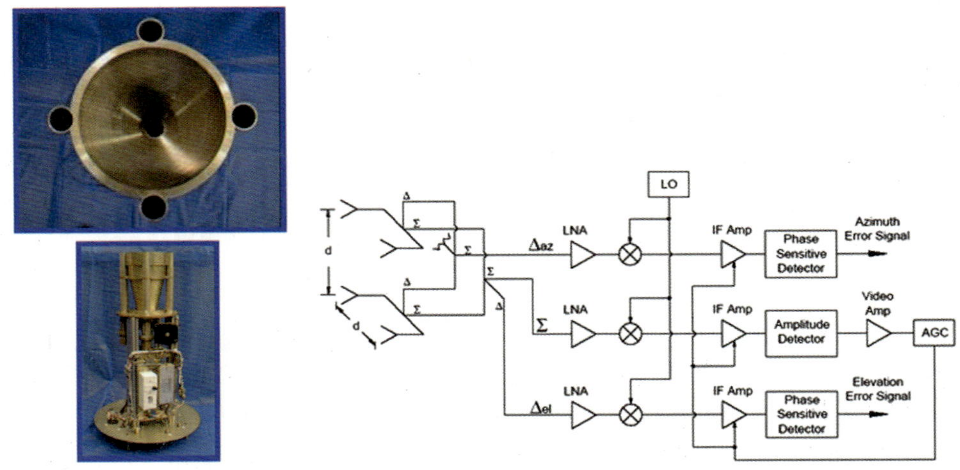

그림 5-40 멀티혼(multihorn) 방식 모노 펄스 추적

로빙 방식은 안테나 빔을 위성 근방에 주사하여 비컨파 또는 신호파의 수신 레벨이 최대가 되도록 추적하는 방식이다. 이 방식에는 안테나 빔을 원뿔꼴로 회전시켜 그 중심이 위성 방향으로부터 벗어나 있을 때에 얻게 되는 비컨파 또는 신호파의 진폭 변조 성분을 이용하여 추적하는 코니컬(conical) 주사 방식, 빔을 회전시키는 대신에 몇 개의 방사기를 놓아 방향이 다른 여러 개의 빔을 만든 다음 이들을 차례로 전환함으로써 등가적으로 주사를 하는 빔 스위칭 방식 등이 있다.

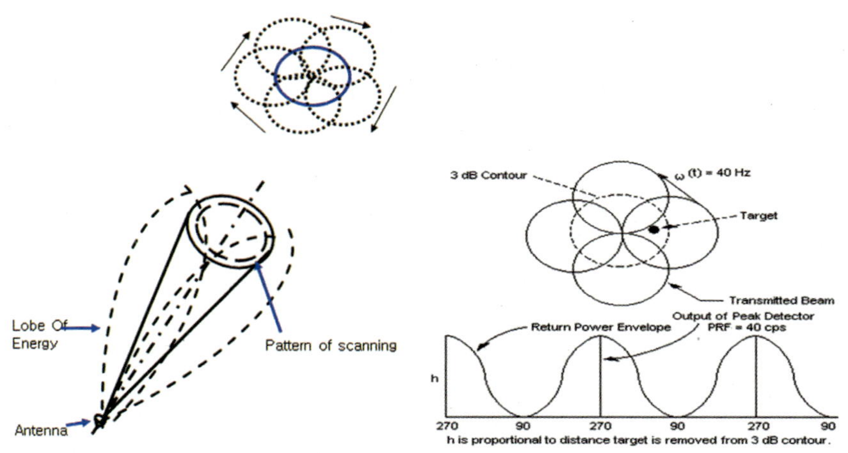

그림 5-41 코니컬(conical) 주사 추적 방식

안테나 빔을 원추상으로 회전 시켜 자기 추미를 행하는 방식으로 위성의 방향이 회전 중심 축상에 있을경우는 수신전력은 일정하나 이격시수신전파는 진폭 변조가 발생되며 변조 출력 주파수는 빔의 회전 주파수와 같으며, 이 변조 신호의 위상과 진폭을 이용 추적하는 방식 하나의 방사기를 사용하여 위성 근방을 격자형(格子形)으로 주사하는 스텝 추적 방식도 이 방식의 한 예이다.

스텝추적모드(Step Track Mode)

안테나를 일정 시간 간격으로 안테나의 방위를 미소 각도씩 단계적으로 움직여 수신레벨의 증감을 적당한 적분 시간으로 취해서 판정하고 수신전력이 증가하면 같은 방향으로 구동하고 감소하면 역방향으로 구동하여 수신전력이 최대로되는 지점으로 추적하는 방식 일명 Hill-Climbing이라 부르며, 비콘(Beacon) 신호로 안테나가 인공위성을 자동 추적할 수 있고, 안테나 제어기가 위성을 추적하는 데에 필요한 신호 성분을 제공해 주는데 활용한다.

비콘신호에서 벗어나면 장치는 자동으로 대기모드(Standby Mode)로 전환되어야 한다.

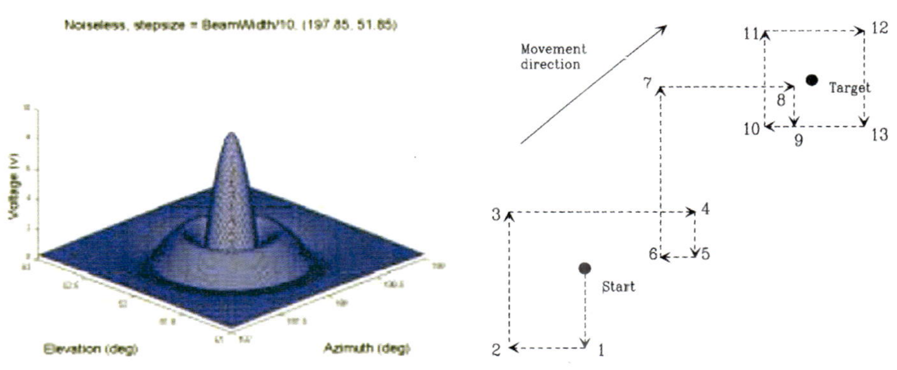

그림 5-42 스텝추적 [출처: 인텔셋 ES Handbook]

- 수동속도모드(Manual Velocity Mode)
  안테나 콘트롤 유니트에서 조작하여 안테나가 정지에서 최대속도까지 조정할 수 있어야 한다. 이때, 방위각과 앙각의 정확도를 유지해야 한다.
- 대기모드(Standby Mode)
  구동모터의 전원이 제거되고 브레이크가 가동되어 대기상태로 되어야 한다.

- 스루모드(Slew Mode)
  바퀴회전형의 경우 각 방향으로 모터가 최대속도로 구동되어야 한다.
- 원격모드(Remote Mode)
  안테나는 원격지에서 수동 조절될 수 있어야 하며, 시험 및 유지보수시, 간이한 방법으로 원격조정되어야 한다.
- 스토우모드(Stow Mode)
  바퀴회전형의 경우 안테나를 유지보수할 경우나 강풍에 의하여 정상 상태에서 운용이 불가능할 경우 안테나를 보호할 수 있도록 스토우 할 수 있어야 하며, 이때 브레이크와 스토우핀이 자동으로 스토우 위치에 들어갈 수 있어야 한다.
- 기억추적모드(Memory Track Mode)
  안테나가 스텝추적모드에서 동작될 때 안테나 조정유니트의 기억장치는 24시간 전의 위치가 기억되며, 안테나 스텝추적이 상실되면 기억 추적장치는 24시간 전의 위치를 추적할 수 있어야 한다.
- 핸드 크랭크(Hand Crank)
  핸드 크랭크는 운용에 편리한 위치에 설치하여, 필요시 안테나를 움직일 수 있어야 하며, 핸드 크랭크 모드 선택시 구동 모터에 공급되는 전원을 중단할 수 있어야 한다.

5.3.12 낙뢰보호시설

낙뢰로부터 안테나를 보호하기 위한 부속장치로서 주반사판 상단 1개소와 부반사판지지대 상단 1개소 등 2개소에 설치되어야 한다(접지저항은 10Ω 이내). 장비실 접지와는 별도의 접지를 하여야 하며, 안테나 지지구조물과 앙각, 방위각 베어링 사이에 전기적인 도체 경로를 설치하여, 전기적 아크방전을 방지하여야 한다.

5.3.13 항공등

일몰후, 짙은 안개 및 악천후의 기상 조건에서 이동 비행체에 교번 점등장치의 기능을 제공하여 안테나 및 비행체보호를 위한 장치이어야 한다.

5.3.14 해빙장치

동절기에 안테나의 정상적인 운용을 위해 주반사판위에 히터를 설치하여 반사판의 전파 반사저해 요인을 제거할 수 있어야 한다.

5.4.15 기초대

안테나에서 전달된 하중으로부터 안테나 운용 및 보존에 문제가 없도록 시공되어야 한다.

표 5-5 용도 및 기능

품 명	용 도 및 기 능
주반사판	통신위성을 지향하여 전파를 반사시키는 주 반사기능
부반사판	휘드혼에서 복사한 전파를 주반사판으로 반사시키는 중간 반사기능
지지구조물	주반사판을 설치, 조정할 수 있고 지지할 수 있는 구조물
부반사판 지지대	부반사판을 설치, 조정할 수 있고 지지할 수 있는 구조물
주반사판 중앙지지 구조물	- 주반사판 설치의 중앙기준 기능으로 도파관 급전형의 경우 내부에는 다이프렉사, LNA를 내장할 수 있다. - 주반사판 지지구조물을 연결 조립되며 앙각 회전장치의 부착기능을 갖는 구조물
안테나 지지구조물 (Pedestal Ass'y)	주, 부반사판 및 반사판 지지구조물 등을 지지하며, 앙각 및 방위각 회전장치의 부착 및 주기 등의 기능을 갖는 구조물
휘드혼	- 전파의 복사 및 흡수기능 - 송수신 주파수를 동시 수용할 수 있는 기능
송신 웨이브가이드	안테나와 RF 장비간의 전파의 전송로 기능
다이프렉사	송신 및 수신의 주파수 분리기능
앙각 및 방위각 구동장치	안테나를 통신위성에 정밀 지향하기 위한 앙각 및 방위각 조정을 위한 장치
자동추적장치	안테나를 통신위성에 자동으로 지향시키기 위한 분석기능을 갖는 장치
낙뢰보호시설	낙뢰로 부터 안테나를 보호할 수 있는 기능을 갖는 피뢰침 및 접지설비
항공등	비행체 및 안테나 자체보호를 위한 신호기
해빙장치	동절기 반사판 위의 눈 및 얼음 제거를 위한 히터장치

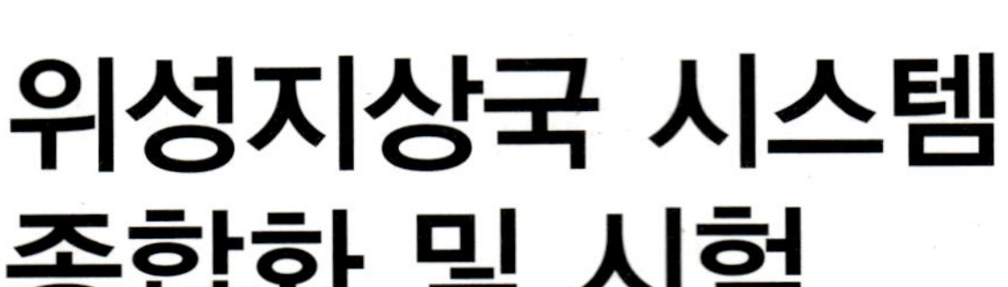

제6장

위성지상국 시스템 종합화 및 시험

위성 지상국 구축 시 설계부터 제작 까지 단계별 성능 측정과 시스템 구축 후 성능을 측정하는 단계를 갖는다.

우선 설계 단계에서의 성능 검증은 기본적으로 설계 시 반영 하고 설계에 반영된 결과 여부를 해석이나 실측을 통해 단계별 성능을 검증하고, 검증된 부품을 조립 후 시스템 종합화 시험을 통해 지상국의 성능을 측정하는 단계가 있다.

본장에서는 안테나의 성능을 좌우하는 반사경의 경면 오차 측정법은 과 부품별 성능 검사 시 이용되는 시설은 6.1절에 설명하였고 6.2절에는 시스템 구축 후 실 위성을 이용하여 지상국 시스템 성능 검증방법에 대해 논하며 위성을 이용한 측정방법은 위성 통신 서비스사인 인텔셋 및 SES WORLD SKIES 사에서 사용하는 방법을 소개하고 이 방법은 위성을 보유한 위성통신사업자가 채택하여 사용하는 방법들이다.

6.1 반사기 경면오차 측정

6.1.1 주반사기 경면오차 측정방법

주 반사판의 경면오차 측정은 정밀하게 제작된 판넬 금형 상부 면에 기 제작된 반사판을 설치하여 금형 곡면과 반사판 곡면의 차이 값을 틈새게이지로 측정하여 측정값을 기록하는 고전적 방식과 광학 측량기를 이용하여 기하학적 거리측정을 통해 반사경 곡면과의 오차값을 측정하는 방법 및 사진을 찍듯 반사경을 사진기로 찍은어 프로그램 적으로 반사경 곡면과의 오차값을 측정하는 사진 측량법인 Photogrammetry 방식이 주로 사용된다. 사진 그림 5-43과 그림 5-44에 나타내었고 각각의 반사판 RMS를 산출하고 곡면의 정도가 안테나 성

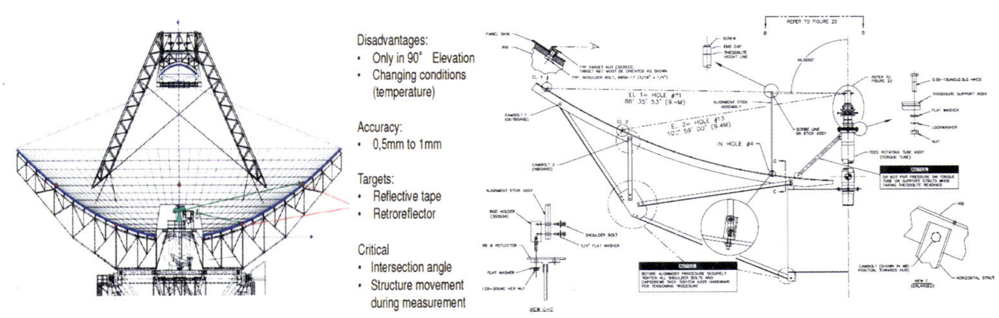

그림 5-43 X-Y measurement of template and panel

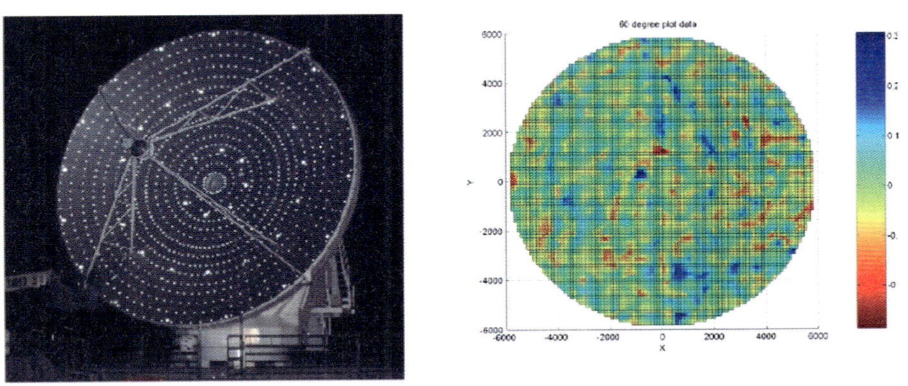

그림 5-44 Modern photogrammetry with digital cameras

능에 미치는 영향을 판단할 수 있다.

경면의 측정된 RMS값은 Ruze 방정식으로 표현하면 다음과 같이 나타낼 수 있다.

$$\eta_A = \eta_o e^{-(\frac{4\pi\varepsilon}{\lambda})^2} \tag{5-15}$$

여기서, λ = 파장

ε = 경면 rms

ηA = 안테나효율

ηO = 안테나효율(경면오차 없을 경우)

6.2 성능 시험 시설

6.2.1 안테나 성능 측정

안테나 및 구성품의 성능을 측정하기 위한 방법으로 다양한 측정 방법이 있으며 전계가 전파시 영역에 따른 측정 방법은 크게 다음과 같이 구분한다.

- 단축 거리 축정법(Compact Range Measurement)
- 원거리 측정 법(Far Field Range Measurement)
- 근접 전계장 측정법(Near Field Range Measurement)

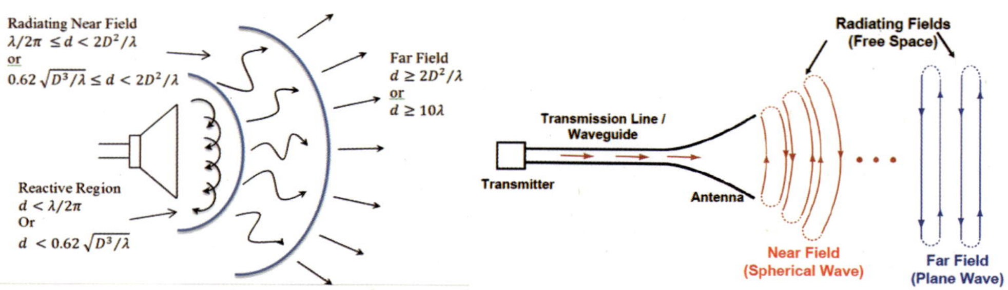

그림 5-45 안테나 전계 영역 [출처: Kraus, J.D. et. al., Antennas, McGraw-Hill, New York, 1993]

기본적으로 안테나의 성능 측정은 그림 5-46에 나타낸 것과 같이 평면파가 형성되는 영역에서 측정하며 다양한 측정 장치가 있으며 이중 대표적인 시험 측정 시설만 소개한다.

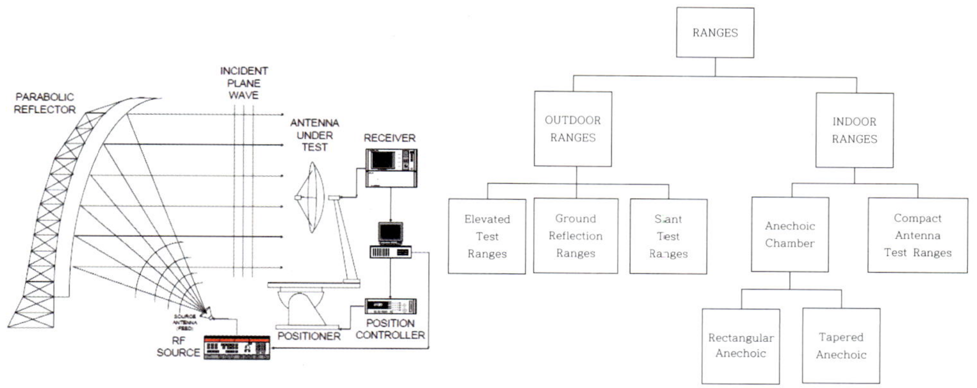

그림 5-46 안테나 측정영역과 측정법 [출처:Scientific-Atlanta Application]

평면파가 형성되는 영역에서 안테나의 측정 결과는 그림 5-47과 같은 결과를 얻을 수 있다.

- Pattern Characteristics
  - Gain (Directivity)
  - Beamwidth
  - Sidelobes (Peak / Average)
  - Polarization
  - Pointing Accuracy
- VSWR
- Bandwidth

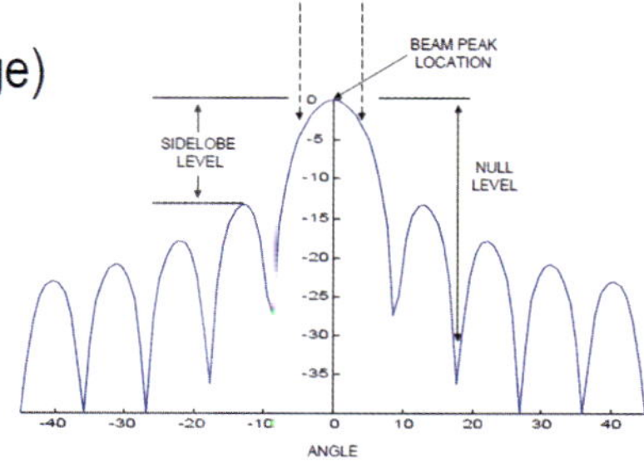

그림 5-47 안테나 측정 결과

그림 5-48은 다양한 안테나 측정 시설을 보여주고 있다.

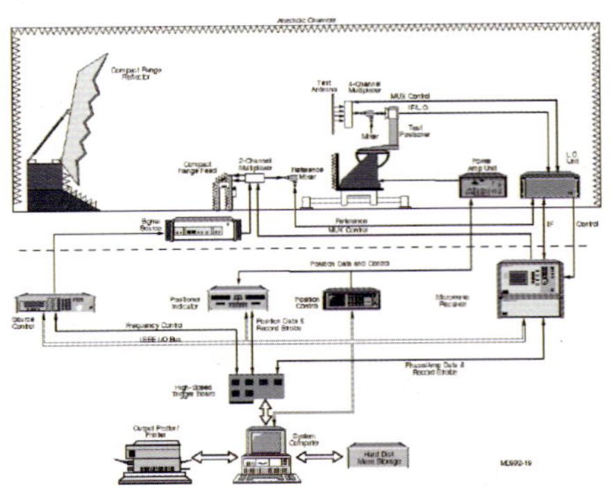

그림 5-48 단축 거리 측정법(Compact Range Measurement/ EADS)

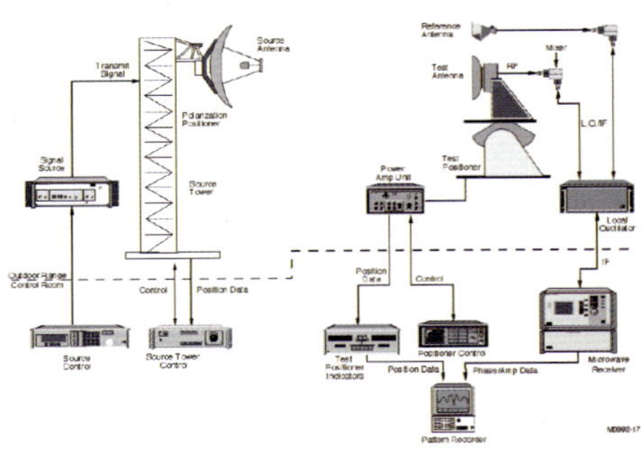

그림 5-49 원거리 측정법(Far Field Range Measurement/Newport Antenna 측정 시설)

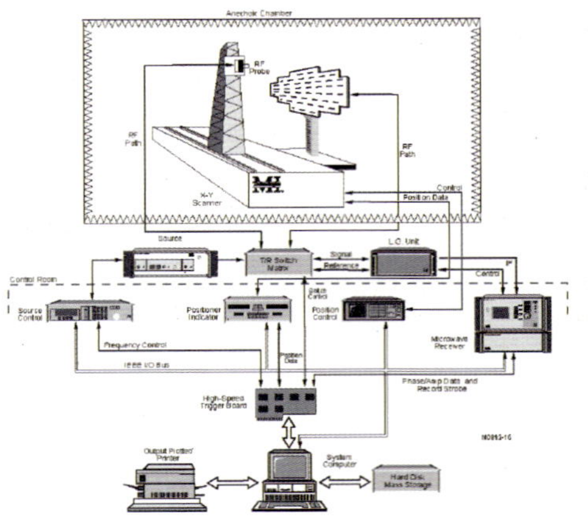

그림 5-50 근접 전계장 측정법(Near Field Range Measurement)

Tapered Chamber

Picture from:
http://www.mobilemag.com/2010/07/16/apples-100-million-test-chamber-droid-eris-and-blackberry-bold-9700-suffer-the-same/

Compact Chamber

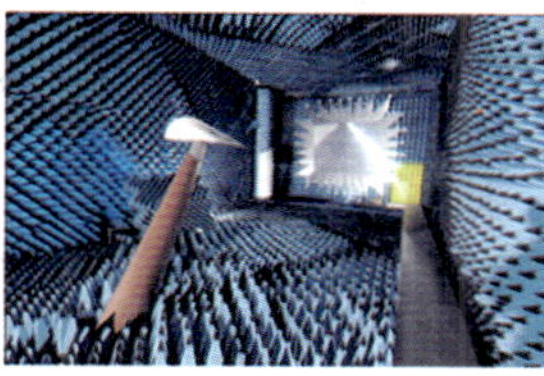

Picture from:
http://gtresearchnews.gatech.edu/gtri-compact-range/

Aircraft Chamber

그림 5-51 안테나 응용 측정 시설 과 챔버 시설 [출처:Scientific-Atlanta Application]

6.3 위성을 이용한 성능 시험

시스템 구축 후 실 위성을 이용하여 지상국 시스템 성능 검증방법에 대해 논하며 위성을 이용한 측정방법은 위성 통신 서비스사인 인텔셋 및 SES WORLD SKIES사에서 사용하는 방법을 소개하고 이 방법은 위성을 보유한 위성통신사업자가 채택하여 사용하는 방법들이다.

기본적으로 위성 링크는 그림 5-52과 같이 구성되어진다. 일반적으로 위성부를 상향링크(uplink), 지상부를 하향링크(down link)라 부르며 위성지상국을 설계 및 구축시 상향링크 설계, 전송시스템 설계로 구분되어진다.

그림 5-52에서 신호대 잡음비 관계인 C/N은

$$C/N = C - 10\log(\mathrm{kTB}) \tag{5-16}$$

로 표기되고

C = 수신입력 파워(dBW)

k = Boltzmann constant, 1.38E−23 W/°K/Hz

B = Noise Bandwidth (점유 대역폭) in Hz

T = 수신기의 절대온도 °K이고 서비스 품질에 영향을 주는 링크 변수 아래 그림 5-53에 관련 변수를 나타내었다.

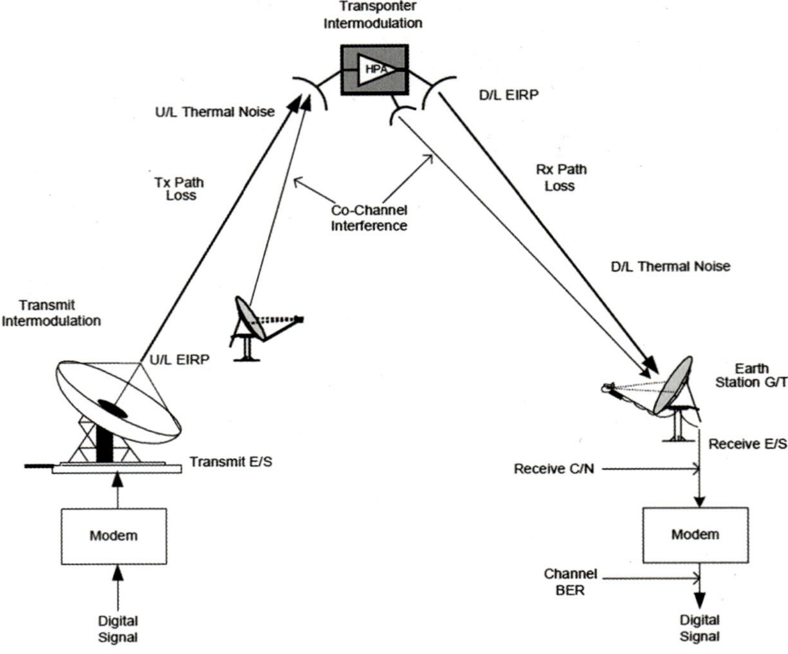

그림 5-52 위성 링크구성도 [출처:ES-HANDBOOK, Intelsat]

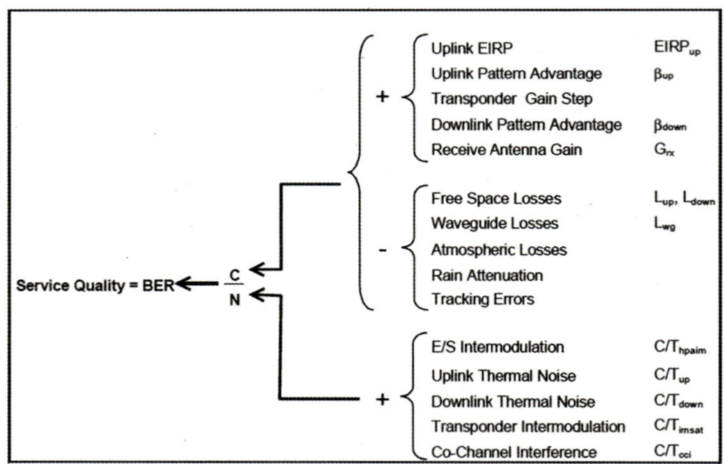

그림 5-53 서비스 품질에 영향을 주는 링크 변수

여기서 일반적인 링크 버짓 관련 계산을 통해 위성 지상국 안테나의 성능을 사전에 검증할 수 있다.

$$C/N = EIRP - L + G - 10\log(\mathrm{kTB}) \quad (5\text{-}17)$$

로 표현되며

$EIRP$ = 유효 등방성 복사전력(Equivalent Isotropically Radiated Power(dBW))

L = 전송손실(Transmission Losses(dB))

G = 수신안테나 이득(Gain of the receive antenna(dB))이다.

또한 EIRP는 안테나 송신 이득인 G_T 송신출력인 P_T의 관계인

$$EIRP_{dBW} = 10\log P_{TdBw} + G_{TdBi} \quad (5\text{-}18)$$

가 되며, 전송 시 손실인 자유공간상의 손실은

$$W = P_T/4\pi D^2 \ \ (\mathrm{W/m^2}) \quad (5\text{-}19)$$

가되고, 본 식을 다시표현하면

$$W = G_T P_T/4\pi D^2 \ \ (\mathrm{W/m^2}) \quad (5\text{-}20)$$

$$W_{dBW/m^2} = EIRP_{dBW} - 20\log D - 71\mathrm{dB} \quad (5\text{-}21)$$

D: 거리(km)

71dB = 10log(4π×10^6)이고

W: 조사 수준(illumination level)

수신안테나 수신파워 P_R은

$$P_R = W \times Ae \quad (5\text{-}22)$$

로 표현되며

$Ae = (\lambda 2/4\pi)/G_R)$는 수신안테나의 유효 안테나 면적을 의미한다.

$$P_R = [G_T P_T/4\pi D^2] \times [(\lambda^2/4\pi)/G_R] \quad (5\text{-}23)$$

이 되고, 이식을 다시 쓰면

$$P_R = G_T P_T \times (\lambda/4\pi D)^2 \times G_R \quad (5\text{-}24)$$

이 된다.

일반적인 자유공간 상의 손실 L_0을 dB 단위계로 표시하면

$$L_0 = 20\log D + 20\log f + 92.5\,\text{dB} \qquad (5-25)$$

로 표현된다.

여기서, D : 거리(km)

f : 주파수(GHz)

$$92.5\,\text{dB} = 20\log 4\pi \times 10^9 \times 10^3/c \qquad (5-26)$$

으로 표현되고, 식(5–23)를 다시쓰면

$$P_R = EIRP - L_0 + G_R \qquad (5-27)$$

이 되며, 여기서 G_R은 효율 100%일 때 안테나 유효면적 $1m^2$ 안테나의 이득으로 정의되고 이때 단위는 (dBW/m^2)이다.

6.3.1 안테나의 수신 복사 특성을 시험

본 시험은 안테나의 수신 복사 특성을 시험하는 것으로 주빔과 부엽특성을 측정하고 안테나의 이득과 G/T 산출시 사용하며 간략히 측정방법을 나타내었다.

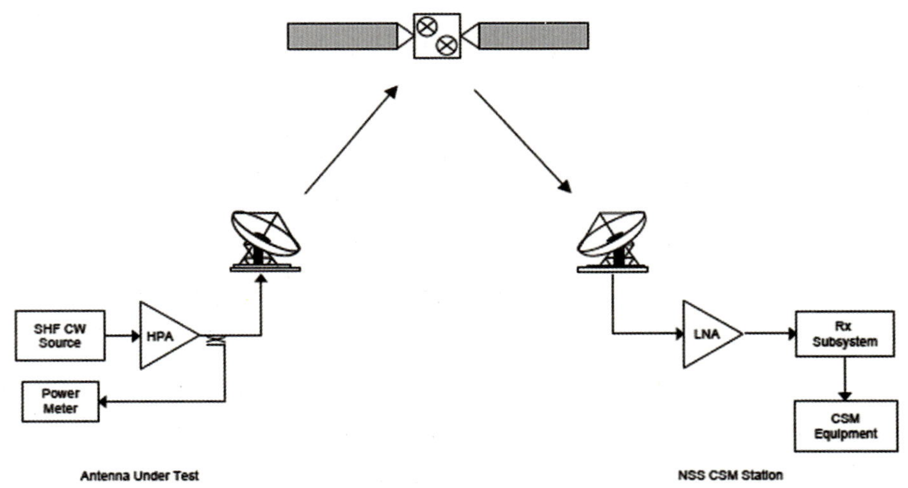

그림 5–54 성능 측정 시험구성도

시험절차

① 시험 구성도에 따라 시험 환경을 구성하고, 측정기를 설치 한다.

② Test 안테나를 움직여 신호의 최고치가 들어오도록 하고, 측정하고자 하는 주파수에서 RES B/W를 1 KHz에 맞추고 VBW를 C/N 값이 가장 크게 나타 나도록 조정하고, Span을 0 HZ에 Setting한다.

③ 그리고자 하는 각도 만큼 안테나를 가장 빠른 속도록 움직인다.

④ 다음은 안테나를 Beam Center를 지나 다음 Offset까지 구동을 하여야 하는데 주파수 분석기는 안테나 구동과 동시에 Single Sweeping을 하도록 하고, 시작점과 끝점의 각도 값은 반드시 기록을 하여 차후 Pattern 특성 곡선을 그릴경우 각도를 기록하고, 안테나의 Beam폭 특성을 분석하기 위함이다.

⑤ 1에서 3단계까지를 반복하여 원하는 Pattern을 측정한다.

⑥ Rx(gain)−(29−25Logθ)값을 Pattern 위에 표시하고 각점들을 연결하여 Envelope Line을 Pattern 위에 그린다.

⑦ 1st side lobe 를 마크한 후 플로터한다.

6.3.2 안테나 시스템 Noise Temperature & G/T

안테나의 System Noise Temperature를 측정하여 G/T가 얼마인지 알기 위한 시험이다.

시험절차

① EL은 그대로 유지시키고 AZ를 약 5도 이상 움직여 위성으로부터 어떠한 신호도 들어오지 않게 한다.

② Spectrum analyzer를 측정하고자 하는 주파수 및 RES B/W를 1KHz,VIDEO B/W를 10 Hz, Span은 0 Hz로 setting한다.

③ EL를 5°에 맞춘 뒤 LNA 입력 단 스위치를 이용하여 안테나와 TEST LOAD에 연결시켜 Spectrum analyzer에 나타나는 차이 값을 읽는다(이 차이 값이 “Y” factor 값이다).

④ 측정하고자 하는 주파수를 바꾸어 가며 4단계를 반복한다.

⑤ EL를 5° 또는 10°씩 증가시키면서 4단계부터 5단계까지를 반복한다.

⑥ 편파를 바꾸어 단계 4단계부터 6단계까지를 반복하여 측정한다.

⑦ 다음 공식에 의하여 안테나 System noise temperature를 구한다.

$$T_s(\text{dB}) = 10\text{Log}(\ 273 + \text{상온} + \text{LNA°K}\ ) - Y(\text{dB})$$

$$G/T = \text{ANTENNA GAIN} - T_s \quad (5\text{–}28)$$

* 안테나 Noise Temperature는 다음식에 의해 구해진다.

$$T_a = T_s + T_r \quad (5\text{–}29)$$

6.3.3 수신 안테나 이득 시험

본 시험은 IESS 강제 규정사항은 아니고, 지구국의 수신시에 정확한 안테나 이득을 알고자 함이다.

시험절차

① AZ축 수신 패턴을 측정한다.

② −3 dB 점을 delta mark를 사용하여 측정한다.

③ −10 dB 점을 delta mark를 사용하여 측정한다.

④ EL축 수신패턴을 측정한다.

⑤ −3 dB 점을 delta mark를 사용하여 측정한다.

⑥ −10 dB 점을 delta mark를 사용하여 측정한다.

⑦ 위에서 측정된 값을 기록하고 다음 식에 의해서 계산한다.

$$G_3 = [31000/(\theta_3\,\text{dB} \times \Phi 3\,\text{dB})]$$

$$G_{10} = [91000/(\theta 10\,\text{dB} \times \Phi 10\,\text{dB})]$$

$$G = 10\log 10\,[(G_3 + G_{10})/2] \quad (5\text{–}30)$$

최종적으로 안테나 이득은

$$G_s = G - n\sigma - nf \quad (5\text{–}31)$$

위 식에서

θ_3 dB = Azimuth Band Width

θ_3 dB = Elevation Band Width

$n\sigma$ = 반사판 RMS에 의한 손실

nf = Feed System Insertion Loss

* SSOG210 8.2.2.1.3 에 의하여 이득을 계산할 수 있다

$$G(\text{dBi}) = G/T\ (\text{dB}/^{\circ}\text{K}) - T_s\ (\text{dB}) \tag{5-32}$$

6.3.4 안테나의 교차 편파 격리도(Cross Polarization Isolation) 측정

수신 안테나의 수신 교차 편파 측정은 IESS의 의무 조항은 아니다. 안테나의 교차 편파 특성을 알고 있으므로 해서 지구국 소유자는 간섭으로부터 보호를 받을 수 있다.본 성능을 측정하기 위해서 그림 5-50과 같이 성능 측정 시험구성을 한 후 다음과 같은 절차로 측정한다.

① 측정안테나와 위성 신호를 피크 포인팅을 한다.

② 무 변조된 CARRIER를 수신하고 SPECTRUM ANALYZER를 RBW를10kHz, VBW 10 Hz로 놓는다.

③ SPECTRUM ANALYZER에서 PEAK MARK를 누르고 편파를 절체한다. 이때 A-POL LEVEL과 B-POL LEVEL 차가수신 CROSS-POLARIZATION ISOLATION이다.

ACU 시험

위성으로부터 내려오는 신호를 정확히 지향하고 최대의 수신 전계강도가 유지될 수 있는 능력과 기타 보조 장치의 정상적인 동작 및 성능의 적합여부를 시험하는데 목적이 있으며 소요 장비는 다음과 같이 구성되어 시험된다.

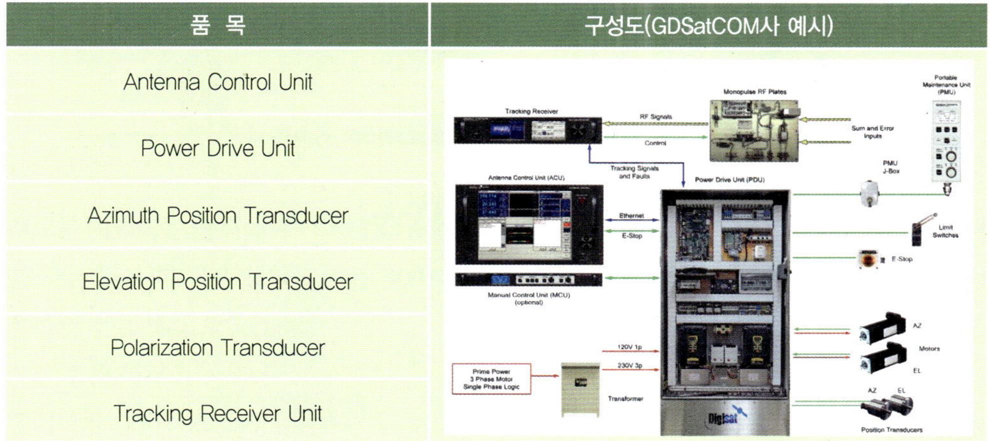

품 목	구성도(GDSatCOM사 예시)
Antenna Control Unit	
Power Drive Unit	
Azimuth Position Transducer	
Elevation Position Transducer	
Polarization Transducer	
Tracking Receiver Unit	

6.4 위성 지상국간의 설치 공간

위성 지상국을 2기 이상 설치하고 상호 간섭을 최소화하기위해서는 지상국이 위성을 지향하는 각도에서는 상호 간섭을 발생하면 안된다. 그림 5-55은 정지궤도의 경우 상호 간섭발생이 최소로 요구되어지는 경우를 나타낸 것이다.

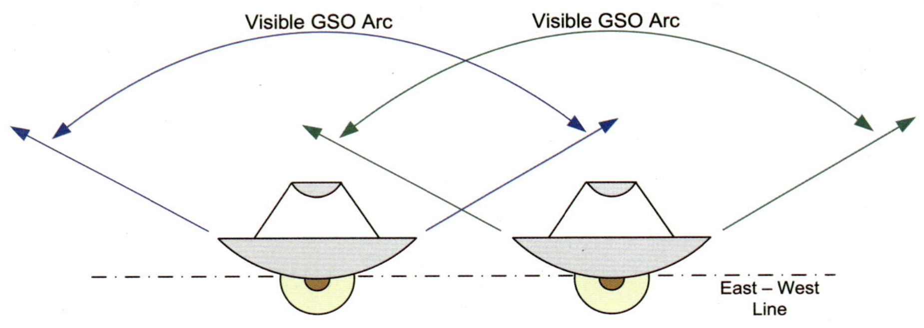

그림 5-55 정지궤도의 지상국 간의 간섭 회피

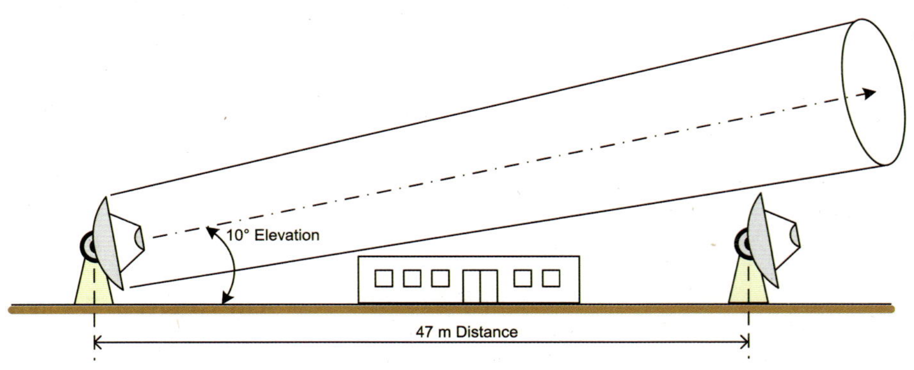

그림 5-56 비정지궤도의 지상국 간의 간섭 회피

또한 정지궤도 위성이 아닌 저궤도 위성인 경우 위성 지상국을 2기 이상 설치하고 상호 간섭을 최소화하기위해서는 그림 5-56는 직경 9 m인 지상국을 예시로 나타내었으며, 안테나가 지향하는 최소 앙각을 고려하여 도시하였고 위성을 지향하는 각도에서는 상호 간섭발생이 최소로 요구되어지는 경우를 나타낸 것이다.

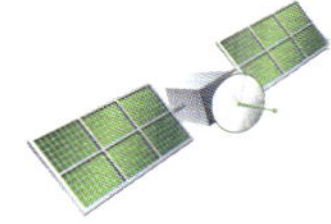

제7장

위성지상국 시스템 가용도 예측분석

본 장에서는 환경위성지상국을 대상으로하여 위성지상국 시스템 가용도를 예측 분석한다. 환경위성지상국은 위성 탑재체 운용 상태를 지속적으로 감시(Monitoring)하고 위성이 정상적인 임무를 수행할 수 있도록 임무계획을 전달함과 동시에, 위성으로부터 수신 받은 데이터를 처리/관리/분석하고 이를 사용자에게 분배하는 기능을 수행한다.

환경위성지상국 시스템은 안테나 서브시스템, 위성자료수신 서브시스템, 자료처리 서브시스템, 통합운영관리 서브시스템, 자료분석 서브시스템, 자료관리 서브시스템, 자료배포 서브시스템, 자료교환 서브시스템, 종합상황 서브시스템으로 구성되며 이를 도식화한 각 서브시스템의 구성 및 내부 인터페이스는 다음 그림 5-57과 같다.

본 장은 환경위성 지상국의 규격을 만족하는 시스템 가용도를 산출하기 위하여 가용도 모델을 분석하고, 직렬 및 병렬연결 시스템에 대한 시스템 가용도, MTBF 그리고 MTTR을 해석한다. 또한 가용도 향상을 위한 이중화(Redundancy) 방법의 가용도 계산 기법을 제시하고 효율적인 스위치 선택방법 및 시스템 가용도 유지 방안을 기술한다.

본 장에서 요구하는 환경위성 지상국의 수명은 10년 이상이며, 시스템 가용도의 요구규격은 99.7% 이상이어야 한다.

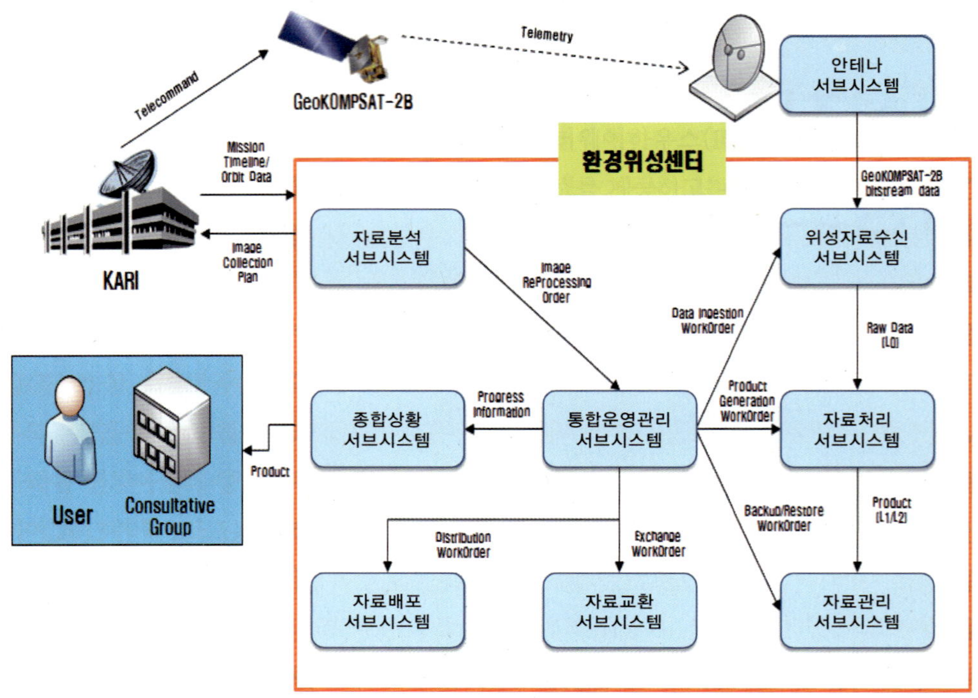

그림 5-57 환경위성지상국 서브시스템 구조 및 내부 인터페이스

7.1 가용도 Model 분석

본 장에서는 정지궤도 복합위성 2B의 환경위성지상국 시스템 가용도를 산출하는데 적용될 수 있는 수학적 모델을 분석하며, 시스템 가용도는 다음 사항을 가정하여 산출된다:

- 시스템은 9개의 서브시스템이 직렬로 연결되어 구성된다.
- 서브시스템의 고장 회수는 통계적으로 독립적이다.
- 각 서브시스템을 구성하는 장비가 병렬로 연결되어 있으므로 고장률은 동일하다.
- 안테나 장비의 기계 장치는 반영구적이므로 고장이 없고, 시스템 동작에 영향을 크게 미치지 않는다.
- 시스템 LAN은 시스템 동작에 영향을 미치지 않으므로 그 가용도는 100%이다.
- 각 서브시스템을 구성하는 주변기기(Laser Printer, Log Printer, Line Printer,

LAN Monitor)는 시스템 동작에 직접 영향을 미치지 않고, 쉽게 유지보수가 가능하기 때문에 그 가용도는 100%이다.

- 각 서브시스템의 소프트웨어 프로그램의 가용도는 100%이다.

본 장에서 고려하는 환경위성지상국 시스템의 H/W는 다음 그림 5-58과 같이 구성된다.

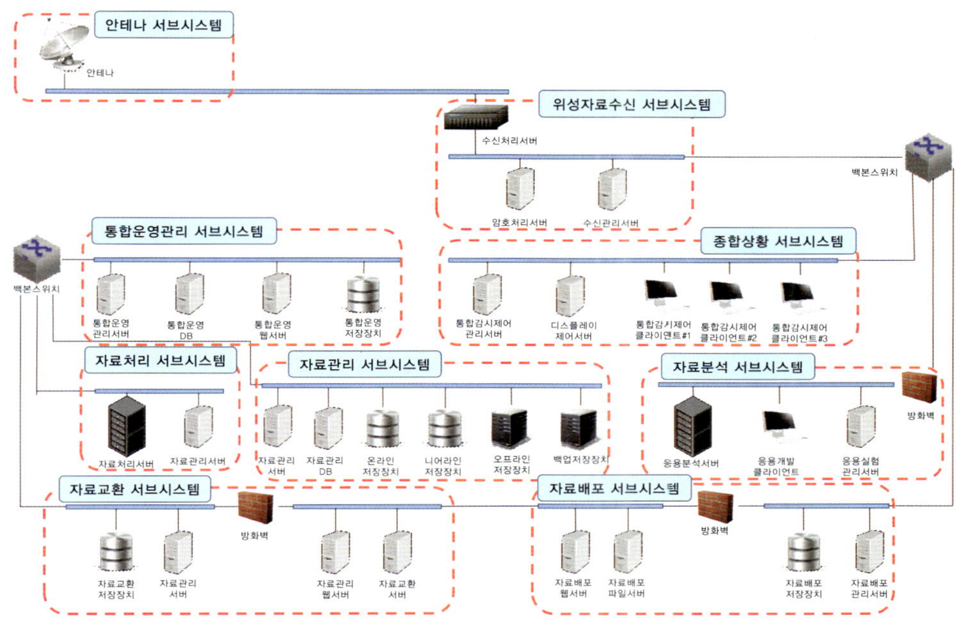

그림 5-58 환경지상국 시스템 H/W 구성드(안)

7.1.1 H/W 시스템 가용도 수학적 모델

시스템 가용도는 동작시간에 비해 고장시간이 얼마나 짧은가를 수치로 표현하는 것 즉, 관찰 시간 동안 시스템이 성공적으로 동작한 기간의 비율이 얼마나 되는가는 시스템 성능을 측정하는 하나의 지표가 될 수 있다.

H/W 시스템의 MTBF는 각 서브 시스템별로 시스템 공급자로부터 제공되고, MTTR은 H/W 시스템 설치자 혹은 H/W 시스템 유지 보수자로부터 제공된다.

H/W 가용도는 시스템의 임무를 지원해 줄 수 있는 시간의 비율로서 그 수학적 모델은 다음과 같다.

$$A_i = \frac{MTBF_i}{MTBF_i + MTTR_i} \tag{5-33}$$

여기서 첨자 i는 서브 시스템 i를 표시한다.

1) 신뢰도(Reliability) 모델

신뢰도(reliability)는 시스템이 동작한 순간부터 어느 시점 t까지 고장 없이 계속 동작할 확률 즉, 주어진 시간 후에 계속 동작할 확률로써 시스템 고장률(l)에 의해 정의되며, 식 (5-34)와 같다. MTBF는 서비스가 시작된 후 처음 고장이 발생한 평균 시간으로 식 (5-35)의 결과와 같다.

$$R(t) = e^{-\lambda t} \tag{5-34}$$

$$MTBF = \int_0^{\infty} R(t)dt = \int_0^{\infty} e^{-\lambda t}dt = 1/\lambda \tag{5-35}$$

지상국 시스템에서 각 서브시스템의 유닛(Unit) 고장이 전체 시스템 고장에 영향을 미치지 않으면 동작상태로 가정하며, 시스템 동작에 영향을 미치는 서브시스템과 서브시스템의 유닛을 직렬연결 시스템으로 해석한다.

2) 직렬연결 시스템의 가용도

가용도는 관찰 시간에 시스템이 동작할 확률로서 시스템 성능의 지표가 된다. 일반적으로 시스템을 구성하는 부품이나 서브시스템 각각의 고장이 시스템 동작에 영향을 미치면 가용도 구조 모델을 직렬연결 시스템으로 가정하여 분석한다.

그림 5-59와 같이 N개의 서브 시스템이 직렬로 연결되어 한 시스템을 구성할 경우 모든 서브 시스템은 동시에 동작되어야 한다. 따라서, 직렬 시스템의 가용도(A_{SR})는 식 (5-36)과

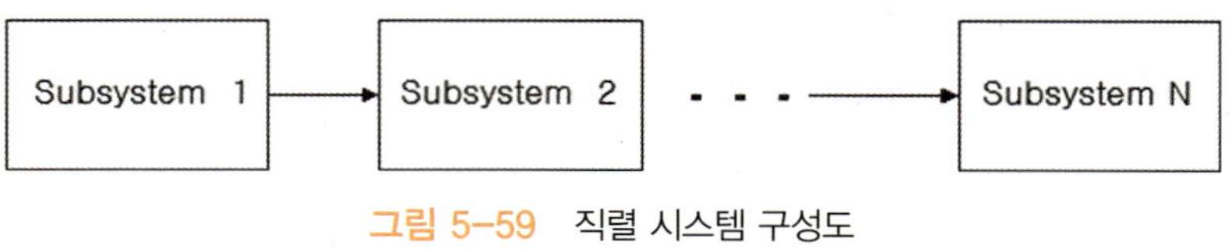

그림 5-59 직렬 시스템 구성도

같이 각 서브 시스템 가용도의 곱으로 산출된다.

$$A_{SR}=\prod_{i=1}^{n}A_i \tag{5-36}$$

$MTTR_{SR}$은 직렬 시스템의 고장부분에 대한 교체나 수리에 요구되는 시간으로, 시스템 전체의 MTTR은 각 서브 시스템 별로 제공되는 MTTR로부터 식 (5−37)과 같이 각 서브 시스템 MTTR의 평균이다.

$$MTTR_{SR}=\frac{1}{N}\sum_{i=1}^{N}MTTR_i \tag{5-37}$$

$MTTR_{SR}$은 직렬 시스템이 정상 동작하여 고장이 발생할 때 까지 시간으로, 시스템 전체의 MTBF는 각 서브 시스템별로 제공되는 MTBF의 함수이다. 식 (5−35)과 (5−38)로부터 직렬 시스템의 MTBF는 식 (5−39)과 같이 유도된다.

$$R_{SR}=\prod_{i=1}^{N}R_i=e^{-t\sum\lambda_i}=e^{-\lambda t} \tag{5-38}$$

$$MTBF_{SR}=1/\lambda=1/(\sum_{i=1}^{N}1/MTBF_i) \tag{5-39}$$

다른 방법으로 시스템의 MTBF는 식 (5−40)으로부터 식 (5−41)가 유도된다. A_{SR}과 $MTTR_{SR}$은 식 (5−36) 및 (5−37)로 부터 산출한다.

$$A_{SR}=\frac{MTBF_{SR}}{MTBF_{SR}+MTTR_{SR}} \tag{5-40}$$

$$MTBF_{SR}=\left[\frac{A_{SR}}{1-A_{SR}}\right]\times MTTR_{SR} \tag{5-41}$$

시스템 고장율(Failure Rate)은 단위 시간당 고장 빈도수로서 식 (5−35)에 의해 식 (5−42)와 같이 표시된다. 이때, 고장율은 통상적으로 100만 시간당 고장 빈도수로 표시된다. 또한 직렬 시스템의 고장율은 식 (5−39)로부터 식 (5−43)이 유도된다.

$$\lambda=\frac{10^6}{MTBF_{SR}}\ \text{(Failure times/M hr)} \tag{5-42}$$

$$\lambda_{SR} = \sum_{i=1}^{N} \lambda_i = \sum_{i=1}^{N} 1/MTBF_i \tag{5-43}$$

3) 병렬연결 및 이중화 시스템 가용도

향후 개발될 환경위성지상국 시스템이 운영되는데 안정을 유지하기 위해서는 병렬연결 및 이중화가 요구된다.

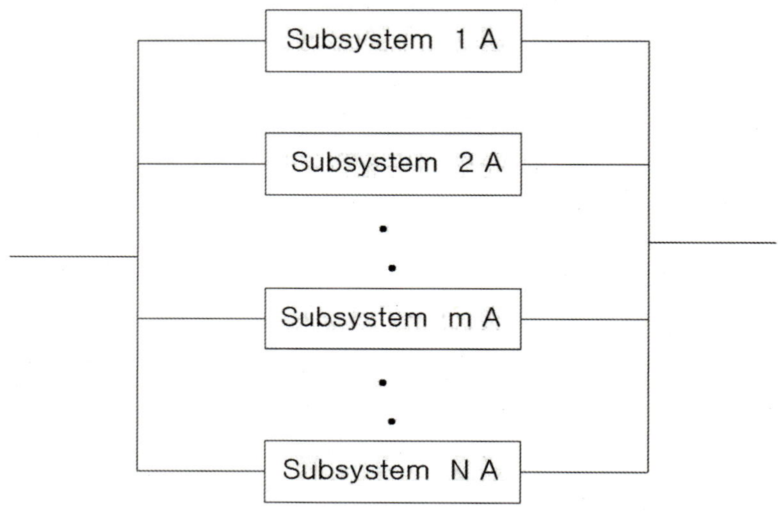

그림 5-60 병렬 및 이중화 시스템 구성도

그림 5-60과 같이 여러 개의 서브 시스템이 병렬로 연결되어 하나의 시스템을 구성할 때, 모든 서브시스템이 동시에 동작해야만 동작하는 시스템이라면 가용도는 직렬시스템으로 모델화하여 해석되며, 가용도는 식 (5-36)와 같다. 이중화 시스템이 그림 5-61과 같이 연결되어 N개의 서브시스템 중 한 개의 시스템만 동작하여도 동작되는 시스템이라면, 모든 이중화 서브시스템이 모두 고장 나지 않으면 동작 시스템으로 해석할 수 있다. 이때 시스템 가용도와 신뢰도는 고장 확률로부터 식 (5-44)와 같다.

$$\begin{aligned} A_{RD} &= 1-(1-A)^N \\ R_{RD} &= 1-(1-R)^N \end{aligned} \tag{5-44}$$

2:1 이중화 시스템의 MTBF는 신뢰도가 시간함수로 표시되어 있을 경우 식 (5−35)을 이용하여 적분에 의해 계산되고, 신뢰도가 특정 시간에 대해 표시되어 있을 경우, 식 (5−35)와 (5−44)를 이용하여 식 (5−45)와 같이 유도된다.

$$MTBF_{RD} = \frac{-t}{ln(R)} = \frac{t}{\frac{t}{MTBF} - ln(2 - e^{\frac{-t}{MTBF}})} \qquad (5-45)$$

같은 서브 시스템이라도 이중화 구성방법에 따라 시스템 전체의 가용도는 다르다. 그러므로 최대의 가용도를 얻을 수 있는 이중화 구성방법을 선택하여야 한다. 이중화 구성방법은 병렬로 서브시스템을 배치한 후 최종단에서 이중화 제어 스위치에 의해 시스템을 선택하는 방법과 이중화 서브시스템의 중간단 마다 이중화 제어 스위치를 배치하는 방법이 있다.

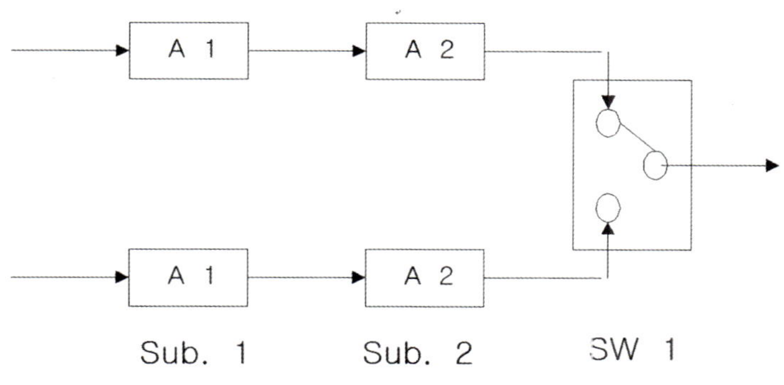

그림 5−61 최종단 이중화 스위치 배치 구성도

그림 5−61과 같이 직렬의 각 서브 시스템을 한 단위로 하여 이중화하기 위해 병렬로 배치하고, 이중화 스위치 SW1은 최종단에서 제어하도록 한다. 이때 이중화한 시스템의 가용도는 식 (5−36) 및 (5−44)에 의해 계산한 이중화 가용도에 이중화 스위치(SW1)의 가용도를 곱함으로써 시스템 가용도는 식 (5−46)와 같이 산출된다.

$$\begin{aligned} A_{sys} &= [1-(1-A_1A_2)^2] \times A_{SW1} \\ &= A_1A_2(2-A_1A_2) \times A_{SW1} \end{aligned} \qquad (5-46)$$

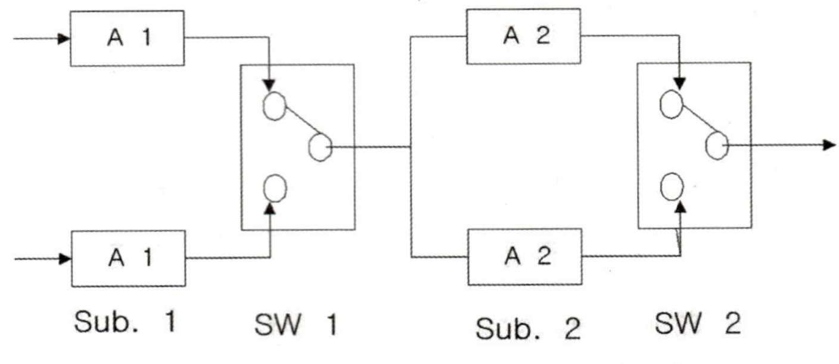

그림 5-62 최종단 이중화 스위치 배치 구성도

그림 5-62와 같이 단일 각 서브 시스템을 한 단위로 이중화하기 위해 이중화 모듈을 이중화 스위치로 선택하고 선택된 서브 시스템을 다음 단의 이중화 모듈에 입력하여 같은 방법으로 정상동작 서브시스템을 선택해 가는 방법이다. 그림 5-61에서 서브 시스템 별로 가용도를 계산하고 각 경우에 대한 이중화 스위치의 가용도를 곱함으로써 시스템 가용도는 식 (5-47)와 같이 산출된다.

$$\begin{aligned} A_{sys} &= (2A_1 - A_1^2)(2A_2 - A_2^2) \times A_{SM1}^2 \\ &= A_1A_2[A_1A_2 - 2(A_1 + A_2) + 4] \times A_{SW1}^2 \end{aligned} \qquad (5-47)$$

4) S/W Program 가용도 수학적 모델

H/W 시스템의 구성부품은 장비설치 후 일정시간이 흐름에 따라 부품의 노후화 및 고장 등으로 가용도를 유지하기 위해서는 노후 및 고장 난 부품 등의 교체와 같은 유지보수 활동이 필수적 이다. 하지만, S/W 시스템의 Program은 H/W 구성 부품과는 달리 노후 되거나 고장 나지 않기 때문에 Program 자체의 교체가 요구되지 않는다. 따라서 S/W Program 가용도의 수학적 모델은 다음과 같이 해석된다.

$$A_O = \frac{MTBF}{MTBF + MTTR} \qquad (5-48)$$

여기서, MTTR = 0이다.

7.2 환경위성지상국 시스템 가용도 분석

7.2.1 Antenna 서브시스템의 구조 분석

환경위성지상국을 구성하는 Antenna 서브시스템의 가용도 분석을 위한 기능 블록도는 그림 5-63과 같다. RF 시스템의 test translator는 시스템 동작에 영향이 없으므로 가용도 구조에서 배제하였다. 이중화가 적용되는 RF부의 스위치 배치는 중간단 스위치 배치 방법이 최종단 스위치 배치 방법에 비해 가용도가 높기 때문에 그림 5-62과 같이 중간단 스위치 배치 방법을 선택하였다.

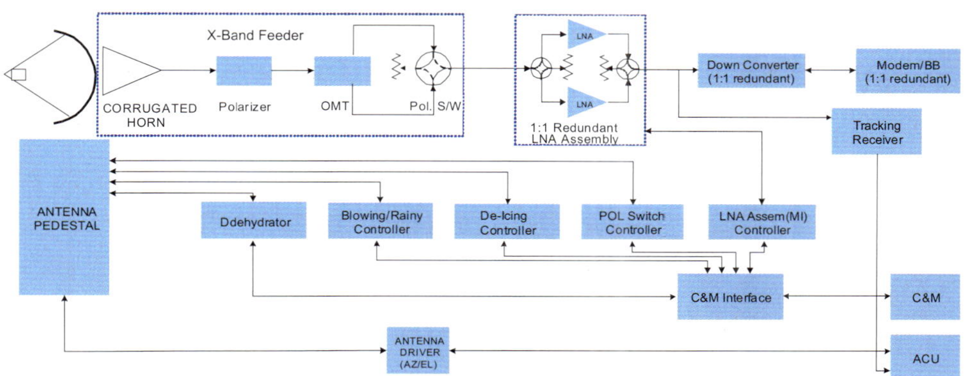

그림 5-63 Antenna 서브시스템의 기능 블록도(안)

7.2.2 S/W 서브시스템의 H/W 가용도 구조 분석

환경위성지상국을 구성하는 서브시스템(subsystems)의 S/W Program의 가용도를 100%라고 가정할 때, H/W장비인 Sever, Router 그리고 PC만 시스템 가용도에 영향을 미친다. 다음 그림 5-64은 환경위성지상국 S/W 서브시스템의 H/W 가용도 분석을 위한 기능 블록도이다.

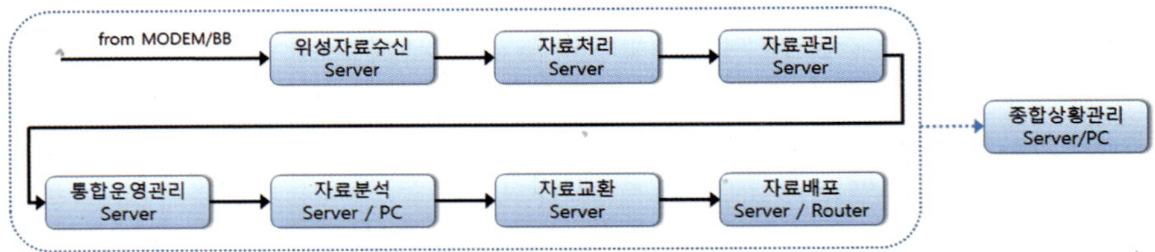

그림 5-64 S/W서브시스템의 가용도 기능 블록도

7.3 환경위성지상국 시스템 가용도 예측 결과

본 장에서는 환경위성지상국 시스템의 수명이 10년 이상 이므로 시스템 가용 시간을 시간으로 설정하여 산출하였다. 또한 가용도 예측은 모든 구성요소가 시스템 동작에 영향을 미치는 부분이므로 직렬연결 시스템으로 해석하였다. 각 서브시스템별 MTBF, MTTR 및 가용도 예측은 각각 식 (5-36), (5-37), (5-39), (5-47)로부터 계산되며 결과는 그림 5-65과 같다.

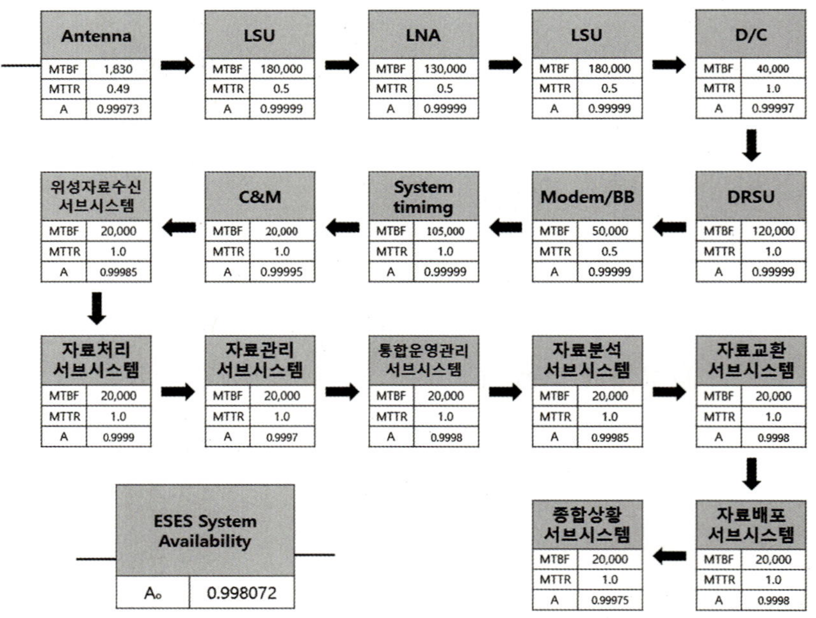

그림 5-65 정지궤도 복합위성 2B의 환경위성지상국 시스템의 가용도 예측 분석결과

제6부

위성정보가치

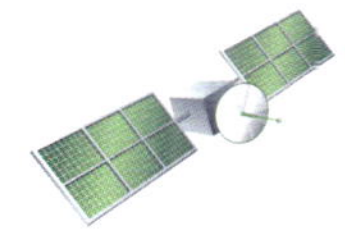

제1장

국내외 위성정보 활용 사례

1.1 위성정보 활용시장 현황

1.1.1 주요국 위성시장 규모

위성산업은 미래의 신 동력 산업으로 전 세계적으로 안정적인 성장을 하고 있다. 위성산업시장은 일반적으로 위성통신/방송 등의 위성서비스 분야, 위성 및 부품제작 등의 위성제작 분야, 발사서비스 및 발사체제작 등의 발사산업분야, 지상네트워크 및 통신방송장비 등을 포함하는 지상장비 분야로 나누어진다(김선원 외, 2012). 이 중 위성서비스 분야는 가장 급속한 성장을 보이고 있는 분야이다. 이는 상업적 목적의 민간위성의 개발 및 발사 활성화로 HDTV, 라디오 방송 등 위성을 활용하여 일반인들에게 다양한 서비스가 가능해졌기 때문이다. 이 같은 현상은 인공위성이 과거의 지구관측, 군사목적에서 벗어나 민간영역의 다양한 목적으로 활용이 되고 있음을 시사한다.

위성활용산업의 그림 6-1성장추세를 보면 2008년 이후 꾸준한 성장을 지속하고 있으나 그 성장률은 둔화되고 있는 추세이다. 하지만 같은 시기 전 세계 경제성장율인 2.4%보다 높은 성장률을 보이고 있으며, 2006년이후 세계금융위기의 상황에도 불구하고 연평균 약 10%

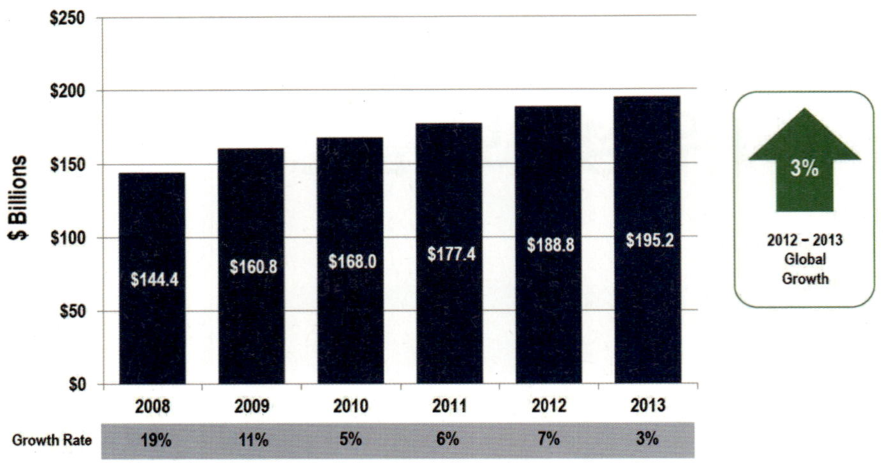

그림 6-1 전세계 위성산업 성장률 [출처: 2014, Satellite Industry Association]

정도의 지속적인 성장을 하고 있다.

현대경제연구원의 그림 6-2전 세계 위성산업시장 규모 추산을 보면 범국가적인 인공위성의 지속적인 발사와 더불어 관련 활용시장은 2004년부터 2009년까지 매년 11% 이상 성장하

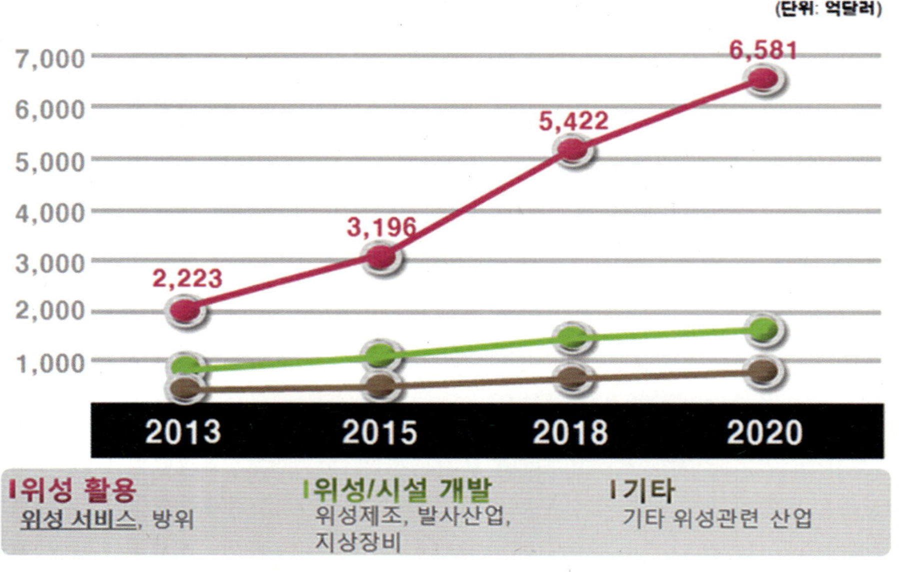

그림 6-2 2013 – 2020년 전세계 위성산업시장 규모 추산 [출처: 현대경제연구원]

였으며, 세계 시장의 규모는 2020년 기준 6,581억 달러에 이를 것으로 예측하고 있다. 특히 위성활용분야의 성장이 급격히 이루어 질 것으로 추산하였는데, 이는 기술의 발달에 의해 고수익 창출이 가능한 고부가 위성자료 산출, 위성통신 서비스의 수요 증가에 의한 것으로 판단된다.

세계 위성산업을 주도하고 있는 곳으로는 미국, 유럽, 일본 등이 있다. 미국은 전 세계 위성산업시장의 약 50%를 차지하고 있다. 하지만 위성산업 인력은 반대로 점차 감소하고 있는 추세에 있다. 이러한 현상은 세계경제위기 및 산업계 구조변경으로 나타난 현상으로 분석된다. 미국 NASA의 우주왕복선 프로그램 종료 및 Constellation 프로그램의 취소로 인하여 상당수의 일자리가 감소되었다. 이는 1990년대 32,000명 수준의 관련일자리수가 2011년에는 6,000명 수준으로 급감한 것을 보면 잘 알 수 있다. 또한 전세계시장에서 상업위성의 영향력 또한 점차 줄어들고 있다. 이는 전 세계적으로 위성산업의 가치창출에 대한 인식의 제고로 인하여 아시아, 유럽 등 다양한 국가에서 위성산업에 대한 투자가 이루어지고 있기 때문이다. 이는 미국의 주도로 성장하던 우주산업구조의 탈피로 귀결되고 있다.

전반적으로 미국의 위성개발 시장은 세계경제 약화로 인한 미국재정 지출의 감소로 과거보다 침체기에 있다. 최근 들어서는 주로 미국 정부 수요에 대응하던 업체들이 상업용위성 개발 분야로 점진적으로 진출하고 있는 상황이다.

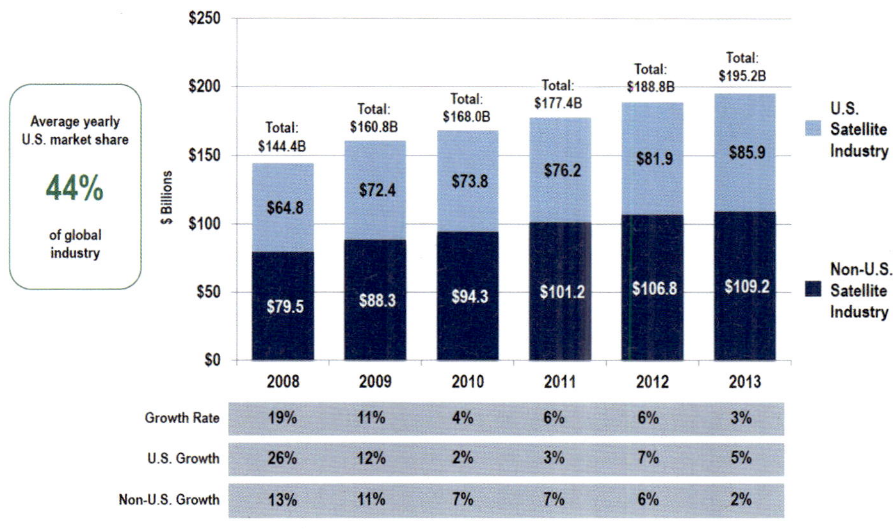

	2008	2009	2010	2011	2012	2013
Growth Rate	19%	11%	4%	6%	6%	3%
U.S. Growth	26%	12%	2%	3%	7%	5%
Non-U.S. Growth	13%	11%	7%	7%	6%	2%

그림 6-3 전세계 위성활용산업 성장률에서 미국이 차지하는 비율 [출처: 2014, Satellite Industry Association]

유럽의 우주산업분야는 매출의 상당부분이 위성체 개발 분야에 치중되고 있다. 특히 통신위성 분야에서 이러한 현상이 두드러져있으며 전체 위성체 분야 매출의 2/3 수준에 이른다. 유럽의 지구관측 위성은 주로 국가기관에 의한 수요가 주를 이루고 있다. 유럽의 우주산업체의 종업원 수는 2005년 이후 점차적으로 증가하고 있어 미국의 경우와 다른 양상을 보이고 있다. 이는 유럽의 위성산업의 경우 민간주도의 위성산업구조가 잘 발달되어 있어 국가정책에 따라 위성산업규모가 크게 변동하지 않기 때문이다. 유럽 주요국의 우주산업 인력의 약 70%가 위성체 분야에 치중되어 있다. 우리나라에서도 위성개발에 유럽의 기술을 많이 사용하고 도입하는 이유도 여기에 있다.

반면에 발사체 분야에서는 발사체 개발시장의 축소로 상당수의 인력이 유출되었지만, 위성서비스 분야에서는 상당한 성장을 이루었다. 이는 유럽 내 위성의 다양한 활용범위에 대한 연구개발이 이루어질 것으로 보인다.

2000년대 이후 일본, 중국, 인도 등 아시아 국가들의 우주개발 선진국으로서 발돋움하기 시작하였으며 민간참여 확대를 통한 새로운 산업형태로 우주산업이 각광받기 시작했다. 하

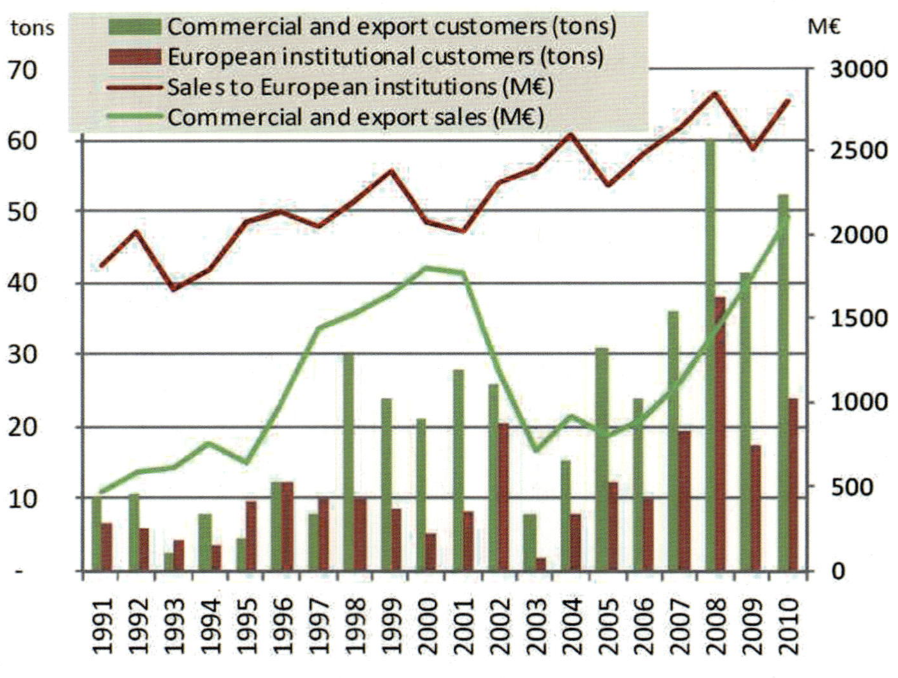

그림 6-4 유럽의 위성산업 분야별 매출 규모 [출처: 2011, Eurospace]

지만 미국과 유럽에 비교하면 세계시장에서 그 영향력은 아직 부족한 면이 있는 것이 사실이다. 일본의 경우 미국과 유럽을 제외한 수출이 미미하고 자국 내 상업위성산업의 규모가 크지 않은 대부분의 국가들과 마찬가지로 대부분 정부의 지출에 의한 매출형태가 나타난다. 일본의 위성산업은 가파르게 상승하는 추세이며 정부기관인 JAXA또한 일본정부로부터 많은 예산을 지원받고 있다.

일본은 과거 자국 내 수요, 주로 정부의 요청에 의한 수요와 통신/방송분야에 국한되어 위성산업이 발전되어 왔다. 하지만 현재 과거로부터 축적된 높은 기술력을 바탕으로 해외 수출을 통한 우주산업의 활성화에 주력하고 있다. 즉 정부주도의 세계선도적 기술개발을 바탕으로 민간 산업체를 통한 상업화와 수출이 일본 우주산업의 기본방침이라고 볼 수 있다.

1.1.2 우리나라의 위성시장 규모

우리나라는 1992년 우리별1호를 발사하며 세계 22번째 위성 보유국이 되었다. 이후 지속적인 연구개발로 우리별 2호 3호가 개발 및 발사되었다. 우리별위성의 개발 및 발사는 국민들에게 우주산업에 대한 관심을 키울 수 있는 계기가 되었으며 우주산업 강국으로 나아가는 첫걸음이 되었다. 또한 국내 최초의 통신 · 방송위성인 무궁화위성의 발사로 본격적인 우주산업에 착수하였다. 이후 다목적실용위성인 아리랑위성(KOMPSAT)의 개발로 우리나라도 고해상도 광학위성을 보유하게 되었으며, 정지궤도복합위성인 천리안위성(COMS)의 개발은 기상, 해양분야에서 해외 위성자료에 의존했던 과거를 벗어나 자주적인 위성자료 수신국으로, 더 나아가 주변국가로 위성자료의 제공국이 되어 국가의 위상을 높였다.

우리나라의 위성산업은 주로 정부의 주도로 진행되어 왔다. 우리나라는 위성산업의 후발주자로써 세계 위성시장으로 빠른 진입이 필요했기 때문이다. 국내 위성산업은 정부주도로 진행됨에 따라 정부의 우주산업예산에 의해 국내 우주산업의 규모가 변동되는 특징이 있다. 즉 정부의 예산이 많이 책정이 되던 해는 위성산업시장 또한 호황으로 산업체의 많은 매출효과를 가져왔지만, 그 반대로 정부의 예산이 적게 책정이 된 해는 많은 산업체에서 매출의 감소현상이 나타난다.

국내 우주산업에 의한 산업화 현황을 보면, 국가주도의 우주개발 사업을 통해 핵심기술의 확보 및 산업체의 육성이 이루어졌으나 산업화의 성과는 가시적으로 나타나지 않고 있다. 이는 국내 우주시장 규모가 작고 국책연구소 중심의 연구개발 및 산업화로 사업역량을 갖춘

우주분야 산업체의 육성이 미흡했기 때문이다. 국내 약 60여개 우주분야 산업체 중 우주산업 매출 10억 미만, 종업원 수 100미만의 산업체가 대다수라고 조사된 2012 우주산업실태조사를 보면 이를 잘 알 수 있다. 또한 우리나라의 위성개발 상황을 보면 국방, 기상, 과학실험 등 국가적 수요로 한정된 위성의 개발 및 발사가 주를 이루었다. 이는 위성관련 분야 산업체의 지속적이고 적극적인 참여가 가능한 개발물량 자체가 부족하다는 것을 의미한다.

정리해 보자면 우리나라의 위성산업은 20여년의 짧은 역사 속에서 위성산업의 후발주자로 세계적 수준에 다가가기 위해 급속한 성장을 거듭하였다. 이로 인해 현재 고해상도 광학위성 및 적외선위성(KOMPSAT-2,3,3A), 레이더 위성(KOMPSAT-5), 정지궤도위성(COMS) 등 세계적 수준의 위성보유국이 되었다. 하지만 정부주도로 성장해온 특성으로 정부의존적인 산업구조를 지니고 있어 민간분야에서의 우주산업관련 산업체의 성장이 더뎌졌다.

국내 위성시장의 성장 전망을 살펴보자면, 우주산업, 위성산업 및 방위산업을 모두 포함하여 2013년 약 2조 1,679억원 수준에서 2020년 약 5조 4,685억원 규모로 성장할 전망이다. 또한 우주산업보다 위성 및 방위산업을 포함한 우주관련산업을 중심으로 시장이 성장할 것으로 전망된다. 위성산업은 국가우주개발 로드맵에 의해 차기 한국형 발사체 및 아리랑위성, 정지궤도 위성 등 우주산업 선진국으로 도약하기 위한 지속적인 성장이 가능할 것으로 판단된다. 또한 우주산업의 민간시장 저변확대 또한 국내 우주산업 성장의 밑바탕이 될 것으로 판단된다.

표 6-1 국내 우주산업시장 성장추산 [출처: 현대경제연구원] (단위: 억원)

구분			2013	2015	2018	2020
우주산업			3,152	3,344	3,660	3,883
우주관련산업			18,527	25,637	41,558	50,802
	위성산업	위성서비스	8,061	10,058	14,017	17,489
		위성제조	776	845	958	1,043
		발사산업	363	456	645	812
		지상장비	4,047	5,158	7,423	9,462
	방위산업		5,280	9,120	18,515	21,997
총계			21,679	28,981	45,218	54,685

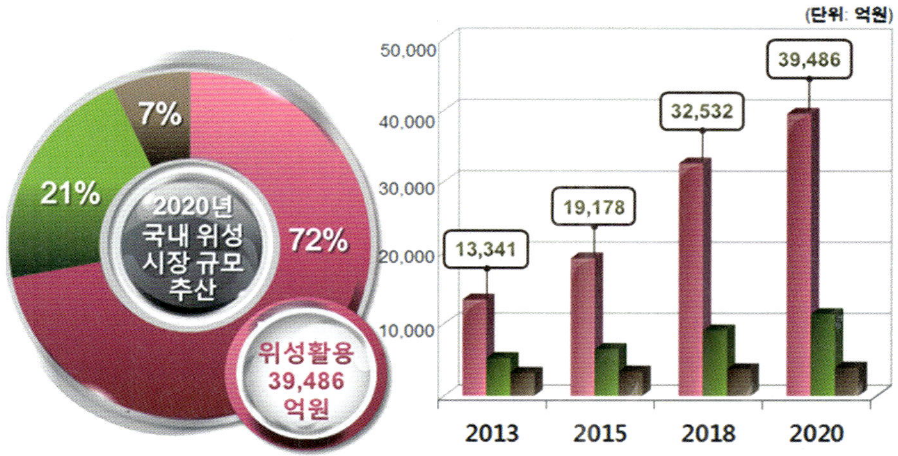

그림 6-5 2013~2020년 국내 위성시장 규모 추산 [출처: 현대경제연구원]

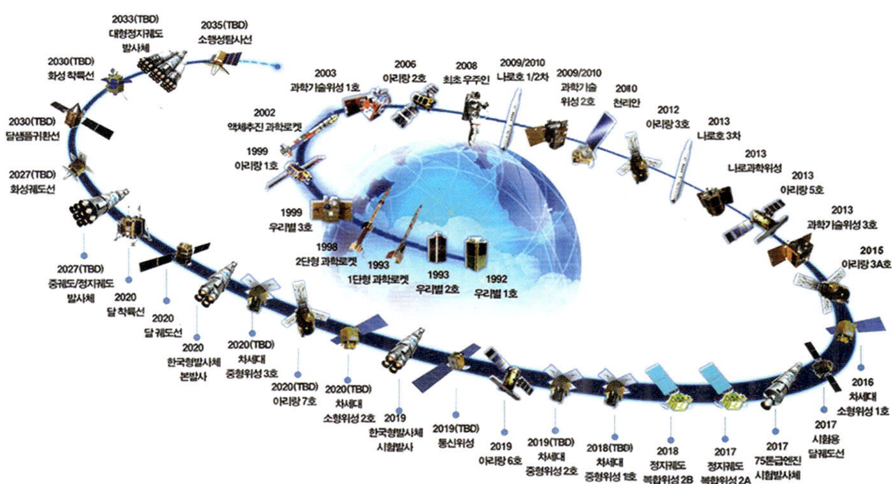

그림 6-6 국가우주개발 로드맵 [출처: 미래창조과학부]

1.2 국외 위성정보 활용사례

최근 다양한 분야에서 원격탐사기술을 적극 활용하고 있다. 원격탐사를 통한 정보수집의 수단으로 인공위성자료가 대표적이다. 인공위성을 활용한 정보획득의 장점은 직접 사람이 가지 않아도 촬영이 가능하며, 넓은 지역을 손쉽게 촬영할 수 있다는 것이다. 또한 인공위성은 발전에 발전을 거듭하여 현재 1 m 이하의 서브미터급 광학위성과 적외선 위성, 레이더 위성, 초분광 위성 등 다양한 센서를 탑재한 위성들이 개발되었다. 이러한 인공위성발전은 대기관측, 해양관측, 지표면 관측 등 다양한 관측환경의 구축이 가능하게 되었다.

지구관측위성의 활용범위는 매우 다양하다. 대표적으로 농업, 임업, 해양, 수자원, 지도제작, 지질자원, 재해, 환경, 기상기후 등이 있다. 이중 주요 활용분야인 기상기후, 농업, 재해, 토지관측 분야의 활용사례를 소개해 보고자 한다.

기상기후 분야에서 인공위성의 활용은 대기관측을 통한 정확한 기상예보가 있다. 기상예보를 위해서는 대기환경에 대한 관측이 이루어져야 한다. 하지만 지구의 대기환경은 스케

그림 6-7 NOAA에서 분석한 허리케인 Georges [출처: NOAA]

일이 매우 커 대륙과 대륙 간에 걸쳐 나타나는 것이 일반적이다. 때문에 협소한 지역에 대한 대기관측으로는 정확한 기상예보가 불가능하였다. 하지만 인공위성기술의 발전으로 넓은 지역의 대기관측이 가능해졌다. 대표적인 기상위성으로 GOES, METEOSAT, MTSAT, COMS 등이 있다. 이러한 기상위성의 관측으로 태풍, 허리케인과 같은 기상재해의 실시간 예보를 통해 기상재해의 적절한 대처가 가능하다.

최근 지구온난화에 의한 이상기후현상으로 기후변화에 대한 관심이 높아지고 있다. 이러한 이상기후현상의 원인을 분석하고 앞으로의 상황을 모델링하는 등의 작업에도 위성자료를 활용할 수 있다.

대기환경의 관측의 대표적인 예로 오존홀 관측을 들 수 있다. 성층권에 존재하는 오존층은 태양으로부터 들어오는 해로운 자외선인 UV-c를 차단하는 역할을 한다. 1985년 영국의 과학자 Farman, Gardiner, Shanklin이 최초로 오존홀의 존재를 밝히고 난 후, 전세계 과학계에서는 오존홀의 관측을 시도했다. 특히 미국 NASA는 오존을 관측할 수 있는 위성의 관측자료를 토대로 남극대륙 상공에 존재하는 어마어마한 크기의 오존홀을 확인했다. 이러한 관측자료를 바탕으로 전 세계적으로 오존층을 파괴하는 주범인 프레온가스에 대한 사용 규제를 실시했다. NASA는 인공위성자료의 장기적인 자료수집과 분석을 통해 오존홀의 크기는 꾸준히 줄어들고 있으며 2014년이 되면 실질적으로 큰 문제가 되지 않을 것이라는 보고를 했다. 그림 6-8은 NASA에서 분석한 1979년부터 2012년까지의 오존홀의 크기를 분석한 그림이다. 오존홀의 크기가 급격히 증가하다가 2000년 중반부터 서서히 감소하는 모습을 볼 수 있다. 오존의 관측은 대기관측위성에 장착된 센서인 OMI를 통해 관측하였다.

한편 농업분야에서도 위성자료의 활용이 증대되고 있다. 1944년말 미국 록팰러재단의 전문가들이 밀 생산성을 획기적으로 증대시키면서 녹색혁명이 시작되었다. 녹색혁명은 1960~1970년대 식량난으로 허덕이던 많은 국가들을 구제하는 일을 하였다. 녹색혁명은 비롯된 개량된 종자, 화학비료의 사용, 농약의 발달, 농기계와 수리시설의 확충 등으로 농업 생산성을 극대화 하는 것으로 현재 농업시스템의 근간이 되었다. 하지만 최근 지구온난화 등으로 인한 기후변화로 녹색혁명의 한계가 드러났으며 이로 인한 대안으로 정밀농업이 대두되게 되었다.

정밀농업이란 농경지 내의 토양수분, 양분, 토양의 성질 등을 정밀 분석하여 수분량, 양분량, 농약량 등을 필요한 만큼만 공급하여 환경오염의 확률을 줄이고 작물의 성장에 최적의

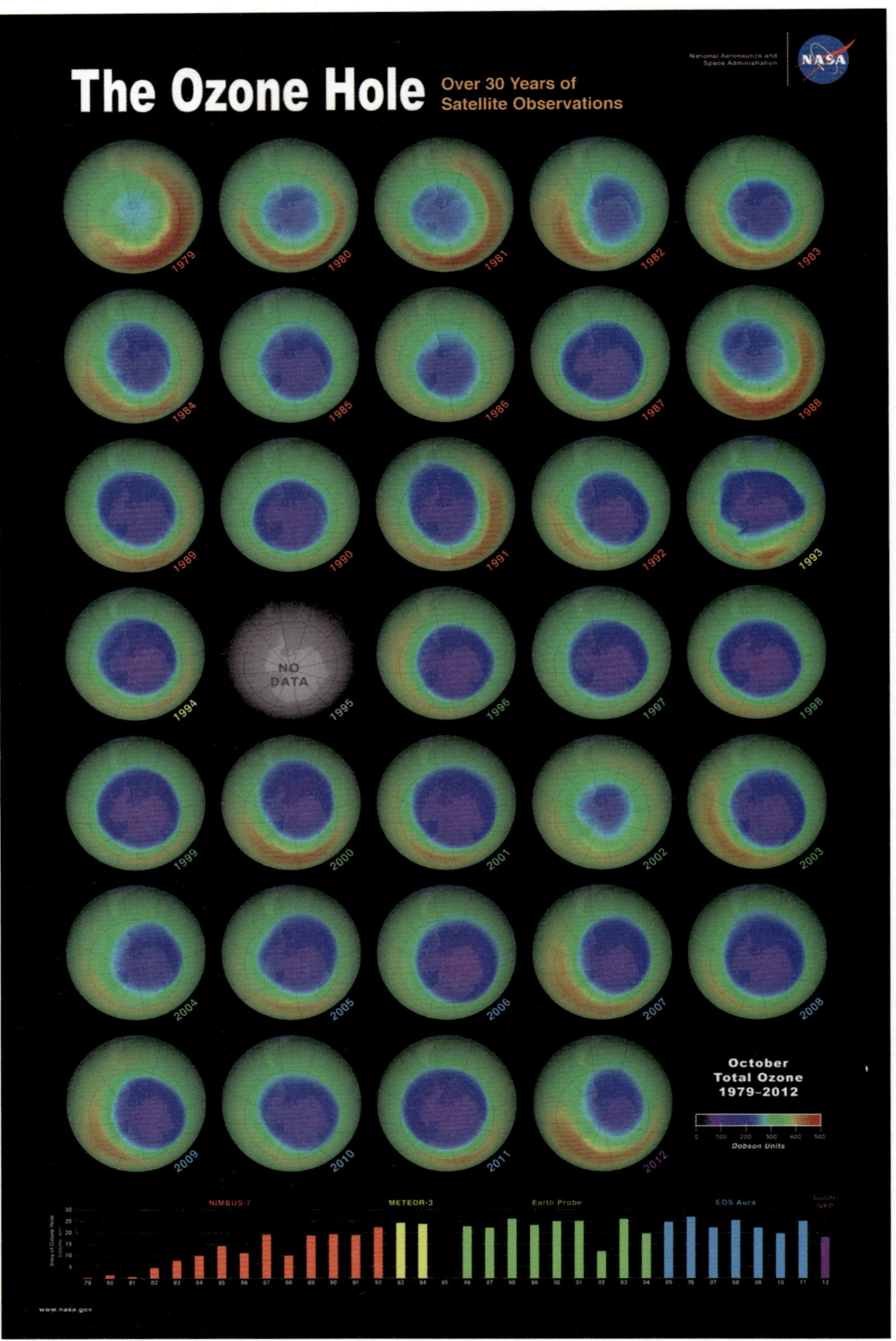

그림 6-8 NASA에서 분석한 오존홀 크기변화 [출처: NASA]

환경을 조성하여 생산성의 극대화를 도모하는 농법이다. 정밀농업이 처음 시작된 미국은 현재 전체 농가의 40%가 전체 또는 일부 기술을 사용하고 있고 토양분석, 컨설팅서비스 전문회사들도 성업을 이루고 있다.

정밀농업을 위한 자료를 구축하기 위하여 위성정보를 활용할 수 있다. 위성영상을 활용한다면 정밀농업 자료구축을 위한 토양수분분석, 토양분석, 작물모니터링이 가능하다. 현재 미국 및 유럽에서는 인공위성자료를 활용한 정밀농업의 수행 방법에 관한 많은 연구들을 수행하고 있다.

NASA에서는 식생지수자료, 지열자료, 토양수분자료를 중첩분석하여 작물의 스트레스지수를 분석하였다. 식생지수를 통해 어느 지점의 작물의 생육이 더딘지, 어느 지역의 작물이 광합성 작용이 미흡한지를 분석할 수 있고, 지표면 온도자료를 활용하여 어느 지역이 작물의 생육에 적합하지 못한 토양 온도가 나타나는지를 분석하였다. 또한 토양수분자료를 활용하여 어떤 지역이 작물 생육에 적절한 수분이 공급되지 못하고 있는지를 분석하였다. 최종적으로 모든 자료를 중첩하여 작물 스트레스지수 맵을 제작하였다. 작물의 스트레스지수 맵을 활용하여 작물의 생육에 최적화된 솔루션을 제공할 수 있다.

재해관리 및 분석 분야에서 인공위성 자료는 효과적으로 활용이 가능하다. 재해의 유형은 매우 다양하기 때문에 재해 유형별로 적절한 위성자료를 활용하여 효과적인 분석이 가능하다. 가령 초고해상도 광학위성을 활용하여 태풍 내습 전 위성영상과 태풍 내습 후 위성영상을 비교하여 태풍으로 인한 재산피해액 산정을 할 수 있다. 인공위성의 적외선 영상을 활용하여 산불탐지도 가능하다. 적외선 영상은 지표면의 온도를 산출할 수 있어 한밤중에도 산불이 발생한 지역을 탐지할 수 있다. 또한 레이더 센서인 SAR를 이용하여 기름유출 모니터링이 가능하다. 가시채널은 낮 시간동안만 촬영이 가능하며, 구름에 의해 관측이 제한될 수 있다. 게다가 해초, 태양광 반사등이 기름유출영상처럼 보일 수도 있다. 반면에 SAR센서는 구름에 영향을 받지 않고 기름유출 모니터링을 수행할 수 있다. SAR를 이용한 기름유출 모니터링은 유출된 기름이 해수 표면에 얇은 기름막을 형성함으로써 주변 해역에 비해 거칠기 정도가 작아져 대상물의 거칠기에 따라 다르게 반응하는 산란강도에 의하여 기름유출을 탐지할 수 있는 SAR 센서의 특성을 이용한다.

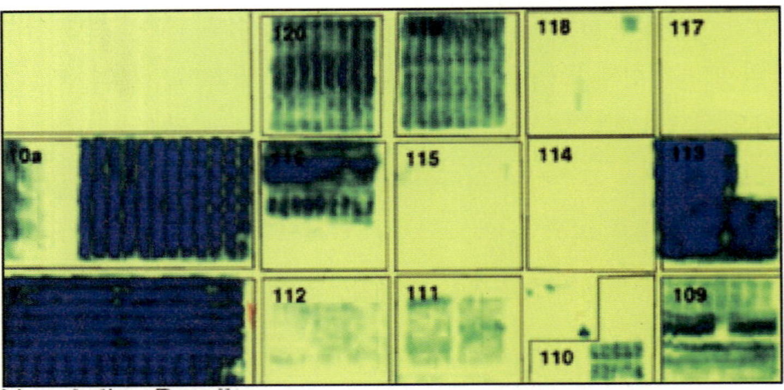

Vegetation Density

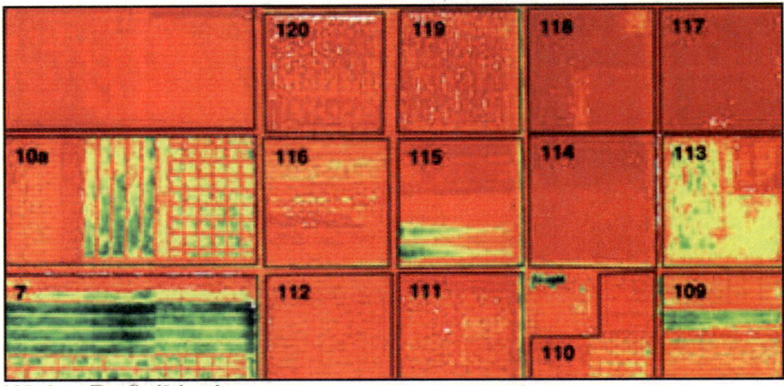

Water Deficit Index

Crop Stress Index

그림 6-9 식생밀도, 수분지수 등을 활용한 작물 모니터링 [출처: NASA]

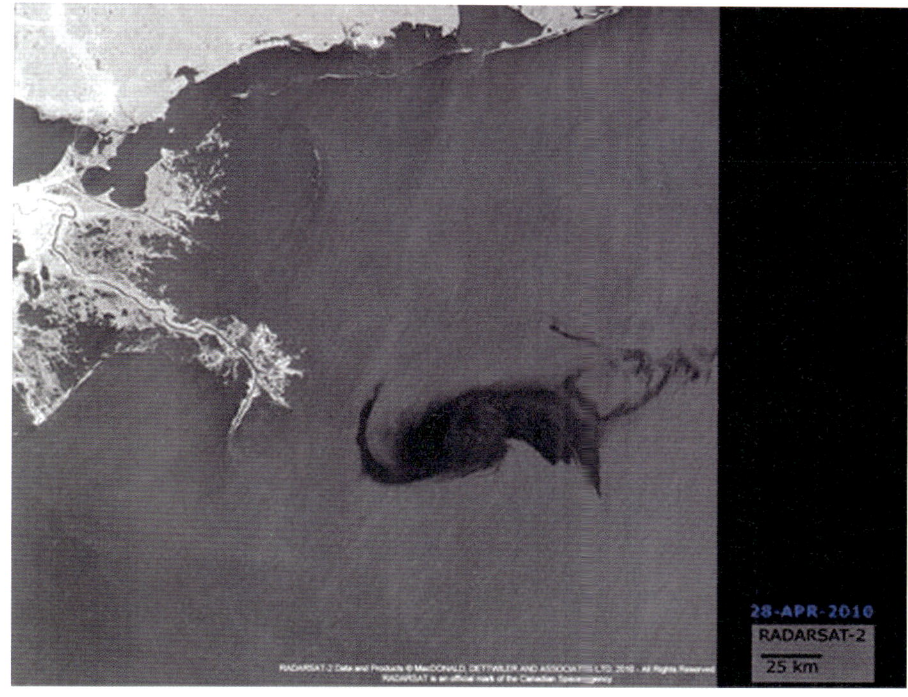

그림 6-10 RADARSAT-2호로 관측한 맥시코만 기름유출영상

1.3 국내 위성정보 활용 사례

우리나라의 인공위성의 제일 큰 목적은 군사적 목적으로 북한의 감시이다. 하지만 최근 인공위성자료를 이용하여 다양한 분야에서 활용을 하고 있다. 먼저 기상분야에서 우리나라 최초의 정지궤도 복합위성인 COMS를 활용하고 있다. 과거 COMS의 개발 전에는 일본의 기상위성자료를 활용하여 기상예보의 정확도가 높지 않았다. 하지만 현재 COMS는 기상, 해양관측이 가능한 센서를 장착하여 우리나라 상공에서 지속적인 기상정보를 수집하고 있으며 이를 통해 우리나라에 정확한 기상정보 배포가 가능해졌다. 또한 과거의 기상자료 수혜국에서 기상자료 제공국으로서 국가의 위상 또한 상승한 계기가 되었다.

국내에서도 재난재해 분야에서 인공위성자료를 활용하고 있다. 2014년 국립재난안전연구원에서는 원격탐사를 활용한 선제적 재난대응에 관한 연구를 수행하였다. 연구를 통해 각각의 재난 유형별로 가장 효과적인 재난탐지가 가능한 센서들을 분석하였다. 이러한 연구를

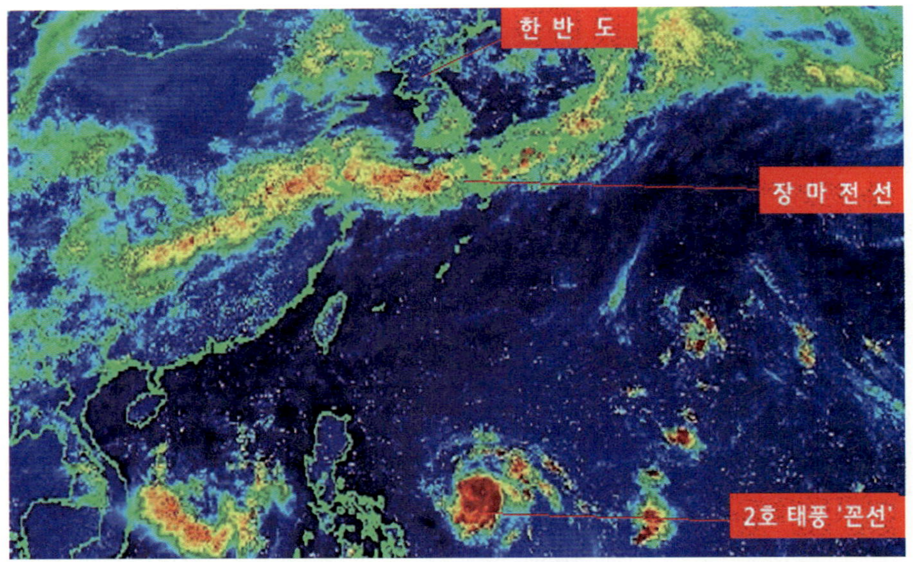

그림 6-11 COMS로 촬영한 제주 남부 장마전선 영상 [출처: 기상청]

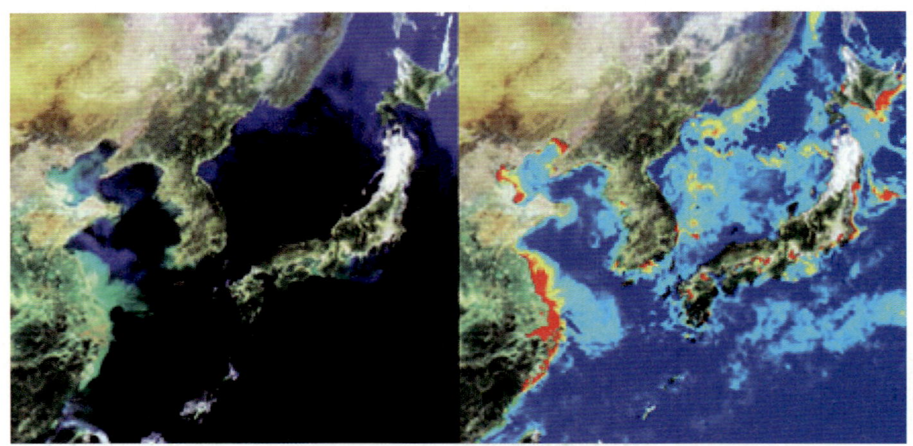

그림 6-12 COMS GOCI로 촬영한 한반도 연근해 클로로필 영상 [출처: 해양과학기술원]

토대로 위성정보를 활용한 효과적이고 선제적인 재난재해 관리가 가능하다.

국내의 위성정보 활용분야는 아직 걸음마 단계로 볼 수 있다. 이는 위성산업의 성장이 정부주도로 선진국의 기술수준을 따라가는 방향으로 발전해 왔기 때문이다. 현재 국내 위성산업의 기술수준은 0.5m급 초고해상도 광학위성과 적외선 위성, 레이더 위성의 국내개발에

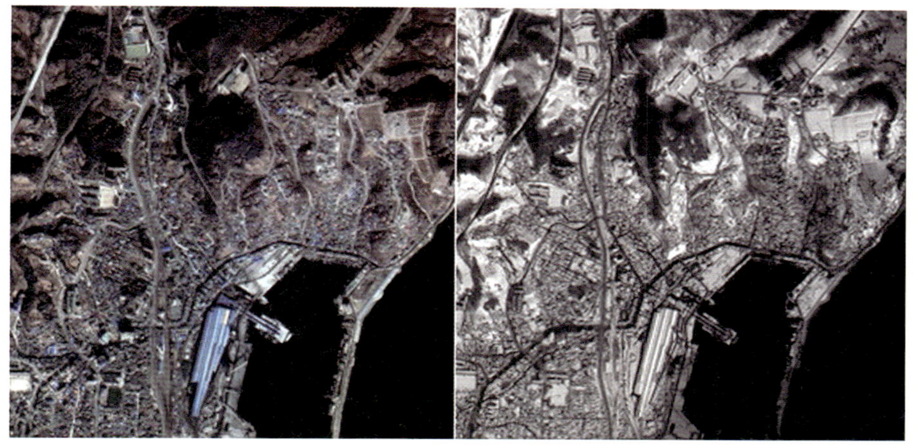

그림 6-13 KOMPSAT-2호로 촬영한 동해안 폭설 전후 영상 [출처: 한국항공우주연구원]

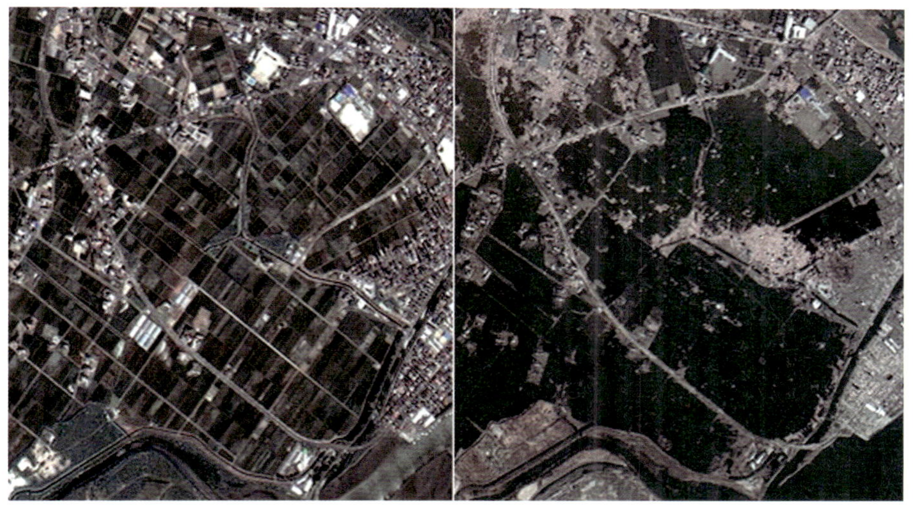

그림 6-14 KOMPSAT-2호로 촬영한 2011년 센다이지역의 해일피해 전후 영상 [출처: 한국항공우주연구원]

의한 운용 등 세계적 수준을 따라가고 있다. 따라서 이제는 국가주도의 위성산업 성장을 벗어나 민간분야의 활발한 참여로 다양한 활용분야를 연구 개발하여 미래 고부가가치 산업으로서 발돋움 해야 할 것이다.

제2장

위성정보 빅데이터 활용

2.1 빅데이터의 개념

디지털 경제의 확산으로 우리 주변에는 규모를 가늠할 수 없을 정도로 많은 정보와 데이터가 생산되는 '빅데이터(Big Data)' 환경이 도래하고 있다. 빅데이터란 디지털 환경에서 생성되는 데이터로 그 규모가 방대하고, 생성 주기도 짧고, 형태도 수치 데이터뿐 아니라 문자와 영상 데이터를 포함하는 대규모 데이터를 말한다. 빅데이터 환경은 과거에 비해 데이터의 양이 폭증했다는 점과 함께 데이터의 종류도 다양해져 사람들의 행동은 물론 위치정보와 SNS를 통해 생각과 의견까지 분석하고 예측할 수 있다.

과거의 데이터 분석과 비교해보자면 빅데이터를 통한 데이터 분석은 엄청난 차이를 보인다. 2012년 전 세계적으로 한해동안 생산된 데이터의 양은 2.8ZB로 이전까지 생산된 모든 데이터들의 양보다 많다. 따라서 과거의 데이터 분석기술만을 가지고는 효과적인 데이터 처리와 분석이 불가능한 상황에 이르렀다. '빅데이터'의 시대가 온 것이다. 데이터 분석에 대한 과거와 현재의 차이는 다음 표와 같다.

표 6-2 데이터 분석에 대한 과거와 현재의 차이 [출처: Digital Universe, 2012]

	과거	현재
데이터 형태	특정 양식에 맞춰 분류	형식이 없고 다양함
데이터 속도	배치(Batch)	근실시간(Near Real Time)
데이터 처리 목적	과거 분석	최적화 또는 예측
데이터 처리 비용	국가 · 정부 수준	개별 기업 수준

2.1.1 등장배경

빅데이터의 등장을 불과 4~5년여 정도밖에 되지 않았다. 2012년 전 세계에서 생산된 데이터의 양은 2.8 ZB(Zeta Byte)이며 향후 데이터 생성의 양은 점점 더 커질 전망이다. 이러한 데이터의 생산력은 과거 데이터 처리기술에 의존해서는 효과적인 정보 분석이 힘들어졌고 예측하는 일은 더더욱 어려워지고 있다. 이러한 데이터들의 폭발적인 증가는 인터넷의 발전과 SNS, 스마트폰의 대중화가 원인이다. 과거의 정보 생산은 일부의 전문적인 생산자 그룹을 통해서 정보가 산출되었으며 이를 일반인들이 수동적으로 받아들이는 것에 그쳤었다. 하지만 현재에 들어서는 일반인들도 손쉽게 인터넷을 이용하고 있으며, 스마트폰과 SNS를 통해 정보를 생산하고 공유하며 배포하고 있다. 아래의 그림 6-15는 1분 동안 인터넷에서 어떠한 일들이 발생하는지를 정리한 그림이다. 트위터의 경우, 98,000개의 트윗이 생성이 되고, 페이스북의 경우 695,000개의 글 또는 사진이 게시된다. 또한 1억 6천 8백여만 개의 이메일이 송수신되고 있다.

이러한 개개인의 정보들은 가공되지 않아 과거의 데이터처리방식에서는 효율적으로 활용이 불가능한 정보들이지만 빅데이터를 이용한다면 소비자 요구분석, 마케팅 기법을 위한 트렌드 분석 등에 활용이 가능한 가치 있는 정보가 된다.

2.1.2 빅데이터 동향

전 세계적으로 빅데이터에 대한 관심이 높아지면서 빅데이터 산업시장은 가파른 성장세를 이루고 있다. 가트너에서는 빅데이터를 '21세기의 원유'라고 표현할 정도로 빅데이터의 성장 잠재력과 가치에 주목하고 있다(배동민 등, 2013).

세계 빅데이터 시장 규모는 기관마다 차이를 보이고 있으나, 매년 약 39~60%의 성장률을

그림 6-15 1분동안 인터넷에서 일어나는 일들 [출처: Go-Globe.com]

보이며 215년에는 169~321달러 규모로 증가할 것이라고 전망되고 있다.

아래의 그림 6-16을 보면 다소 보수적인 전망의 경우에도 빅데이터 시장은 매우 높은 성장률을 보일 것으로 예측되고 있는데, 이러한 성장을 견인하는 주요한 요인으로는 무엇보다도 공급 측면에서 관련 기술의 발전과 더불어 빅데이터에 기반한 분석을 필요로 하는 수요 분야가 확대될 것이라는 점을 들 수 있다.

국내 빅데이터 시장규모 또한 높은 수준의 성장을 이어나갈 것으로 전망되고 있다. 국내 시장의 경우 15년 기준 2.6억 달러, 20년에는 8.9억 달러로 예상되며, 국내 ICT 관련 산업에서 빅데이터 분야가 차지하는 비중은 2013년 0.6%에서 지속적으로 증가하여 2020년에는 약 2.6%에 이를 것으로 전망되고 있다.

2.1.3 빅데이터 특징

일반적으로 빅데이터의 특징을 들자면 규모(Volume), 속도(Velocity), 다양성(Variety)을 들 수 있다. 이를 빅데이터의 3V요소라고 한다.

빅데이터의 첫 번째 특징인 규모는 빅데이터의 막대한 데이터양을 의미한다. 많은 양의

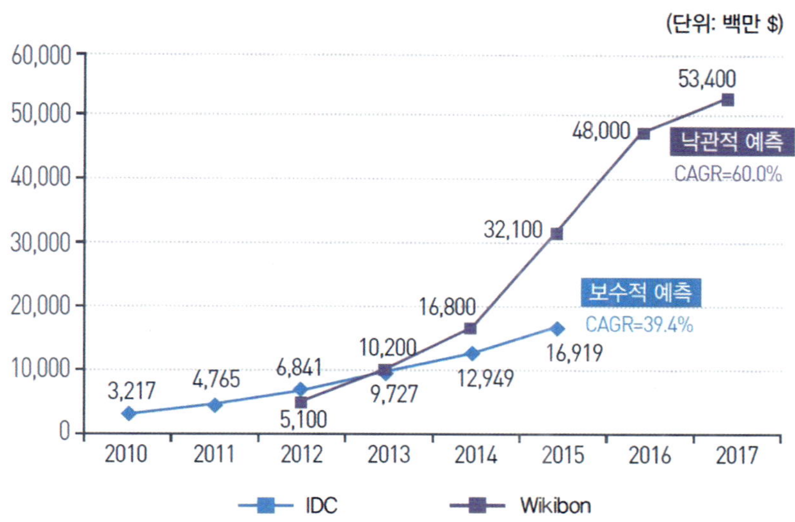

그림 6-16 빅데이터의 세계시장 규모 전망 [출처: 한국과학기술정보연구원, 2013]

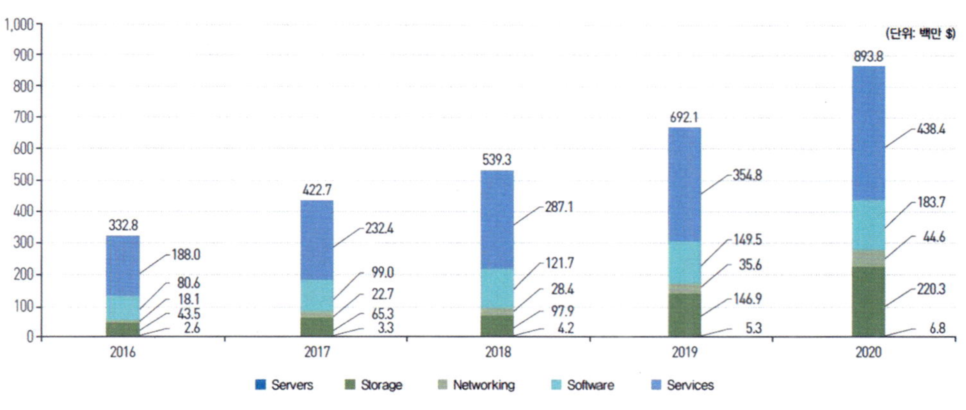

그림 6-17 국내 빅데이터 시장규모 전망 [출처: 한국과학기술정보연구원, 2013]

정보를 처리하는 능력에서 얻는 이익이 빅데이터 분석의 주요 매력이다. 즉 더 많은 데이터를 갖는 것이 더 나은 모델을 갖는 것보다 낫다. 또한 많은 양의 데이터에 간단한 산수를 적용하는 것이 생각보다 훨씬 효과적일 수 있다.

두 번째 특징인 속도는 데이터의 이동, 데이터가 생산, 처리, 분석되는 속도를 의미한다. 데이터가 실시간으로 생산된다는 점과 스트리밍 데이터를 비즈니스 프로세스와 의사 결정

과정에 도입해야 한다는 점이 속도를 높이는 데 기여하고 있다. 속도는 반응시간, 즉 데이터가 생산 혹은 수집되는 시간과 그 데이터에 접근할 수 있는 시간 사이의 격차에도 영향을 미친다.

마지막 특징인 다양성은 빅데이터 상의 다양한 형태의 데이터들을 의미한다. 과거 정형화된 데이터 형식에서 벗어나 현재에는 비정형적 데이터들도 가치를 얻고 있다.

그러나 2012년 IBM기업가치연구소에서는 정확성(Veracity)이라는 한가지 특징을 더하여 빅데이터의 특징을 정의하였다. 제4의 V인 정확성은 데이터의 불확실성, 즉 일정 유형의 데이터에 부여할 수 있는 신뢰수준을 의미한다. 어떤 데이터들은 본질적으로 불확실하다. 예를 들어 인간의 감정이나 날씨, 경제요인, 미래상황 등이 그렇다. 그러나 불확실성에도 불구하고 이러한 데이터들은 가치 있는 정보를 포함하고 있다. 즉, 불확실성을 인지하고 수용해야 하는 것이 빅데이터의 중요한 특징이다.

그림 6-18 제4의 V인 정확성이 포함된 빅데이터의 특징요소 [출처: IBM, 2012]

2.2 위성정보 빅데이터 활용방안

2.2.1 빅데이터 활용 사례

현재 빅데이터를 가장 적극적으로 활용하고 있는 곳은 기업들이다. 특히 구글은 빅데이터 활용 사례의 선두주자로 데이터 양이 많으면 많을수록 얻을 수 있는 정보의 품질이 좋아진다는 것을 인터넷 검색에서 실천하고 있다. 접근할 수 있는 모든 웹 페이지를 탐색해서 제목과 내용이 검색어와 얼마나 밀접한 관계를 가지는지를 측정해 지수로 환산한다. 이렇게 방대한 작업을 빠른 시간에 처리하기 위해서 구글분산파일 시스템과 맵 리듀스라는 새로운 처리 기술을 개발했다.

IBM 연구소가 개발한 슈퍼컴퓨터 '왓슨'도 인간의 언어에 대한 이해를 기반으로 방대한 정보를 빠르게 검색하는 기술의 힘을 입증한 사례다. 왓슨은 2011년 2월 미국에서 가장 인기 있는 퀴즈쇼 〈제퍼디(Jeopardy!)〉에 출연해서 인간 챔피언과 겨뤄 승리했다. 〈제퍼디〉 퀴즈의 질문은 분야가 광범위하고 은유적인 표현이 포함되어 사람들조차도 의미를 파악하기 어렵다. 왓슨은 4테라바이트(TB)의 디스크 공간에 저장된 2억 페이지에 달하는 콘텐츠를 활용했다. 왓슨은 의료보험 데이터 분석과 종양 진단과 처리에 활용할 예정이며 씨티그룹(Citi group)과 금융 분야의 활용 방안을 모색하고 있다.

온라인 쇼핑몰의 선구자 아마존(Amazon)도 빅데이터 활용의 역사가 깊다. 아마존은 고객의 도서 구매 데이터를 분석해 특정 책을 구매한 사람이 추가로 구매할 것으로 예상되는 도서 추천 시스템을 개발했다. 고객이 읽을 것으로 예상되는 책을 추천하면서 할인쿠폰을 지급한다. 전형적인 데이터 분석에 기반한 마케팅 방법이다. 아마존은 이러한 데이터 분석 경험에 기반해 현재 하드웨어를 빌려주는 클라우드(cloud) 서비스를 제공하고 있으며 비정형 빅데이터 처리를 위한 데이터베이스를 새로 개발하는 등 빅데이터 관련 기업의 입지를 강화하고 있다.

민간 분야뿐 아니라 정부를 포함한 공공 부문에서도 빅데이터를 활용하기 위해 노력하고 있다. 맥킨지(McKinsey)는 의료, 소매, 제조, 개인 위치정보 이외에 공공 분야도 빅데이터 활용 사례로 소개했다. 특히 EU의 공공행정 부문에서는 행정비용의 15~20%에 해당하는 최대 3000억 유로의 비용 절감이 가능할 것으로 내다봤다.

싱가포르와 미국 정부는 보안과 위험관리 분야에 빅데이터를 활용하고 있다. 싱가포르 정부는 재난방재와 테러감지, 전염병 확산과 같은 불확실한 미래를 대비하기 위해 2004년부터 국가위험관리시스템(RAHS; Risk Assessment & Horizon Scanning)을 추진했다. 다양한 국가적 위험 데이터를 수집·분석해 사전에 예측하고 대응방안을 모색하고 있다. 미국 연방수사국(FBI)의 DNA 색인 시스템도 빅데이터 활용사례다. DNA 빅데이터를 활용해 단시간에 범인을 검거하는 시스템을 운영하고 있다. 오바마 정부가 추진한 필박스(Pillbox) 프로젝트는 국립보건원(NIH) 전용 사이트를 통해 의약품 정보 서비스를 제공하고 제조사와 사용자 간 유기적인 정보 공유를 가능하게 했다. 이를 통해 후천성면역결핍증 등 관리 대상 주요 질병의 분포와 증감 현황 데이터를 수집 · 분석할 수 있게 되었다.

미국 미시간 주정부는 관련 정부기관 통합 데이터웨어하우스(IDW, Integrated Data Warehouse) 구축으로 시민에 대한 보다 나은 서비스를 제공하고 비용을 절감했다. 미시간 주의 21개 정부기관은 데이터 통합을 통해 공공의료보험(Medicaid) 부정행위 발생 감지, 개인 건강관리 개선, 최적의 입양가정 선택 등 공공 서비스 품질 개선에 활용하고 있다. 오하이오주와 오클라호마주 정부는 국세청(IRS) 데이터와 고용데이터를 분석해 새로운 세원을 확보하고 미납세금을 확인하고 있다.

국내 공공 부문의 빅데이터 활용은 시작 단계에 불과하다. 공공 부문도 민간 기업의 CRM 사례를 벤치마킹해 공공부문고객관계관리(PCRM, Public CRM)를 도입해 시행한 경험이 있다. 이러한 시도는 고객만족을 최우선으로 하는 서비스 정신의 확산에는 기여했지만, CRM이 추구하는 고객 데이터 분석을 기반으로 한 맞춤형 서비스 제공에는 한계가 있었다.

국가정보화전략위원회는 향후 공공 부문의 빅데이터 활용 시나리오를 재난 전조 감지, 구제역 예방, 사회복지통합관리망 구축으로 맞춤형 복지 서비스 제공, 물가 관리, DNA, 의료 데이터 공유와 활용 촉진을 통해 개인맞춤형 의료 시스템 구축의 다섯 분야로 제시했다.

2.2.2 위성정보와 빅데이터의 융합

미래 고부가가치 산업으로서 위성산업은 끊임없이 발전하고 있다. 과거 한정된 목적으로서의 위성산업에 비해 현재 다양한 분야에서 위성정보가 활용되고 있는 것이 그 증거이다. 즉, 군사적 목적의 정탐을 위한 도구로서 출발한 원격탐사 및 위성산업은 그 장점으로 인해 이제 민간분야로 진출하여 다양하게 활용되고 있다.

위성산업의 발전 속도는 매우 눈부시다. 불과 60여년의 시간동안 최초의 위성인 스푸트니크1호와 비교하면 엄청난 기술적 성장을 거듭했다. 1m 이하 급의 공간해상도를 가지는 초고해상도 위성의 개발로 우주에서 지표면의 자동차와 나무의 개수까지 파악할 수 있으며, 적외선 영상을 이용해 인간의 눈으로 보이지 않는 지표면의 열 분포, 대기관측 위성으로 대기의 분포와 기상예보도 가능해졌다. 이러한 기술적 성장의 배경으로는 인간의 탐구에 대한 끊임없는 욕망이 바탕이 되었다. 즉 위성정보 수요그룹의 니즈를 충족시키기 위해 기술은 끊임없는 발전을 거듭해온 것이다.

위성산업의 발전으로 위성정보의 크기와 종류가 매우 다양해졌다. 현재 지구주위를 돌고 있는 위성의 개수는 1000개가 넘는다. 각각의 위성은 다양한 목적에 의해 개발되어 임무를 수행하고 있으며, 하루에도 엄청난 양의 지구관측정보를 보내오고 있다. 또한 위성자료의 품질 향상으로 자료의 크기 또한 커지고 있다(영상 한 장의 크기가 GB급을 넘어가고 있다). 이렇게 나날이 커지고 있는 위성자료의 효과적인 처리와 분석을 위해서 빅데이터 기술을 사용할 수 있을 것이다.

빅데이터의 특징인 규모, 속도, 다양성, 불확실성은 거대해진 위성정보를 효과적으로 관리할 수 있다. 거대해진 위성정보의 규모는 향상된 스토리지 기술과 클러스터링을 통한 빠른 처리속도를 이용하여 효율적으로 저장, 관리, 처리가 가능하다. 또한 위성의 개수와 목적의 다양성으로 수많은 종류의 위성자료와 2차 자료를 빅데이터 기술을 이용해 효과적으로 관리할 수 있다. 향후 위성개발 계획 수립을 위해 빅데이터 기술을 이용한 수요그룹의 니즈를 분석한다면 최적의 개발계획을 수립할 수 있다.

위성정보와 빅데이터의 융합 사례를 들어보자면 NASA의 NRT(Near Real Time) 시스템이 있다. NASA의 NRT 시스템은 지구관측 위성인 Terra/Aqua의 다양한 산출물들을 3시간 이내로 처리하여 배포하는 시스템이다. 과거의 시스템과 다르게 근 실시간으로 다양하고 많은 위성자료들을 처리하여 배포하는 것이다. 이것은 빅데이터 기술과의 융합기술의 기초적인 사례로 볼 수 있을 것이다. 즉 Terra/Aqua 위성에서 산출되는 많은 양의 데이터들을

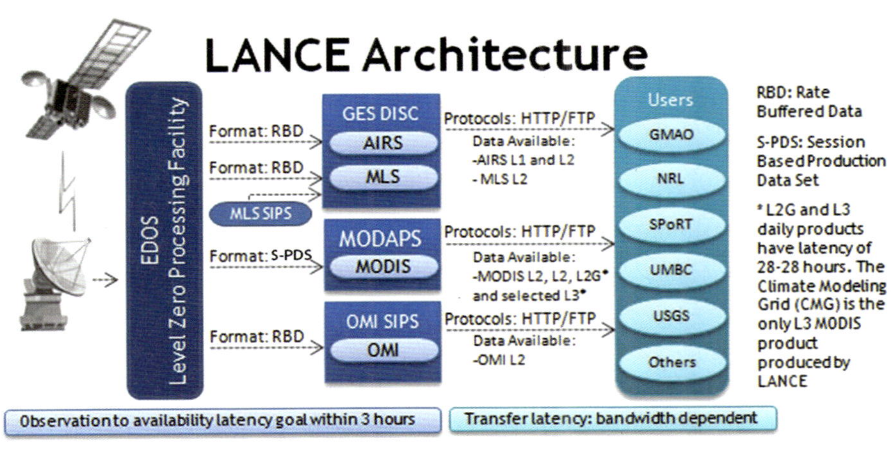

그림 6-19 NASA의 NRT(Near Real Time) 시스템 아키텍처 [출처: NASA]

과거의 데이터 처리 기술로는 실시간으로 처리 및 관리와 배포가 불가능하다. 하지만 빅데이터 기반의 고용량 자료처리 및 관리기술의 발전은 위성영상의 실시간 배포를 가능하게 할 수 있었다. 물론 NRT시스템은 아직 빅데이터라고 보기에는 정보의 양이 작다. 하지만 미래 위성정보와 빅데이터의 융합으로 나아가야 할 하나의 방향을 제시한 기술로 적절한 사례라 평가할 수 있다.

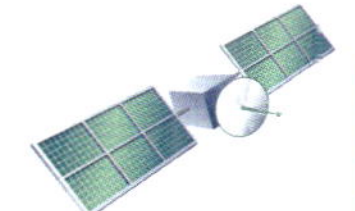

제3장

위성정보 활용 방안

3.1 지도제작

지금까지 지도제작은 인공위성영상보다는 지형지물 식별 능력이 우수한 항공사진을 주로 활용해 오고 있다. 위성영상을 이용한 지도제작은 1990년대부터 SPOT 위성사진의 해석도화에 의한 지도제작 실험이 이루어졌다. 최근 들어 공간해상도 1 m 급 고해상도 위성영상이 상용화됨에 따라 수치영상처리시스템 및 위성영상을 이용한 수치도화 등 고해상도 위성영상을 이용한 수치지도 제작기술이 본격화되고 있다.

최근에는 1 m 급 고해상도 IKONOS 위성영상을 활용하여 1:5000 수치지도를 제작하는 연구가 이루어졌다. 지금까지는 주로 지상기준점(Ground Control Point, GCP) 획득과 수치 고도모형의 제작기술 등 위성영상지도 제작과정에서 필요한 요소기술에 대한 연구가 많이 진행되었다. 위성영상을 이용한 지도제작 가능성은 국립지리원을 중심으로 관련기술을 검토하고 있으며, 육군지도창과 국방과학연구소에서도 군사용 지도제작을 위한 연구를 수행하고 있다. 이 외에도 기업에서 지리정보서비스의 바탕지도로 이용하기 위하여 위성영상지도를 제작하고 있어, 앞으로는 제작기관이 다원화되면서 수요자의 요구에 맞게 다양한 형태의 지도가 제작될 전망이다.

지도제작에 이용되고 있는 위성영상은 공간해상도 5~20 m 급의 아리랑 1호, IRS−1C, SPOT 등 중해상도 위성영상이 많이 활용되었으며, 이 중에서 스테레오 영상획득이 가능하고 비교적 안정적인 시스템을 가지고 있는 SPOT 위성영상을 가장 많이 활용하였다. 그러나 향후 IKONOS, 아리랑 2호, QUICKBIRD 등 고해상도 위성영상을 이용한 지도제작이 활발해질 전망이다. 지도제작에 관한 업무는 국립지리원이 중심기관이지만 지도에 관한 연구는 전문기관이나 대학에 의해 수행되고 있다.

3.1.1 지형도 제작

고해상도 위성영상의 등장으로 인해 주목 받고 있는 분야 중의 하나가 지도제작이다. 고해상도 위성영상을 이용한 수치지도 제작 및 갱신은 종래의 지상측량 및 항공사진측량에 비해 광역지역을 빠른 시간에 효과적으로 처리 할 수 있다. 또한 비용이 저렴하고, 주기적인 데이터 획득이 가능하여 정보갱신이 용이하다는 장점을 가지고 있다.

위성영상이 지니고 있는 주기성 · 광역성 · 다중분광특성 등의 장점에도 불구하고, 지도제작분야에의 활용 가능성이 크게 주목 받지 못했었던 것은 항공사진과 대비한 공간해상도의 취약함 때문이었다. 그러나 이러한 한계는 고해상도 위성영상의 취득 및 활용 계획이 현실화되면서 빠른 시간 내에 극복되고 있다.

수치지도제작에 대한 경험이 축적되고 기술적 문제가 점진적으로 극복됨에 따라 연구의 관심은 제작비용 및 자료의 갱신주기를 단축시킬 수 있는 방안을 모색하는 쪽으로 이동하고 있다. 캐나다의 CTI(국가지형 데이터베이스와 지형시리즈 구축담당기구)에서는 SPOT과 KVR−1000 위성영상을 이용하여 대축척에 대한 실험을 완료하였다. 그리고 1:50,000 지도제작에서 IRS−1C 위성영상의 활용가능성에 대해 잠재력을 가지고 있는 것으로 평가하였다.

러시아의 경우 군사목적으로 사용되어 왔던 지상관측용 고해상도(공간해상도 1~2 m) 인공위성영상이 상용화되어 유럽, 아시아 등 세계 여러 나라의 지도를 제작함으로써 확고한 자리매김을 하고 있다. 최근에는 상업용 고해상도 IKONOS 위성영상으로 1:2,400 축척까지 제작할 수 있다는 논문이 발표되어 지도제작분야에 큰 관심을 불러일으키고 있다.

우리나라의 경우 항공사진측량이 불가능한 군사분계선(경기도 파주시 교하면 지역)에 대해 고해상도 위성영상을 이용하여 1:10,000 수치지도를 제작한 사례가 있으며, 정확도 및 비용측면에서 양호한 결과를 가져 왔으며, 1 m 급 고해상도 위성인 IKONOS 영상을 활용하여 1:5000 수치지도 제작에 관한 연구를 수행하였다. 또한 북한, 중국 등이나 해양환경과 같이 접근이 어려운 지역에 대한 지도제작으로 여러 가지 정보분석이 가능하게 되었다. 위성 영상을 이용한 DEM 제작하게 되면 최종 자연 및 인공지물을 4차원 공간정보로 구축할 수 있으며, 이를 통해 국토개발 및 도시계획을 위한 기초자료로 활용할 수 있다.

1~2 m 급 고해상도 위성영상을 이용하게 되면 1:5,000~10,000 대축척 수치지도제작이 가능하며, 향후 50 cm 급 해상도를 사용할 경우 1:2,000 축척의 지도를 제작할 수 있게 된다. 또한 제작된 수치영상지도를 기본으로 하여 각종 속성정보와 통합함으로써 향후 GIS 구축에 효율성 및 능률성을 제공할 수 있다.

3.1.2 주제도제작

지구상에 있는 모든 사물은 시간이 지남에 따라 서서히 혹은 급진적으로 변한다. 위성영상을 이용하여 각종 시설물 및 토지이용에 대한 모니터링을 함으로써 국토를 관리하고 보전하는 데에 효율적으로 이용할 수 있다. 토지이용(Land use)/토지피복(Land cover) 정보는 전 국토의 여러 가지 정책 결정과 관리, 수행의 중요한 요소이다. 토지이용현황의 변화추세를 연구하면 미래의 토지이용을 예측할 수 있다. 또 세금정책, 지역 · 지구 설정, 그린벨트 관리, 자연보호 활동, 도시확장 패턴 연구, 산림의 축소 탐지 및 농경지 현황도 제작, 도시성장 억제, 국토개발 및 도시계획 등에 효과적으로 이용될 수 있을 것이다. 그리고 자연환경, 수질환경, 대기환경 등 각종 환경관련 모델링과 환경통계 작성 시 기초자료로 활용할 수 있다.

고해상도위성영상은 토지의 이용형태가 육안으로 뚜렷이 확인되고, 건물의 형태와 담의 위치까지 알 수 있으므로 필지의 경계를 판단할 수 있는 유용한 자료이다. 따라서 토지이용상태 조사, 지가 산정, 지번확인, 토지세 산정 등의 지방자치단체의 각종 행정업무에 기초자료를 제공하는 데에 효과적으로 사용될 수 있다.

지번도와 지적도, 지형도는 좌표체계 문제를 차치하고서라도 필지의 경계와 지형지물의 위치가 서로 맞지 않는 경우가 허다하다. 각각의 지도가 서로 다를 경우 현장조사와 측량을 하기 이전에 고해상도 위성영상을 이용하여 쉽게 사실 확인을 할 수 있다. 근래에는 정사 보정한 항공사진 영상과 지적도를 중첩하여 지적 현황파악 및 관리를 수월하게 할 수 있는 연구도 수행된바 있다. 향후 50 cm 급 고해상도 위성영상이 상용화된다면 축척 1:24,000 이하의 지적도를 관리할 수 있을 것이다.

토지정보시스템(Land Information System)에서 고해상도 위성영상을 이용하게 되면 시각적인 측면과 주변과의 관계 파악에 보다 더 효과적인 시스템을 구축할 수 있다. 토지관리행정과 토지정보서비스에 효율성을 제고 할 수 있을 것이다.

3.2 임업

토양생물지리학에서는 식생 및 토양에 대한 연구와 생물집단과 생태군 조사에 원격탐사기법을 많이 이용하고 있다. 식생의 성장 및 정지의 연변화의 관찰, 토양보습의 연변화와 토양침식강도의 관찰, 산림과 초지 경계의 도화, 산불의 생태학적 영향에 접근, 토지의 유기및 농작물의 성장, 작황의 추정, 수확기의 time-series 연구, 농작물의 질병과 해충전염의 경고 등 여러 가지 연구가 이루어지고 있다.

식생과 엽록소에 관한 연구에는 적외선 영상이 효율적이며, 토양보습에 관한 연구는 가시광의 파장대역이 효과적이다. 위성 영상 그 자체로는 정량적인 자료추출이 불가능하므로 현지 자료의 수반과 아울러 지표현상을 해서해야 한다. 임업분야에서 가장 기본적인 주제도의 하나인 임상 구분도는 산림을 이용하고 보존하는데 중요한 기초자료가 되다. 임상을 구분하고 모니터링 하는 데에 고해상도 위성영상을 이용하여 다양한 수종을 정밀하게 분석하고 있다. 멸종위기 생물의 서식지와 같은 특정 보호구역에 대한 관리에는 고해상도 위성영상이 유용할 것으로 판단된다. 또한 산불감시와 도시녹지 조정사업에도 위성영상의 활용사례를 쉽게 찾아볼 수 있다.

임업분야에서는 위성영상을 이용하여 식생현황, 임상구분, 산지이용현황, 산림재해현황 등과 같은 다양한 정보를 추출하고 있다. 초기에는 주로 산림자원의 현황을 분석하는데 치중하였으나 자원의 변화상태를 관찰하는 모니터링시스템 개발과 산불피해 현황을 신속히 분석하는 등 정책 또는 의사결정을 지원하는 정보생산에 주력하고 있다.

특히 남북한이 공동으로 산림병충해를 방지하기 위하여 위성을 이용하여 병충해 피해지역을 파악하거나, 해마다 반복되는 동해안 산불피해지역에 대해 건전한 자연생태계 복원 및 항구적인 산림복구계획을 수립하는 위성영상을 이용하고 있는 것은 좋은 사례이다. 임업분야에서 활용되고 있는 위성영상은 주로 분광특성을 이용하여 분석하기 때문에 대부분

Landsat TM 영상을 이용하고 있으며, 한반도 단위의 분석에는 기상위성 또는 해양위성을 이용하기도 한다.

3.3 환경

실제 경관 시뮬레이션이나 환경 시뮬레이션은 그 지역을 직접 방문해 사진이나 스케치를 통하여 평가를 하게 된다. 이 방법은 많은 시간과 비용이 들며, 3차원을 현실적으로 재현하지 못하기 때문에 정확한 자료를 얻지 못한다.

직접 그 지역을 가보지 않고서도 고해상도 위성영상을 사용하게 되면 정확하고 효율적으로 평가를 할 수 있다. 지형이나 건물을 그 지역을 가보는 것과 같은 비교적 정확한 자료를 얻을 수 있으며, 주변 경관과 계획대상의 크기, 형태, 위치 등의 시각적 표현이 가능하다. 위성영상과 함께 컴퓨터 그래픽 시뮬레이션을 수행하게 되면 임의 방향에서 보는 3차원 조감도를 제작 할 수 있다. 따라서 현실적이고 자세한 공간정보를 제공하여 경관환경평가에 질을 높일 수 있다. 특히 대규모 토목공사, 농원, 국립공원, 유원지, 스키장, 골프장 등 환경 및 경관영향평가에 활용 할 수 있다.

환경분야에서 일반화 되어 있는 원격탐사 적용기법은 토지피복 분류나 생태 자연도 작성 등 환경자원의 현황분석이다. 환경모델링의 경우 위성영상과 현장조사자료의 통합해석 등이 이루어지고 있으나 심도 깊은 연구가 필요하다.

환경분야는 그 범위가 넓고 다른 분야와 상호 연관성이 높기 때문에 위성영상을 가장 활발히 활용하는 분야중의 하나이다. 지금까지 주로 식생분류와 토지피복분류에 위성영상을 많이 활용하여 왔으며 수질오염과 갯벌관리, 수자원 및 유역관리, 환경모델링과 환경영향평가 등에도 위성영상의 활용이 증가하고 있는 추세다. 활용범위가 넓은 만큼 사용하는 위성영상의 종류도 IKONOS, KOMPSAT, NOAA, Landsat TM, SPOT, IRS – 1C, Radarsat 등으로 매우 다양하다. 토지피복분류의 경우 위성영상의 해상도가 높을수록 분류종류와 정확도가 높아지기 때문에 저해상도에서 고해상도 위성영상까지 고루 이용되고 있다.

3.4 농업

인간의 생활의 대부분이 땅에서부터 시작되겠지만 농업분야는 특히 토양에 대한 연구가 매우 중요하다. 토양에 대한 물리 · 화학적 분석은 그 토양이 화학적으로 어떤 성분으로 이루어졌는지, 그리고 암석의 상태는 어떠한지(돌인지, 자갈인지, 모래인지 등등), 토양의 수분함량 특성이나 기타 토양의 상태를 구분 짓는 자료들을 얻을 수 있다. 농업분야에서 고해상도 위성영상의 활용은 이러한 토양상태를 바탕으로 농작물의 작황상태를 파악하고 농업재해를 예방하는 데 주로 이루어진다.

토양도는 다른 무엇보다도 농경과 목축을 하는 실제 농민들에게 유리한 정보를 제공한다. 식물이 잘 자랄 수 있는 비옥한 토양도를 보고 쉽게 판단할 수 있다. 뿐만 아니라, 물빠짐 특성과 더불어 그 지역의 예상 수확량까지를 판단해줌으로써 어떤 작물을 어디에 얼마나 심어야 할지, 그 땅은 어떻게 개간하고 바꾸어야 할 지에 대한 광범위한 정보를 제공해 준다. 직물생산환경 감시는 식량문제 뿐 아니라 환경이나 정책적인 측면에서 다루어져야 할 중요한 사항이다. 위성영상은 각 나라에서 주식으로 재배하고 있는 작물면적을 추정하고, 잠재수량을 파악하는데 유용한 도구로 사용할 수 있다.

3.5 해양

해양분야는 수산자원 분석, 연안과 양식어장 관리, 갯벌 등 생태계 관리, 해양오염 등의 연구에 위성영상을 이용하고 있다. 해양자원에는 어류, 기타 식용자원 및 해양 지하자원(석유, 가스 등) 의 탐색이 포함된다. 어군의 추적에는 해수표층의 엽록소 농도를 측정하여 판단하며, 공해상의 해양어업 또는 해저도관 부설 등과 같은 다양한 문제를 분석하는 데는 해양표면의 topography가 주로 이용된다. 해양 및 근해 오염의 근본적인 원인으로는 육상의 동식물에 의해 발생되어 연안해역에 유입되는 비점오염원과 합성 · 유기 · 화학제품, 침전, 산업에 사용된 산업폐수와 열 폐수와 같은 점 오염원 등이 있다. 해양의 오염정도는 해수표층의 색깔을 분석하면 알 수 있다. 부유사 농도 등을 정량적으로 해석하는데 이용되고, 이러한 정보들은 원격탐사에 의해 광범위한 해양정보를 제공한다. 이러한 정보는 해양에서 오염

물질이 어떻게 확산되는가에 대한 예측이 가능하고 해류 구조에 대한 원격탐사정보를 기본 자료로 이용하기도 한다. 해양분야 원격탐사를 주로 수행하고 있는 국립수산진흥원에서는 현재 4가지 종류의 지구관측 위성에 대해 수신국을 운영하고 있다. 이러한 인공위성 자료를 바탕으로 해양자료 속보를 발간하고 있으며, 주간해황작성과 월간해황 예보에 활용하고 있다.

NOAA 위성의 AVHRR자료로부터 한국 연근해의 표층수온 정보를 획득하여 인터넷을 통해 제공하고 있으며, Orbview-2 위성에 탑재된 SeaWiFS 자료로부터 식물플랑크톤과 같은 해수색 요소를 추출하여 엽록소의 정량적인 분포지도를 작성하고 있다. GMS-5 위성의 SVISSR 자료는 서부태평양 주변의 광역 표면 수온정보를 매일 실시간으로 수신 · 분석하는 데 이용하고 있다. 최근에는 MODIS를 수신하고 있어서 36개의 멀티채널에 의한 해양정보를 추출하고 있다.

한국해양연구원은 NOAA AVHRR에 의한 표층수온 분포지도를 제공하고 있다. 이를 바탕으로 해양물리, 해양생물 등의 연구활동은 수행하고 있고, 특히 기후환경변화에 대한 다양한 연구과제를 위성자료를 바탕으로 수행하고 있다. 해양분야에 활용되고 있는 위성영상의 종류를 살펴보면 수산자원 분석에는 현재는 운행이 중지되어있지만 과거의 해양환경을 연구하고 지구환경변화를 연구할 수 있는 CZCS, OCTS 등의 해색센서가 있으며, 최근에는 SeaWiFS, OSMI, MODIS 등 광대역 저해상도 위성영상을 이용하여 해양환경변화를 관측하고 있다. 연안지역과 관련해서는 Landsat, SPOT, IRS 등 중해상도의 위성영상이 활용되고 있는데, 20~30 m 급 해상도를 가장 다중분광 위성영상은 연안해역의 다양한 환경관측과 시설물관측에 적합한 것으로 평가되고 있다. 특히, 양식어장 등을 파악하는데 있어서는 아리랑 1호, SPOT 또는 IKONOS 등 고해상도 위성영상이 선호되고 있다.

국내에서 위성자료에 의한 해양분업에 관한 연구는 한국해양연구원과 국립수산진흥원이 주로 수행하고 있다.

3.5.1 연안 및 항만 관리

우리나라는 삼면이 바달 둘러싸인 반도국가이며, 연안지역의 갯벌은 생태적인 측면에서 보았을 때, 그 효용성 및 중요성이 매우 크다. 따라서 갯벌지역의 현황과 변화 파악은 향후의 개발과 보전계획의 수립에서 매우 중요한 부문으로 연구가 필요하다. 특히 갯벌과 연안

지역과 같은 광범위한 지역에 대한 환경모니터링에서의 원격탐사 기술은 매우 필수적이라 할 수 있겠다. 연안통합관리를 위한 통합수치도 제작의 기초연구로써 연안의 효율적인 보전 · 이용 · 개발을 위한 연안통합관리체계 마련에 있어서 연안의 정의를 파악하고 국내 · 외 연안 관리 현황을 고찰할 수 있다.

인공위성영상을 이용하는 것은 연안지역의 사회간접자본 즉, 기간시설물, 간척사업, 항만 및 어장 등을 관리하는데 매우 효율적이다. 그리고 해양분야에서의 사어계획, 설계, 시공과 관리에 일관되고 정확한 현황도를 제공함으로써, 해양정책의 신뢰성을 높일 수 있다. 특히, 각종 해양관련 업무에 중요한 자료가 되는 해안선 변화를 빠른 주기로 정확하게 탐지하고 지도화 함으로써 예산의 손실을 크게 줄일 수 있다.

3.5.2 기름유출, 갯벌 및 양식장 관리

우리나라 연안지역 특히 서해연안은 간척지 사업에 기인한 지표지형변화가 단기간에 대규모적으로 이루어진 지역으로 영상에서 지표변화추이를 관찰 하기에 좋은 지역이다. 이러한 갯벌의 퇴적양상을 재분류 하고 퇴적물 변화와 간척사업 모니터링 등 지표변화를 추출하는 것은 기술적인 연구가 많이 필요하다.

위성영상을 활용하는 데에 해결해야 할 기술적인 문제는 정확한 지상기준점 선정(현지에서 GPS 측량), 시 계열 위성영상 획득 등이 있다. 또 영상분류(토지피복분류), 정확한 해안선 확정, 간조 및 만조시의 해안선 획득, 갯벌과 바다(공유수면)의 정확한 분류 등 분석방법에 관한 연구도 이루어져야 한다. 고해상도 위성영상은 양식장의 형태와 분포도 육안으로 판별할 수 있다. 이를 이용하여 불법어장을 감시할 수 있다.

3.6 기상/기후

인류가 산업화를 진행시킨 이후 지구는 환경오염으로 몸살을 앓고 있다. 특히 지난 수십년 동안의 급격한 경제팽창은 지구 환경오염의 주범이라 할 수 있다. 환경용량이 열악한 우리의 여건에 비추어 볼 때 대기질의 개선을 위한 강력하고 효율적인 대책이 수립되고 추진되지 않는 한 대기오염의 심화로 인한 피해는 환경 재난으로 닥칠 가능성이 크다. 이러한 이

유로 최근 위성영상을 이용한 대기 환경의 실태 및 예측 시스템은 환경과 밀접한 관련이 있는 대기의 상태 및 변화과정을 이해하고 이로부터 미래의 대기환경상태를 예측하여 지역사회 및 국가 나아가서 전 세계가 이 대기환경 문제에 대한 대처방안을 제시하는 근간이 되고 있다.

주기적으로 취득된 위성 영상을 이용하여 공장의 매연 등에 기인하는 대기환경을 계속적으로 모니터링하고 재해대책을 수립할 수 있다. 현재 기상과 해양관측에 위성영상의 활용이 많이 치우쳐져 있으나, 고해상도 위성영상은 도심 내 유독성 화학물질과 매연상태를 탐지해냄으로써 대기분야에 많은 활용을 제시해 주고 있다.

기상 · 기후에서 중요시하는 임무는 먼저 오존층의 형성에 관한 모델링과 이의 예측이다. 오존층은 대부분 대기층에 존재하는데 성층권에서는 태양의 자외선 방사가 약화되어 오존구멍이라는 위험한 상태가 발생할 수 있다.

3.7 지질자원

지질분야에는 Landsat TM, IRS-1C 등의 광학영상과 ERS, JERS 및 Radarsat과 같은 SAR 영상이 많이 이용되고 있다. 원격탐사의 지질학적 응용분야는 대체로 암종 구분에 의한 지질도 작성, 선구조선 추출에 의한 지하수 탐사, 지질구조 판독에 의한 광물자원탐사, 산사태, 산불, 홍수, 지반침하와 같은 지질재해의 모니터링 등을 들 수 있다.

지질도 작성 및 광물자원탐사를 위해 지표면 암석의 분광반사율 특성을 조사하고 영상과의 상관관계를 분석하여 변질대 추출, 암상 구분 등의 연구가 진행되어왔다. 최근에 와서는 광학영상과는 달리 지표의 물리적 정보추출이 가능한 SAR 영상을 이용한 지질학적 응용도 활발히 진행되고 있는 분야이다. SAR Interferometry를 이용한 한반도 지각운동 연구, Polarimetric SAR, Radar Altimetry 등을 이용한 연구가 수행 중 혹은 수행예정으로 있다.

또한 지질재해를 모니터링 하기 위해 산사태 발생지역 탐지, 산불 발생지역 탐지 등에 광학영상자료를 이용한 연구가 진행되어왔다. 특히 산사태 발생지역 탐지 분야는 지형지물 변화 탐지 및 모니터링이 가능한 고해상도 위성영상을 이용할 경우 효과가 더욱더 증대될 전망이다.

3.7.1 지질 및 지진, 지하자원 탐사

지질 판독의 요소로 들 수 있는 것은 지표에 나타난 지질구조에 관한 정보이다. 즉 지형 · 수계 · 피복과 같은 지표면의 상황을 해석할 수 있다. 지형에 있어서는 상대적 고도나 기복의 정도 · 간격 · 수계에 있어서는 밀도와 그 패턴을, 그리고 피복에 있어서는 지표를 덮는 물질의 종류와 밀도를 추출해서, 지질구조를 종합적으로 판단할 수 있다.

지질조사는 전 세계 각지를 일일이 답사하는 일도 어렵고 국지적인 정보만으로 지하자원이나 광물 부존가능성을 판단하기 어렵다. 지하자원의 탐사와 개발은 많은 돈을 필요로 하는 일이기 때문에 사전자료 파악은 그 어느 일보다도 중요하다고 할 수 있다. 이런 관점에서 볼 때, 위성영상 판독을 통한 광범위한 지역의 지질학적 정보 추출은 자원 탐사에 있어서 그 정확성과 수월성을 더해주게 되었다.

최근에는 고해상도 위성이 발달하면서 1:10.000 정도에 이르는 세밀한 지질도를 제작할 수 있게 되었다. 이런 지도를 통해 대강의 땅의 형태뿐 아니라, 산맥, 하천, 경사 등의 대강의 세밀한 부분도 알아볼 수 있다. 또한 현재의 광산과 폐쇄된 광산을 관리하고 주변 환경평가를 하는 데에 고해상도 위성영상을 유용하게 이용할 수 있다.

3.7.2 재해예방 및 피해규모 산출

고해상도 위성영상은 재해(인공 및 자연)에 대한 전후파악에 가치 있는 도구로 평가 받고 있다. 다중분광영상을 사용하면 산림에서 발생한 화재의 진압정책을 결정할 수 있으며, 화재피해지역 면적을 손쉽게 산출할 수 있다. 산림화제의 피해 산정은 70 cm 급 고해상도 흑백영상을 이용하여 각 수피의 세밀한 사항을 파악할 수 있으며, 2.8 m 급 다중분광 영상을 이용하여 살아남은 나무의 건강 상태를 파악할 수 있다. 위성영상은 산불의 발생 잠재성, 접근성, 주기성, 진행성, 확장성의 측정을 위해 화재전후의 상황을 파악할 수 있다.

또한 폭풍으로 인한 피해규모를 책정하여 지원대책을 강구할 수 있으며, 주위 환경에 따른 지표의 오염과 영향은 고해상도 위성영상을 이용하여 탐지가 가능하다. 장기간 저장되어 있는 화학재료 및 폐기물 탱크의 파손으로 인한 지표의 오염요소를 추출하여 조기에 예방할 수 있다.

시설물을 배치하고 난 후의 가스, 전력의 공급에 대한 장애물들을 주기적으로 모니터링하고, 지진, 태풍, 수해 등의 자연재해로 인하여 발생되는 피해에 대한 복구계획을 세울 때

효과적으로 사용할 수 있다. 탄광회사는 전통적으로 탄광의 탐사와 개발, 환경의 모니터링, 시설물들의 입지, 사토장의 선정 등에 위성영상을 사용하고 있다.

주기적 모니터링을 통한 수해지형 분류도를 작성하여 지형과 홍수와의 상관관계로 홍수 위험구역을 파악할 수 있으며, 유역을 조사하여 홍수의 성격, 유동방향, 범람 예상구역을 조사할 수 있다.

강우, 지진에 의하여 발생하는 토양, 암석의 이동 현상 등은 주기적 모니터링을 통하여 탐지함으로써 향후 재해 대책을 세울 수 있다. 또한 붕괴(또는 땅 밀림) 발생 전후의 영상을 비교함으로써 붕괴지의 깊이, 균열, 사면상태, 식생 등의 정보를 얻을 수 있으며, 붕괴지의 현상, 형태, 발생위치 등을 조사하여 재해의 정성, 정량적인 실태를 명확히 파악할 수 있다. 해안침식(coastal erosion) 즉 태풍이나 계절풍에 의하여 해안선이 후퇴한다든지 사구가 생기는 등의 변화상황을 감지 할 수 있으며, 해일로 인한 연안지역 피해규모 및 재난 대책에 활용할 수 있다.

3.8 국토/도시계획

도시와 관련된 업무는 비교적 자세한 정보를 필요로 하기 때문에 위성영상 보다는 항공사진이 많이 이용되었다. 항공사진은 주로 개발제한구역내 건물 관리 등 단속업무, 도시계획 입안결정, 교통계획 등 도시계획관련 업무, 도로 점용계 등 소송업무, 수치기본도 자료 등 행정업무에 이용되고 있다. 위성 영상은 주로 넓은 지역의 토지이용 현황과 시계열적으로 토지이용의 변화정도를 파악하고 도시지역의 범위를 확인하는데 활용하였다. 위성영상으로 분석한 결과가 실제와 일치하는 정도가 낮기 때문에 실제로 적용된 경우는 없으며, 분류 또는 분석의 정확도를 향상시키기 위한 연구가 많이 수행되었다.

국토연구원에서 수행한 연구내용을 보면, Landsat MSS 또는 TM 영상을 이용하여 토지이용현황을 분석하였으며, 최근 들어 1~2 m 급 고해상도 위성영상을 이용하여 정사영상과 위성영상지도를 제작하는 시범사업을 수행하였다.

고해상도 위성영상은 중저해상도 위성영상에 비해 별도의 영상처리 없이 육안으로 판독할 수 있는 정보의 비율이 매우 높아 행정전문가들에게 인기가 높다. 또한 분석의 정확도가 높아 도시계획과 관련한 일부 업무는 항공사진을 대신할 수 있을 것으로 기대된다.

3.8.1 국토개발 및 도시계획

급속한 도시성장으로 도시의 물리적 구조와 도시 권역의 형태, 도시성장의 패턴에 대한 예측은 교통계획이나 도시계획, 환경을 연구하는 사람들에게 매우 중대한 문제로 대두되고 있다. 고해상도 위성영상은 국토의 모습을 사실 그대로 자세히 파악할 수 있기 때문에 행정의 신뢰성 확보, 국토정책의 효율성 및 합리성을 도모 할 수 있다. 또한 토지이용의 분류 및 변화형태, 지형, 지물, 지세의 변화 분석을 통하여, 신도시 개발, 도로 및 항만건설 등의 선계획 후개발의 국토계획 관리체계를 확립하여 난개발 방지에 기여할 수 있다. 특히 도시개발계획을 위해 지형 · 지물(주요시설) 분포현황 등을 정확히 파악할 수 있는 장점을 가지고 있어 영상만으로도 그 효용성이 매우 크다고 할 수 있다. 민간인 출입이 통제되어 있는 군사분계선지역의 도로, 철도 등 사회 간접시설의 확충과 관광산업 육성도 크게 기여를 하고 있다. 또한 그린벨트를 관리하고 구역조정을 하는 데에 기초자료로 활용할 수 있다.

3.8.2 토목건설 및 교통노선계획

위성영상의 특징 중의 하나는 항공사진보다 광역적으로 영상을 획득할 수 있다는 것이다. 이러한 장점은 영상의 모자이크 비용을 줄 일뿐 아니라 시 · 도 규모의 개발계획을 수립하는데 적절한 스케일을 제공한다. 특히 고속도로, 간선도로, 대규모 토목건설 등의 기본설계를 적은 비용으로 할 수 있다는 것이다.

개발 가능지역에 대하여 현장답사에 앞서 고해상도 위성영상을 획득하여 대상지역의 각종 정보를 추출할 수 있다. 고해상도 위성영상은 송전탑의 위치선정, 관로계획, 도로선형계획, 대규모 주택 단지 입지선정 등에 효과적으로 활용될 수 있다. 특별히 해외의 공사현장 같은 경우 본사에서 위성영상을 이용하여 공사의 진척사항 등을 수시로 파악할 수 있으므로 많은 비용을 절감할 수 있다.

또한 대중교통계획의 경우 최적의 대중교통 노선을 선정하거나, 새로운 도로의 노선을 결정하는 등의 지역기반시설 계획에도 고해상도 영상은 유용한 도구가 된다. 또한 3차원 가상비행모의실험(Fly Simulation)을 통하여 도로 및 철도의 신설 및 확장구간 주변의 환경을 평가할 수 있다.

3.8.3 도로망 관리 및 물류

교통과 인간 활동과의 밀접한 관련성 때문에 교통의 양과 질은 바로 한 국가, 또는 사회 경제 및 활동, 생활의 질을 평가하는데 큰 영향을 미친다. 고해상도 위성영상과 GIS, GPS 등의 기술을 연계하여 도로, 철도, 항만 등 교통 수단을 포함한 제반 시설의 계획, 설계, 운영 및 관리를 효율적으로 할 수 있다. 이를 통해 사람과 물자를 안전하고 편리하며 효율적으로 수송하기 위한 교통정책을 지원할 수 있다. 도로상에서 수집한 다양한 교통정보를 교통류의 제어 및 운영에 이용하기 위해서는 벡터개념의 수치지도보다는 고해상도 위성영상 위에서 이루어지는 것이 현실적이며, 보다 정확하게 전달 될 수 있다. 향후 CCTV, 루프 검지기, 통신원 등을 통하여 수집된 교통정보를 고해상도 위성영상과 접목하여 제공함으로써 첨단 대중교통 시스템 구축에 일익을 담당하게 될 것이다.

3.8.4 시설물 관리

최근에는 벡터공간 정보와 래스터 공간정보의 통합되고 있는 실정이며, 향후 벡터자료로 대표되는 공간정보자료시장은 급속도로 발전하는 래스터 공간정보자료(위성영상자료, 항공사진자료, 이미지자료) 시장으로 대체/보완될 것으로 전망된다. 기존의 벡터공간정보자료보다 훨씬 더 많은 공간정보를 가지고 있으며 데이터의 사용에 있어서 유연성을 가지고 있다는 것이 큰 장점이다.

상하수도, 가스, 전력, 전화 등과 같이 지역전체를 대상으로 시설물을 배치하는 단체나 회사의 경우에는 고해상도 위성영상의 필요성은 더욱 더 가중된다. 이는 가스배관 및 송유관 선로 계획시 현장 작업의 비용을 줄이고, 최적지 선정과 최적의 배관을 계획하는데 아주 효율적으로 사용할 수 있다. 석유회사의 경우 시추 전에 현장작업에 대한 사전 답사 및 계획을 수행하여야 한다. 먼 거리에 있는 현장에 대한 정보를 얻기 위해 고해상도 위성영상을 사용하면 경제적이고 능률적으로 시추작업을 할 수 있다.

3.9 수자원

급속한 도시화로 인하여 수자원 관리의 필요성이 대두되고 있으며 수문모형에 기본이 되는 지형요소추출은 위성영상을 이용하는 사례가 많아졌다. 상 · 하수도 및 댐의 건설 계획에서 기존에는 종이 지도상에 개발 예정지를 나타내어 계획을 하였지만, 최근에는 위성영상 위에 표시하고 있다. 누구나 쉽게 대상지를 인식하고 현재 수자원이 분포하는 상황을 판단할 수 있다. 뿐만 아니라, 고해상도 위성영상을 정사 보정하여 사용하게 되면 실제거리 및 면적을 손쉽게 구할 수 있다. 인구가 많은 도시와 공장지역에 인접한 연안은 수질오염이 문제시되고 있는데 이러한 수질오염의 감시에는 해색을 지표로 한 원격탐사 기술의 응용이 가능하다.

수자원분야에서는 주로 수자원의 현황조사, 수질조사, 유역관리를 위한 조사 등에 위성영상자료를 이용하고 있다. 특히 우리나라의 수자원은 북한지역의 영향을 많이 받기 때문에 접근이 어려운 북한지역연구에 위성영상을 많이 활용하고 있다. 수자원 분야 중에서 수질 및 유역관리는 환경분야와 일부 중복되지만 댐 등 수자원의 발굴, 관리에 관해서는 독립적인 분야이다.

위성영상활용분야 중에서 수자원이 차지하는 정도가 우리나라는 전체의 5%인데 비해 외국은 13%를 차지하고 있으며, 이는 산림자원분야와 거의 같은 정도이다. 따라서 앞으로 심각하게 대두될 것으로 예상되는 물 문제를 감안할 때 수자원분야를 독립분야로 분리하는 것이 바람직할 것이다.

지금까지 수자원분야의 연구와 사업은 한국수자원공사에서 가장 많이 수행되었다. 수자원 분야에 활용된 위성은 수질과 토지이용의 분석에 적합한 Landsat 위성영상을 가장 많이 활용하였으며, 한반도 규모의 수자원 비교에는 기상위성을 이용하기도 하였다. 요즘에는 국지적인 수자원 현황과 자세한 토지이용 현황을 파악하거나 홍수지도 제작 등을 위하여 고해상도 위성영상을 활용하는 빈도가 높아지고 있다.

3.10 생활정보

3.10.1 3D 시뮬레이션 및 가상도시 건설

21세기를 도시의 세기라고 할 때, 그 도시의 큰 부분은 사이버 도시가 될 것이다. 시베리아 평원도 도시가 될 수 있고, 태평양 위에 떠 있는 요트도 도시가 될 수 있다. 도시는 사이버

공간을 통해서 지구 표면의 구석구석으로 펼쳐지지만, 그 도시의 상당한 부분은 현실의 도시가 아니라는 것이다.

앞으로 도시의 얼굴이 크게 바뀔 것이며, 미래의 도시를 건설하게 될 것이다. 과거 물리적 공간에서만 이루어지던 인간의 활동이 이러한 가상공간에서 이루어진다. 즉 컴퓨터와 통신망 속에서 존재하는 새로운 형태의 비가시적, 비무리적 공간에서 정보의 이동뿐만 아니라 사람들간의 상호작용, 커뮤니케이션 등이 이루어지는 것이다.

고해상도 위성영상을 이용하게 되면 입체화 된 도시의 구석구석을 인터넷을 통해 가상으로 관광할 수 있으며, 생활지리정보 및 멀티미디어 산업과도 연계가 가능하다. 입체 위성영상이나 수치지도의 DEM을 이용하면 3차원의 위성영상 지형데이터를 구축할 수 있는데, 3D 게임이나, 가상 비행훈련, 가상 관광 시뮬레이션 등에서 사용될 수 있다.

3.10.2 정보통신

전파관리는 전파를 효율적으로 이용하고 혼선을 신속히 제거하기 위해서 체계적인 감시망을 구축하는 것이다. 여기에는 지형정보가 필수적이다. 현재 북한지역, 동남아 등 국외의 전파월경을 분석하는데 한계성을 지니고 있다. 이러한 비접근 지역의 경우 위성영상은 훌륭한 정보획득 도구가 된다. 고해상도 위성영상과 기존의 지형정보와 효율적인 연동성을 통하여 전파감시 및 가시권 분석을 보다 효율적으로 할 수 있다. 가시분석을 위한 전파의 도달 경로 추적을 위해 입체 위성영상을 이용하게 되면 저렴한 비용으로 짧은 시간에 수행할 수 있다. 고도데이터(건물, 지형)와 각종 지물정보의 다양한 조합으로 3차원 위성영상지도를 표현이 가능하여 누구나 쉽게 View Point 위치의 고도와 방위각을 변경함으로써 원하는 각도와 임의의 위치에서 실시간으로 구현이 가능하여 송전선로 계획 및 기지국 위치결정에 용이하게 사용된다.

3.10.3 부동산 및 생활서비스

지금까지 정부 및 각 지자체에서만 주로 사용되었던 위성영상은 일반 대중들에게도 큰 인기를 얻고 있다. 최근에는 북에 고향을 두고 온 실향민들에게 꿈에 그리던 고향의 모습을 고해상도 위성영상으로 볼 수 있게 되었으며, 각 종 생활지리정보, 관광안내도, 조감도, 엔지니어링 분야에 활성화되고 있는 추세이다. 기존에 종이지도에서 수작업으로 직접 그린 관광

안내도는 사실감이 떨어지고 정확한 축척의 의가 없어 관광객들로부터 큰 호응을 얻지 못하고 있었다. 위성영상을 이용하여 각종지도, 지리적 조감도 및 관광 안내도를 제작한다면 누구나 쉽게 읽을 수 있을 뿐만 아니라, 영상에서 제공되는 다양한 각종 지리정보를 판독할 수가 있다. 이러한 장점으로 지리정보를 판독할 수가 있다. 이러한 장점으로 위성영상을 이용한 안내도가 점차적으로 확대되고 있는 실정이다. 또한 지방자치단체에서 사용하고 있는 행정구역도는 개략적으로 그려진 지도로, 행정구역의 경계선이 부정확한 실정이다. 위성영상을 이용하여 정확한 행정구역도를 제작하여 행정업무에 조사 · 분석된 각종 통계자료를 나타내기 위해 시 · 군 · 읍 · 면 · 동 단위의 구역별 위성영상을 제작하게 되면 지역주민이나 관광객들에게 각광 받을 것으로 예상된다.

3.10.4 관광

위성영상을 이용하여 지자체 행정구역도, 등산안내도, 레저 분야 등 다양한 지리적 조감도 및 안내도를 제작한다면 미적 감각을 살리고 누구나 쉽게 읽을 수 있는 관광안내도를 만들 수 있다. 관광분야에서는 여행자가 궁금해 하는 사항을 위성영상을 통해 파악하고 여행지를 시뮬레이션 할 수 있다면 관광산업의 활성화와 이윤을 창출할 수 있을 것이다. 관공서의 행정처에서 또는 일반고객이 원하는 다양한 형태와 목적에 맞는 각종 현황도를 제작 할 수 있다. 또한 고해상도 위성영상을 이용하여 특정지역을 중심으로 한 지역안내도 제작, 관광지의 특색에 맞게 최대한 부각, 다양한 일러스트 등을 통한 최대 홍보효과를 얻을 수 있다.

3.11 기타

3.11.1 국방

과거 우주의 군사적 이용은 냉전시대에 주로 미국과 구 소련에 의해 가열되고 지속되어 왔으며, 이들 양국은 우주공간에서 선제권의 확보 또는 유리한 위치의 점령 등에 비중을 두어 왔다. 오늘날 선진국들은 인고위성의 군사적 응용을 매우 중요시 하고 있으며, 그 의존도는 점차 증가되고 있는 추세이다. 특히 위성을 통한 전장감시와 조기경보, 적 지역 정찰 및 정보수집, 지상의 모든 비행체 감시 및 추적, 항법체계구성, 각종 전자방해에 대해 방어능력을 지닌 군사용 통신체계 확보, 적 탄도탄에 대한 공격시스템 배치 등이다. 이러한 군사적 이용에 관한 대부분의 자료는 통제가 강하여 잘 알려져 있지 않고 공식적으로 발표하지 않고 있다. 미래의 전쟁은 전시보다는 평상시의 적 지역에 대한 군사활동 정찰과 감시 및 일반정보 수집 등 정보전의 중요성이 날로 부각되는 추세이다. 전 세계적으로 발생하는 군사활동 및 사건들에 관한 정보를 직접 우리의 손으로 획득하지 못하면 정보선진국에서 도태될 것은 당연하다.

3.11.2 외교정책

우리나라의 경우 안보적 위협대상은 북한에 국한되지 않고, 한반도 주변국가들 사이에서 일어나는 일들 모두가 해당될 수 있다. 즉 북한의 탄도미사일 및 핵 문제, 식량문제, 북-미간의 외교 접촉, 일본의 무장강화, 중국의 핵실험, 일본과 러시아의 양면적 한반도 정책, 독도를 비롯한 주변국들의 해상권 분쟁, 중국의 산업화에 따른 서해의 오염탐지 등 다양한 양으로 대두되고 있다. 이렇듯 전 세계적으로 광범위하게 발생하는 사건들에 관한 정보를 직접적으로 수집할 수단을 지니지 못한 국가는 정보선진국이 될 수 없다는 것이다.

한가지 예를 들자면, 지난 2001년 4월 1일 미국 EP-3 정찰기와 중국 젠8(F-8) 전투기의 공중 추돌 후 하이난성 링수이 군비행장에 비상 착륙한 EP-3 정찰기의 모습을 IKONOS (Space Imaging社) 위성영상으로 볼 수 있었다. 정찰기 우측에 중국 군용차가 일렬로 주차되어 있는 것으로 보아 사고경위를 조사하는 것을 예측할 수 있다. 그 이후 미 국방부 정보담당 관리들의 말에 의하면, 첩보위성이 2주전 중국 서부 신장 위구르 자치구의 타림 분지 동쪽 황무지 로프노르의 핵실험시설의 특정장소에서 실험 준비와 관련된 모종의 활동을 촬영했다고 한다. 이렇듯 원격탐사는 국가주변의 외교정책에 있어서 매우 중요한 정보를 제공한다.

3.11.3 문화

고고학 · 선사학 · 역사학 · 종교 · 민속 · 생활양식 등에서 문화적 가치가 인정된 인류 문화 활동의 소산(所産)들에 대해 역사지리와 문화경관을 이해하는데 위성영상이 사용될 수 있다. 물론 위성영상의 역사는 30년 밖에 되지 않지만 향후 미래를 내다 봤을 때 역사적 유적지와 문화경관을 추출할 수 있어 각국의 문화재 관리차원에서 큰 가치를 둘 수 있다.

과거의 토지이용과 현재의 토지이용, 대규모 유적지와 문화경관, 역사지도와의 비교 등 각종 문화 지표를 획득하는데 위성영상자료는 유용한 배경자료로 활용할 수 있다는 것이다. 고유한 한국의 자연을 원형대로 보존하고 기념물적 성격의 자연물을 보전 · 보호하기 위해 현시점에서 중요한 문제로 부각되고 있는 것은 전국에 걸쳐 산재되어 있는 문화재를 어떻게 관리하고 보전 · 보호하는 문제이다. 역사유적지 및 각종 주요 문화재의 겨우 고해상도 위성영상을 이용하여 주기적으로 관리할 수 있으며, 변천사를 통해 후손에게도 중요한 자산으로 물려줄 수 있다는 것이다.

3.11.4 보건 : 묘지관리 및 전염병 확산예측

우리나라의 묘지는 주로 개인묘지로서 전체묘지의 69%를 차지하고 있으며 집단 묘지는 31%에 불과하다. 개인묘지의 70% 이상이 불법묘지이며 경작 가능한 땅에 위치한 경우가 많아 국토가 효율적으로 이용되지 못하고 있는 실정이다. 대부분 산에 조성하는 묘지 때문에 산림이 계속 훼손되고 있으며, 봉분묘는 자연 생태계를 파괴시키고 산림의 구조를 변경하여 심각한 환경파괴의 원인이 되기도 한다. 더욱이 문제를 심각하게 만들고 있는 것은 불법묘지와 묘지의 크기도 문제가 된다. 또한 묘지 조성시에는 후손들이 비교적 잘 돌보는 편이나 시간이 지날수록 관리가 되지 않는 묘가 늘고 있으며, 현재 약 8백만기로 추정되는 묘지가 관리할 주인이 없는 상태라고 한다.

날로 심각해지는 불법묘지 또는 묘지의 크기를 단속하기 위한 방안으로 고해상도 위성영상을 이용한 묘지관리시스템을 구축하게 되면 경제적이면서도 효율적으로 관리가 가능하다. 주기적으로 관측한 항공사진이나 고해상도 인공위성영상을 활용한 그래픽과 번지, 묘지 크기, 관리자(후손), 위치, 마을에서의 거리 등의 정보로 구축해 두면 불법묘지, 산림훼손, 건설시 계획 등의 업무를 효율적으로 할 수 있다. 현재 1 m 급 위성영상을 이용하면 80% 이상의 묘지를 판독할 수 있으며, 향후 50 cm 급 위성영상이 상용화되면, 100%의 판독이 가능하리라고 본다. 기존의 방법에 비해 보다 경제적, 효율적으로 묘지를 관리할 수 있어 관공서 및 각급 지자체에서 많은 활용이 예상된다.

제4장

위성정보 활용 기대 효과

4.1 위성산업의 경제적 파급 효과

위성산업은 부가가치가 매우 높고 고난도의 기술이 소요되어 타산업의 발전을 견인하는 국가 핵심사업이다. 이러한 고부가가치화는 향후 우리나라의 산업구조 고도화 촉진과 선진 산업사회로 전환하는 데에 큰 기여를 할 수 있다. 뿐만 아니라 고난도의 기술 활용을 통해 장기적으로 여타 산업에 대한 기술 파급효과를 가져와 제조업 전반의 경쟁력을 크게 제고시킬 수 있는 차세대 주도산업의 하나이다.

그러나 우주산업은 대규모 투자자금이 소요되고 지속적이면서 장기적인 투자가 요구되는 고위험 산업이다. 특히 우주기술은 그 대부분이 일반 제조업에서는 곧바로 사용되기 어려운 초정밀기술과 함께 기술의 안전성도 요구되고 있어 기술적 위험도 매우 높은 산업으로 인식된다.

그럼에도 불구하고 G7을 비롯한 세계 경제를 주도하고 있는 주요선진국들과, 중국/러시아 등 구사회주의 국가, 그리고 인도를 비롯해 국제적 영향력을 크게 행사하고 있는 국가들은 지속적인 투자를 통해 우주산업의 발전을 모색하고 있다. 이러한 우주산업 육성의 배경에는 크게 우주산업의 발전을 통한 국제경쟁력 강화, 과학기술의 육성, 그리고 지구자원의 고갈에 따른 대안의 하나로서 우주영역으로의 진출 가능성 모색이라는 측면과 우주개발을 통한 국제사회에서의 정치적 영향력 강화라는 이원적 목표가 내재되어 있다(항공우주연구원, 2005).

국내 위성산업의 경제적 파급 효과를 보자면 최근 KOMPSAT-3A호의 발사 성공은 선진국이 주도하고 있던 민간 위성시장 개척에 큰 도움이 될 것으로 보인다. 3A호는 공공위성으로는 처음으로 민간기업과 컨소시엄을 이루어 개발한 위성이다. 3A호를 개발하며 축적한 세계수준의 기술력은 향후 5년 내에 25억600만 달러 수준의 규모로 성장이 예측된 지구관측 위성영상 시장에서 큰 경쟁력을 갖출 수 있을 것이다.

4.2 위성산업의 사회적 파급 효과

위성산업은 앞으로 정부주도의 국가기반사업에서 민간기업 주도로 전환하게 된다. 또한 인공위성의 제작 방식도 대형에서 중소형 상업위성으로 기술적 트렌드의 전환을 맞이하게 된다.

과거 위성산업의 경우 과학연구, 지구관측과 같은 국가의 수요에 맞춰 발전하였으나 1999년 최초의 상업위성인 IKONOS의 개발로 인하여 민간분야에서의 위성활용 가능성이 증명되었다. 이러한 위성산업의 트렌드 변화는 사회적으로 많은 영향을 미칠 것으로 보인다.

먼저 정부주도의 사업에서 민간주도의 사업으로 전환됨에 따라 위성관련 산업체의 성장이 촉진될 것이다. 위성산업의 발전에 의한 다양한 산출물들의 혜택은 우리 생활에 깊숙이 개입하게 되었다. 우리가 길을 찾을 때 흔히 사용하는 위성지도 서비스, 내비게이션, 일기예보 등이 그렇다. 이에 따라 다양한 분야에서 위성정보의 필요성을 느끼게 되었고 그로 인해 다양한 위성활용분야가 연구 · 개발되었다. 그러나 정부주도의 위성개발은 수요그룹의 다양한 니즈를 충족시키기 힘들다. 따라서 최근 민간주도의 위성산업이 발전하고 있는 추세에 있다. 전 세계적으로 많은 위성산업체에서 상업위성을 개발하고 운용하고 있는 것이 그 증거이다.

위성산업의 민간분야로의 확대는 중소형 위성의 개발을 촉진하게 된다. 과거 국가주도로 개발되었던 위성들은 대개 1t 이상의 대형위성이 주를 이루었다. 이는 높은 개발비용과 발사비용을 지출한다. 하지만 상대적으로 상업위성의 경우 중소형 위성이 개발되고 있다. 위성

개발은 많은 개발비용이 드는 고위험 산업이기 때문에 상업위성은 초기개발비용을 최소화하여 경제적이고 기술집약적인 중소형위성을 목적으로 해야 한다. 이러한 위성개발 트랜드는 발사비용의 절감을 가져와 자원의 소모를 줄일 수 있다.

위성산업은 황금알을 낳는 거위로 평가되는 미래 고부가가치 산업이다. 우리나라는 후발주자로 참여하여 아직 선진국의 기술수준과 비교하면 손색이 있지만 빠르게 그 차이를 매워가고 있다. 하지만 위성정보 활용분야에서는 초기 걸음마 수준에 머물러 있는 것 또한 사실이다. 이에 따라 정부에서는 위성산업의 발전을 위해 민간분야로의 확장을 지원하고 다양한 연구개발 계획과 다양한 활용분야 모색에 총력을 기울이고 있다.

4.3 국내 우주개발 중장기 계획

국내 우주산업은 지난 25년간 인공위성과 발사체 기술개발에 중점을 두고 선진국의 기술수준을 추격하는 기술개발 전략을 가져왔다. 이로 인해 인공위성의 독자적 개발 및 운영 능력의 기반 구축, 한국형 우주발사체인 나로호의 개발을 이루었다. 하지만 발사체의 핵심기술인 로켓엔진 기술과 인공위성의 탑재체 제작 기술은 선진국 수준에 비해 상대적으로 낮으며 해외 기술을 도입하여 사용하고 있다. 따라서 각종 위성개발 및 한국형 우주발사체(나로호)의 성공에도 불구하고 선진국과의 기술격차를 극복하는 데에는 한계가 있었다.

이에 우주개발에 대한 국민적 기대와 국내외 환경변화를 반영하고 우주산업육성과 창조경제 실현에 부응하는 새로운 우주개발 전략 수립의 필요성이 대두되었다. 미래창조과학부는 국내외 환경변화를 반영하고 선택과 집중에 의한 우주개발로 우주강국 진입을 위한 기술자립 및 우주산업 육성 전략을 마련하기 위해 우주개발 중장기 계획을 수립하였다.

우주개발 중장기 계획은 독자적 우주개발 능력강화를 통해 국가위상을 제고하고 국가경제 발전에 기여하기 위하여 1) 정부 R&D 예산대비 우주예산 비중 지속적 확대, 2) 한국형 발사체 개발을 통한 자력발사능력 확보, 3) 민간참여 확대를 통한 인공위성의 지속적 개발, 4) 선진국 수준의 우주개발 경쟁력 확보를 목표로 하고 있다. 다음은 분야별 세부목표이다.

중점과제별로 살펴보자면 먼저 발사체 분야에서는 신뢰성 및 경제성 있는 우주 발사체의 독자적인 개발을 통해 독자적 우주개발의 기반을 마련한다. 2020년까지 1.5톤급 실용위성을 투입할 수 있는 한국형 발사체의 독자개발 및 발사체 기술자립, 2030년 3톤급 실용위성

우주개발 중장기계획 분야별 세부목표

	2020	2030	2040
발사체	1.5톤급 한국형발사체 자력발사	3톤급 중궤도 · 정지궤도 발사체 자력발사	6톤급 대형 정지궤도발사체 자력 발사
위성	차세대중형위성, 방송통신위성, 추가발사(11기 추가 발사)	전파탐지위성, 항법위성 등 추가발사(40기 추가 발사)	독자위성항법 시스템 구축 (64기 추가 발사)
위성 활용	위성정보 범정부 활용 체계 구축	동아시아 상시 관측 · 활용 서비스 구축	세계 주요지역 상시관측 · 활용 서비스 제공
우주 탐사	달탐사(궤도선/착륙선), 우주망원경 국제공동개발	달탐사(샘플귀환) 화성탐사(궤도선,착륙선) 우주망원경 독자개발	소행성 및 심우주탐사, 대형우주망원경개발
우주 산업	다목적실용위성 2기 수출	다목적실용위성 3기, 중형위성 4기, 정지궤도위성 1기 수출	다목적실용위성 3기, 중형위성 4기, 정지궤도위성 1기 수출
기반 확충	우주개발 전문인력 총 4,800명 확보	우주개발 전문인력 총 6,000명 확보	우주개발 전문인력 총 7,000명 확보

그림 6-20 우주개발 중장기계획 분야별 세부목표 [출처: 미래창조과학부]

의 중궤도, 정지궤도상에 투입할 수 있는 발사체 개발 및 세계시장 진출, 2040년 6톤급 이상의 대형 정지궤도 발사체 개발을 목표로 하고 있다.

인공위성 개발분야에서는 다양한 공공수요에 부응하는 인공위성의 지속적 개발을 통한 핵심기술 확보 및 위성 개발능력 자립화를 추진한다. 이를 위해 지구관측용 다목적 실용위성, 표준형 및 수출전략형 차세대 중형위성, 우주과학 및 연구용 차세대 소형위성의 개발과 기상, 해양, 환경, 통신, 항법개발 등 다양한 수요 충족을 위한 중궤도 및 정지궤도 위성을 개발한다. 이를 위해 2018년 정지궤도복합위성인 GeoKOMPSAT-2A, 2B를 발사할 예정이다. 정지궤도복합위성은 기존의 천리안위성의 임무를 대체할 예정이며, 기상, 우주, 해양, 환경관측 임무를 수행하게 된다. 2A호와 2B호는 각각의 임무를 분담하여 집중적인 지구권 관측을 수행할 수 있다.

그림 6-21 발사체 개발 로드맵(안) [출처: 미래창조과학부]

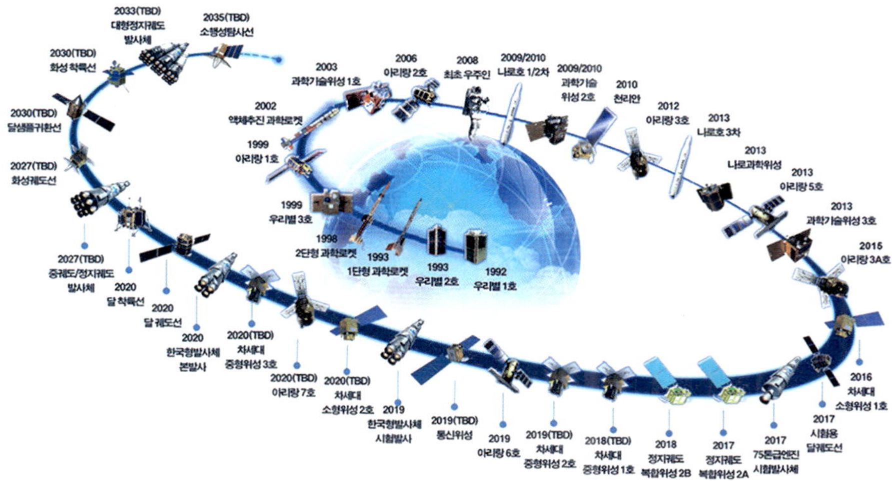

그림 6-22 국가우주개발 로드맵 (안) [출처: 미래창조과학부]

위성정보 활용시스템 분야에서는 공급위주에서 벗어나 수요자 중심의 맞춤형 위성정보 제공 및 활용 서비스를 확대한다. 또한 범정부 차원의 위성정보 활용 협력 강화 및 국가위성정보 활용 지원체계를 구축한다.

그림 6-23 위성정보 활용 기반 확충 계획 (안) [출처: 미래창조과학부]

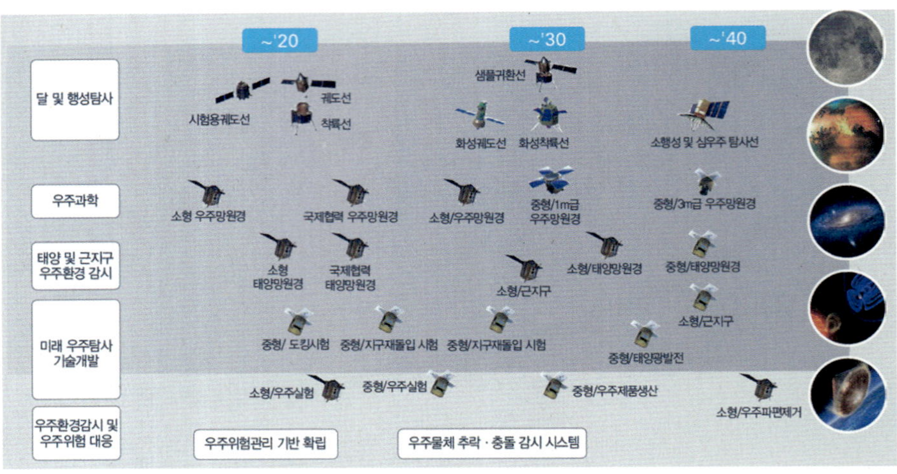

그림 6-24 행성탐사 및 우주과학 계획(안) [출처: 미래창조과학부]

미래 우주활용영역의 확보를 위해 우주탐사를 전개한다. 이를 위해 달, 화성, 소행성 탐사를 위한 탐사선 개발과 심우주 관측시스템을 통한 우주탐사로 우주활동범위 확대 및 우주기술의 진일보를 달성하고 우주환경 감시 및 우주위험 대응 역량을 강화하여 국민과 우주자산을 보호한다.

우주산업 활성화를 위해 국내 우주분야 전문기업 육성과 우주기술 경쟁력 강화를 추진한다. 이를 위해 한국형 기술이 집약된 발사체와 위성체의 수출활성화와 지원 강화, 우주기술

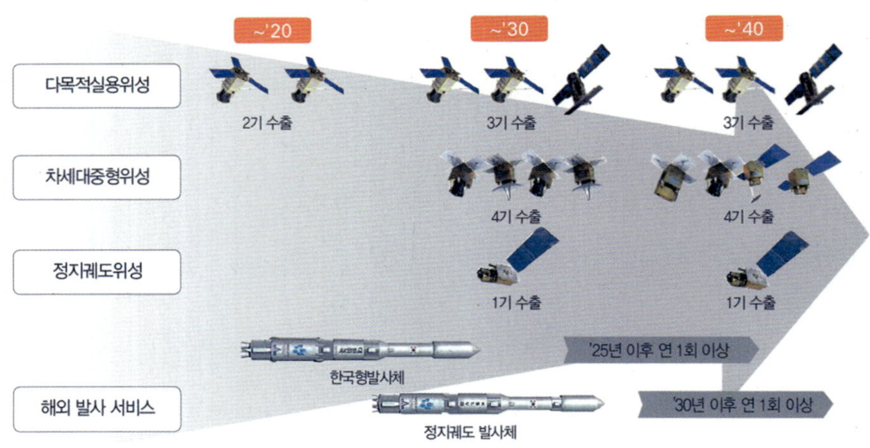

그림 6-25 우주시스템 해외 수출 전략(안) [출처: 미래창조과학부]

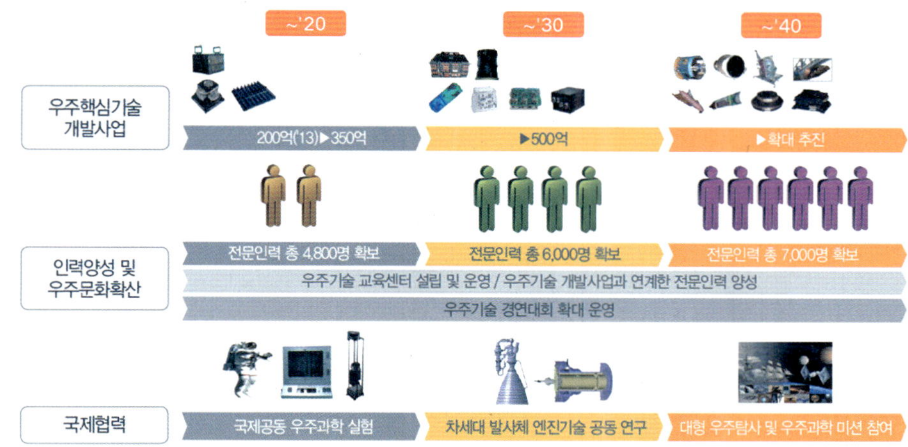

그림 6-26 우주개발 기반확충 로드맵(안) [출처: 미래창조과학부]

융복합사업, 스핀오프사업, 우주테마산업의 육성을 추진한다.

마지막으로 중장기 국가 우주개발 목표 달성을 위한 기술 · 인력 및 국제협력 분야의 체계적 지원 기반을 마련한다. 이를 위해 우주핵심기술 개발사업 확대 및 미래 기반기술연구를 통한 우주기술 경쟁력 확보, 전문 인력의 지속적 공급과 우주문화 확산을 통한 우주개발 기반 확보, 독자 우주개발 역량 강화, 세계수준의 우주과학 연구성과 창출, 우주산업 수출기반 조성, 우주분야 외교역량 강화를 추진한다.

핵심 ST–IT 용어

ㄱ

가동 위성빔(Steerable Satellite Beam) : 재 지향 가능한 위성 안테나 빔.

가시거리 내 통신(line of sight communication) : 전파(電波) 가시거리 내에서 하는 통신. 송수신점으로부터 지표면까지 그은 접선이 대지와 접하는 지점까지, 또는 장애물이 있는 지점까지가 기하학적 가시거리이지만 전파는 그 굴절 작용 때문에 더욱 먼 거리까지 전파 가시거리가 된다.

가시거리 외 레이더(over the horizon radar) : 보통 고주파 대역에서 특별히 낮은 반송 주파수에 사용되는 레이더. 지표파나 전리층의 반사파 전파는 마이크로파 가시거리 전파의 범위를 훨씬 넘어서 전파될 수 있다.

간섭(interference) : 같은 진동수를 가지는 2개 이상의 파동이 한 점에서 만날 때, 그 점에서의 진동이 각각의 파동(성분파)의 진동의 합으로 나타나는 현상, 또는 성분파의 위상관계로 합성파의 진폭이 변동하는 현상. 즉 한쪽 파동의 마루(골)와 다른 쪽 파동의 마루(골)가 중첩된 부분에서는 마루(골)는 그 높이(깊이)의 합이 되고, 합성파의 진폭은 각 파동 진폭의 합이 된다.

갈릴레오 위성(Galilean moons) : 갈릴레오가 1610년에 발견한 목성의 4대 위성. 독일의 천문학자 시몬 마리우스가 이름을 붙였다. 이 위성들의 이름은 목성에서 가까운 순서로 이오 · 에우로파 · 가니메데 · 칼리스토이다. 이들 위성에서의 암석에 대한 얼음의 양은 목성과의 거리에 따라 체계적으로 증가하며, 이들 위성이 형성될 때 목성의 원시 고광도(高光度) 위상을 반영하는 것으로 보인다. 안쪽의 세 위성들은 공명 상태에서 궤도를 그리기 때문에, 이오와 에우로파의 합(合)과, 에우로파와 가니메데의 합은 항상 목성을 중심으로 서로 반대편에서 발생한다.

감시 레이더(surveillance radar) : 레이더 – 악천후나 엄폐물(掩蔽物) 등에 의해 가려 육안으로 탐지하고 그 위치를 파악하는 것이 불가능할 때 사용되는 전자 장치

감시국(monitoring station) : ① 많은 무선국의 운용을 감시하는 곳. 주파수 편차, 점유 주파수 대역폭, 스퓨리어스 방사, 혼신, 불법 무선국 등을 조사하는 곳 등이 있다. 정식 용어로는 radio monitoring station이며, 국제적인 일을 하는 감시국에는 앞에 international을 붙인다. ② 항행 위성 시스템에서 위성의 궤도 위치 데이터나 그 송신 주파수 등을 감시하는 지상국.

개구합성전파망원경(開口合成電波望遠鏡, aperture synthesis radio telescope) : 소구경 전파망원경을 여러 개 연결하여 단일 대구경의 전파망원경과 동일한 각 분해능을 얻을 수 있도록 설계된 일련의 전파망원경.

개별수신(방송위성업무에서의) (Individual Reception) : 간이 가정용 설비 특히 소형공중선이 있는 설비에 의해 방송위성업무의 우주국으로부터 발사되는 신호를 수신하는 행위.

갭 필러(gap filler) : 고층 빌딩 등에 의해 전파가 차폐되는 지역에서 방송을 수신할 수 있도록, 송신소로부터 발사된 전파를 수신하여 재송신하는 소출력 재송신소. 이동체를 대상으로 하는 유럽의 디지털 음성 방송(DSB) 방식에서는 다반송파 변조 방식의 일종인 직교 주파수 분할 다중(OFDM) 방식으로 변조하여 발사한다. 이 경우 멀티패스에 강한 OFDM의 특징을 이용하여 이동체가 전파 차폐 지역에서 고음질의 수신을 할 수 있도록, 빌딩 옥상 등에 소출력의 재송신소를 설치하여 지상 송신소 또는 위성에서 발사된 전파를 재송신한다. 수신기에서는 직접파를 수신할 수 없는 경우에는 재송신파만을 수신하지만, 직접파를 수신할 수 있는 경우에도 직접파와 재송신파를 합쳐 수신함으로써 고음질의 수신을 할 수 있다.

경보자동전건장치 : 경보신호 또는 조난신호를 송신하기 위한 자동전건장치

경사 궤도(inclined orbit) : 적도면에 대하여 어느 정도의 경사를 이룬 인공위성의 궤도. 통신 · 방송 서비스용 위성은 정지 궤도를 지구 자전 주기에 일치하는 각속도로 공전(公轉)하는 한편, 해 · 달 또는 태양 풍압(태양의 코로나에서 복사되는 초고속 플라스마의 흐름으로 생긴 압력)의 인력으로 궤도를 이탈해 나간다. 위성의 위치는 처음에 정해진 범위를 벗어나지 않도록 남–북 또는 동–서 방향을 유지시키고 있다. 이때는 위성에 탑재된 연료를 사용하는데, 위성 수명(보통 10년) 말기에는 연료 부족으로 그림과 같이 적도면에 대해 i의 각도가 생겨 점차 간격이 벌어지므로 부득이 경사 궤도 운용으로 들어가게 된다.

경사각(inclination) : 주어진 천체의 궤도면이 기준면과 이루는 각.

고공 대류권 덕트(elevated duct) : 하한이 지구 표면 위인 대류권 전파 덕트. 즉, 덕트 형성층이 지표면과 일치하여 존재하는 것이 아니고 대기 중의 어느 고도에 형성되는 덕트를 말한다. 따라서 접지 덕트보다는 고도상 높은 곳에 존재한다.

고더드 우주 비행 센터(Goddard Space Flight Center ; GSFC) : 미국국립항공우주국(NASA)의 시설로, 우주 과학 연구 및 실용 위성의 실시 계획을 실행하고, 우주 비행체의 궤도 계산, 궤도 관제 및 우주 추적을 하는 중추 기관. 워싱턴 D.C. 근교에 있다. 고더드라는 명칭은 미국의 로켓 개발 선구자인 고더드(R.H. Goddard)를 기념하여 붙인 것이다

고도 비행 무선 중계 시스템(high altitude long operation ; HALO) : 고도의 위치에서 송수신 탑의 기능을 가진 비행기를 이용하여 대도시권을 형성하고 고속의 광대역 통신 서비스를 제공하는 시스템. 약 5만 2000피트 상공에서 60마일 범위의 지역에 대해 하루에 3대의 비행기가 교대로 서비스를 제공한다. 위성 시스템과 비교하여 거의 혼신이 없고 28 GHz와 38 GHz대에서 40 kW 송신 출력으로 나무에 설치한 안테나를 통해 폭풍우 시에도 통신할 수 있다.

고도(height, altitude, elevation) : 평균 해면 또는 어떤 기준 레벨로부터의 높이. 고도에 대응하는 영어로는 height 외에 altitude, elevation이 있는데, 각기 다음과 같이 구별하여 사용하고 있다. ① altitude:평균 해면에서 레벨, 점 또는 점이라고 할 수 있는 목적물까지 측정한 수직 거리. ② elevation:평균 해면에서 지표면 위에 있거나 표면 위에 고정시킨 점, 또는 레벨까지 측정한 수직 거리. ③ height: ㉮ 특정 기준으로부터 레벨, 점 또는 점이라고 할 수 있는 목적물까지 계측한 수직 거리. ㉯ 목적물의 수직 방향의 크기.

고정 위성 업무(fixed satellite service ; FSS): 국제 전기 통신 협약 부속 전파 규칙(RR)에서 규정한 고정 위성 업무. 그 내용은 다음과 같다. ①특정한 고정 지점에 있는 지구국 상호 간에 위성을 사용하여 행하는 전파 통신 업무. ②특정한 고정 지점에 있는 지구국과 고정 위성 업무 이외의 업무(이동 위성 업무, 방송 위성 업무 등)에 사용되는 위성을 연결하여 행하는 무선 통신 업무.

고정밀위성영상 : 지구관측 위성의 눈부신 발전에 힘입어 위성영상의 공간해상도 및 분광해상도는 괄목할만한 향상을 이루었다. 기존의 중저해상도 위성영상이 10 m 이상의 공간해상도를 제공하는 반면 고정밀 위성영상은 현재 1~4 m의 공간해상도를 제공한다. 공간해상도 1 m라 함은 영상의 한 화소가 지표면의 가로 세로 1 m 영역을 정보를 나타냄을 의미한다. 현재 SpaceImaging사가 상업적으로 1 m 공간해상도의 위성영상을 제공하고 있으나 2004년 우리나라의 다목적 실용위성 2호기를 포함한 약 10여기의 위성이 고정밀 위성영상을 제공함에 따라 전 세계적으로 고정밀 위성영상을

활용한 서비스 개발에 많은 역량을 집중하고 있다.

고타원 궤도(highly elliptical orbit ; HEO) : 정지 위성 궤도가 포화 상태에 이름에 따라 대안으로 등장한 근지점 500km와 원지점 5만km 내외 범위의 고위도 타원의 비정지 위성 궤도. 이 궤도의 인공위성을 고타원 궤도(HEO) 위성이라고 한다. 중위도와 고위도 지방에서는 고앙각을 유지할 수 있어 고층 건물이 많은 대도시에서도 서비스가 용이하다. 지상망 및 정지/비정지 궤도 위성 시스템에 간섭 영향을 주지 않는 위성 시스템의 구현이 관건이며, GPS(Global Positioning System), 위성 DMB(Digital Multimedia Broadcasting) 서비스 등에 응용된다. 러시아는 1965년부터 HEO 위성을 이용한 통신 시스템을 운용 중이며, 미국은 2 GHz에서 위성 DAB(Digital Audio Broadcasting)를 운용하고 있다.

고해상도(high resolution) : 화면 출력 장치에 존재하는 픽셀의 개수나 특정한 모드에 따라 프로그램에서 화면의 정보를 출력하기 위하여 사용되는 픽셀의 개수가 많은 것. 출력 장치에 나타나는 정보의 질을 나타내는 것으로, 인쇄기 또는 모니터 등과 같은 화면 표시 장치에서 사용되는 용어이다. 개인용 컴퓨터(PC)에서는 최소 640×480개의 픽셀, 워크스테이션에서는 1,000×1,000개 이상의 픽셀을 고해상도라고 하며, 인쇄기 장치에서는 1인치 안에 300개 이상의 점이 출력되는 장치를 고해상도라고 한다.

공항 감시 레이더(airport surveillance radar ; ASR) : 공항 주변 공역에 있는 항공기의 위치를 탐지하여 이륙하는 항공기를 항공로까지 유도하거나, 착륙하려는 항공기가 항공로에서 계기 착륙 시스템(ILS)의 유효 범위 내로 이동할 때까지 유도하는 데 사용되는 레이더. 이 레이더는 강우에 따른 감쇠가 적은 3 GHz대의 전파를 사용하며, 감시 범위는 대략 90~110 km, 고도는 1만 m까지를 360°에 걸쳐 탐지할 수 있다. 이 레이더에 포착되는 항공기를 식별하고 고도 등의 정보를 얻기 위해 2차 감시 레이더(SSR)가 병설되는데, SSR의 안테나는 통상적으로 공항 감시 레이더 위에 설치된다.

과학 위성(scientific satellite) : 과학 연구를 목적으로 하는 인공위성. 우주 공간에 존재하는 대기의 밀도, 기온, 전리도, 태양으로부터 나오는 방사선, 우주선 및 우주 먼지, 지구 자기장의 모양 등을 조사한다. 미국의 파이어니어, 익스플로러, 스카이래브, 허블 우주 망원경 HST를 비롯해서 소련의 스푸트니크, 코스모스, 살류트 등은 유명한 과학 위성이다.

관측로켓(sounding rocket , 觀測−) : 관측 장치와 송신기를 탑재하여 발사되는 로켓으로 대기밀도, 압력, 전리층 전자밀도, 온도, 우주선, 태양전파, X선 등 관측항목이 많다.

광자로켓(photon rocket , 光子−) : 광자의 분출반동을 이용해서 추진시키는 로켓.

구경(aperture): 굴절망원경 대물렌즈나 반사 망원경 주경의 지름.

구명부기국(Surviving Craft Station) : 인명의 구조만을 목적으로 하여 구명정, 구명 뗏목, 기타 구명설비가 설치된 해상이동업무 또는 항공이동업무를 행하는 이동국.

국제주파수등록위원회(International Frequency Registration Board ; IFRB) : 각국이 행하는 주파수 지정 및 정지 위성의 위치 지정을 질서 있게 기록, 등록하여 국제적 공인을 확인하고, 주파수 사용 계획을 검토 조정하여 유해한 혼선, 간섭 방지의 조정 통제 기능을 주 임무로 하던 국제전기통신연합(ITU) 상설 기관의 하나. ITU의 조직을 개편한 1992년 제네바 헌장 및 협약에 따라 1993년 3월 1일자로 폐지되었다. 신설된 전파관리위원회(RRB)와 전파통신국이 종전의 국제주파수등록위원회(IFRB)의 기능을 계승했다. 1947년 설치된 IFRB는 전권위원회의를 통해 세계의 5개 지역(남북미, 동유럽, 서유럽, 아프리카, 아시아)에서 각각 1명씩 선출한 5명의 위원으로 구성되고, 그중 1명이 차례로 1년씩 의장이 되었다. IFRB가 수행하던 주파수의 기록과 등록, 주파수 사용 계획의 조정 통제 기능은 대부분 신설된 전파 통신국이 계승하였다.

국제해사기구(International Maritime Organization ; IMO) : 해운에 관한 모든 사항에 대하여 국제 협력을 목적으로 1958년 정부 간 해사 협의 기구 조약에 의해 설치된 국제연합(UN) 전문 기구의 하나. 1982년 조약 개정에 따라 정부 간 해사협의기구(IMCO)에서 현재의 이름으로 바뀌었다. 1999년 6월 말 현재 가맹국 수는 157개국이며, 본부는 영국 런던에 있다. 기구는 총회, 이사회, 해상안전위원회, 법률위원회, 해상환경보존위원회 및 사무국으로 구성되어 있으며 정기 총회는 2년마다 개최된다.

궤도(Orbit) : 행성이 태양 주위를 돈다든가 위성이 행성 주위를 도는 것처럼 천체가 인력을 가진 질량 중심을 돌며 지나가는 경로. 17세기 요하네스 케플러와 아이작 뉴턴이 궤도를 지배하는 기본물리법칙을 발견했으며, 20세기에 들어와서 알베르트 아인슈타인이 일반상대성이론으로 보다 정확하게 설명했다. 다른 행성의 인력에 영향을 받지 않을 경우 행성의 궤도는 타원형이다. 어떤 궤도는 거의 원에 가깝고, 또 어떤 궤도는 길게 늘어난 것도 있다. 포물선이나 쌍곡선궤도를 따라 움직이는 천체도 있다. 천체가 아주 먼 거리에서 태양계로 다가와 태양 근처에서 한번 구부러졌다가 다시 멀어져가는 궤도가 이 같은 쌍곡선이다.

극광(aurora) : 대기 중에 있는 원자나 분자가 자기권에서 온 강한 대전 입자와 충돌하여 가시광선 영역에서 내는 방출 현상. 주로 남 · 북반구의 고위도에서 나타나는 상층대기의 발광 현상. 이를 북반구에서는 북극광(aurora borealis)이라 하고, 남반구에서는 남극광(aurora australis)이라 한다.

오로라는 상층대기에 있는 원자와 대기권 외곽에 있는 에너지를 띤 입자(전자나 양성자)의 상호작용에 의해 생성된다. 이러한 상호작용은 지구의 자극을 둘러싸고 있는 영역에서 일어난다. 태양의 활동이 활발한 기간 동안 오로라는 경우에 따라 중위도까지 확장된다. 예를 들어 미국에서는 북극광이 위도 40° 이하에서도 나타난다.

극궤도 기상 위성(polar-orbiting meteorological satellite) : 지구의 북극과 남극을 통과하는 궤도를 남북 방향으로 비행하면서, 지구의 자전과 함께 지구 전 표면을 커버할 수 있는 특성을 이용하여 기상 관측을 하는 위성. 미국의 타이로스(TIROS), 님버스(NIMBUS), 에사(ESSA), 노아(NOAA) 위성과 러시아의 메테오르(METEOR) 위성 등이 극궤도를 비행하는 기상 관측 위성이다.

극궤도(polar orbit) : 인공위성 궤도의 하나로, 적도면에 대하는 경사각이 90°도 근처로서, 즉 지구의 극 상공을 통과하는 궤도. 지구의 자전과 함께 그 전 표면을 커버할 수 있으므로 지구 관측 위성, 기상 위성 등의 궤도로 사용되고 있다.

근지점(perigee) : 달이나 인공위성과 같이 지구의 둘레를 돌고 있는 천체의 운동을, 지구의 중심을 1개의 초점으로 하는 타원궤도를 따라 돌고 있다고 보았을 때, 그 타원궤도 위에서 지구중심에 가장 가까운 지점. 이와 반대로 지구중심으로부터 가장 떨어져 있는 지점을 원지점(遠地點)이라고 한다.

글로벌 빔(global beam) : 지구 전체를 커버하는 위성 안테나. 지구의 일부를 커버하는 위성 안테나는 스폿 빔이라고 한다. 정지 위성의 글로벌 빔의 폭은 약 17도이다. 인텔샛 위성은 1호에서 3호까지는 글로벌 빔만을 탑재했으나, 4호는 글로벌 빔과 2개의 스폿 빔(폭 3.5도)을 탑재했으며, 5호부터는 복수 빔의 사용을 확대했다.

기상 정보 시스템(Meteorological Information System ; MIS) : 기상 경보, 장 · 단기 기상 예보, 기상 정보의 실시간 처리, 태풍 경로 추적 및 피해 예측이 가능한 시스템. 위성, 레이더, 번개 탐지 시스템, 자동 기상 측정 장치, 기상 부이, GTS(Global Telecommunication System), WAFS(World Area Forecast System) 등의 자료를 처리할 수 있다.

기상로켓(meteorological sounding rocket , 氣象-) : 라디오존데로는 관측할 수 없는 상부 성층권과 하부 중간권의 기상을 관측 하여 지상 추적소에 송신하는 로켓이다.

기준주파수(Reference Frequency) : 할당주파수에 관하여 고정되고, 특정된 위치에 있는 주파수. 이 주파수의 할당주파수에 관한 변위는 특성주파수의 발사에 의한 점유주파수대의 중앙으로부터의 변위와 동일한 절대치 및 부호를 갖는다.

기지지구국(Base Earth Station) : 육상이동위성업무의 피더링크를 제공하기 위하여 육상의 특정지점 또는 특정지역 내에 위치하여 고정위성업무 또는 경우에 따라서 육상 이동위성업무를 행하는 지구국.

ㄴ

나노 기기(nanomachine, nanite) : 10억 분의 1 m 단위의 크기를 가진 기계적 혹은 전기 기계적 장치. 화학 물질에서 특수 분자 숫자를 세는 약 1.5나노미터 스위치를 가진 센서, 피 속에서 병원체와 독소를 구별해 내는 의료 기술, 주변 환경에서 유독성 화학 물질의 검출과 농도 측정 등에 사용된다. 나노 기기의 크기가 작아질수록 동작 속도가 빨라지고, 스스로 복제하거나 대형기기 혹은 나노 칩을 만들기 위한 프로그램이 가능하다. 나노 로봇이라 부르는 특수 제작된 나노 기기는 병을 진단할 뿐만 아니라 치료도 하며 박테리아와 바이러스의 침입을 찾아내어 공격을 하기도 한다.

나선형 도파관(helical waveguide) : 가는 절연 동선을 나선형으로 촘촘하게 감은 다음, 그 바깥쪽을 손실 있는 유전체로 고정시키고, 필요에 따라 그것을 금속관으로 덮은 밀리파용의 원형 도파관. 소용돌이 도파관이라고도 한다. TE01모드는 축 방향의 벽면 전류가 없기 때문에 낮은 손실로 전달되나, 그 이외의 모드는 축 방향의 전류 성분이 있으므로 감쇠가 커져 모든 필터로 쓰인다. 소용돌이 도파관이라고도 한다.

내부 버스(internal bus) : 컴퓨터 시스템에서 그 시스템 내 또는 장치 내에 밀폐되어 있는 버스. 즉 중앙 처리 장치(CPU) 버스, 주기억 장치 버스, 시스템 버스, 지역 버스, 입출력 버스 등의 명칭으로 정의되고, 일반적으로 비공개로 되어 있는 것을 말한다. 내부 버스는 기억, 연산, 제어 기능을 실현하기 위한 CPU와 주기억 장치, 입출력 장치, 외부 기억 장치, 주변 장치, 통신 처리 장치 등의 제어부 사이를 연결하는 버스이다.

내비게이터(navigator) : ① 웹 브라우저를 이용해 항해하듯이 인터넷을 돌아다니며 정보를 수집하는 사람. ② 온라인 서비스인 컴퓨서브를 이용할 수 있도록 컴퓨서브사에서 제공하는 그래픽 온라인 서비스 클라이언트 소프트웨어.

내성(immunity) : 기기의 성능을 저하시킬 수 있는 전자 잡음, 불요 신호 등의 전자파 장애가 존재하는 환경에서 기기 등의 성능이 저하되지 않고 동작할 수 있는 능력.

내장형 소프트웨어(Embedded Software) : 마이크로프로세서 위에 내장되어, 산업 및 군사용 제어기기, 디지털 정보 가전 기기, 자동 센서 장비 등의 기능을 다양화하고, 부가 가치를 높이는 핵심 소프트웨어. 예를 들면, 스마트 TV에 내장된 인터넷 접속 기능, 멀티미디어 처리 기능, 전자 상거래 기능 등을 제공하는 소프트웨어가 있다. 다른 말로는, 우리가 일상에 쉽게 접하는 휴대폰, TV, 세탁기, 엘리베이터 등의 제품 안에 내장된 시스템에서 하드웨어를 제외한 나머지 부분이라고 말할 수도 있다. 보통 내장형 시스템 소프트웨어, 내장형 미들웨어, 내장형 기본 응용, 내장형 소프트웨어 개발 도구 등을 포함하며, 주로 사용되는 OS로는 PalmOS, MS의 WinCE, 공개 소스 기반의 내장형 리눅스 등이다.

냉각 방식(cooling system) : 전기 기기 내부에서 발생한 열을 효과적으로 외부로 발산시키기 위한 방식. 냉각 매체의 종류에 따라 공랭식(공식), 유랭식, 수랭식, 가스 냉각식이 있다.

높이 이득(height gain) : 전파(電波)의 전파(傳播)에서 어떤 높이에서의 전계 강도와 지표에서의 전계 강도의 비.

능동 부품(active component) : 전원의 공급으로 증폭 · 발진 등의 기능을 수행하거나, 어떤 논리적인 연산 기능을 수행할 수 있고, 독자적인 기능을 수행하는 부품. 능동 구성 부품이라고도 한다. 일반적인 능동 부품의 종류로는 트랜지스터, 집적 회로(IC)류 등이 있으며, 광통신용 능동 부품으로는 광원으로 사용되는 레이저 다이오드, 수광 부품인 광 다이오드 등이 대표적이다.

능동 센서(active sensor) : 지구 탐사 위성 업무 또는 우주 연구 업무의 측정 계기. 이것을 사용하여 전자파의 송수신에 의해 정보를 얻을 수 있다.

능동 회로망(active network) : 능동 소자나 전지와 같은 에너지원을 내부에 포함하고 증폭, 변환, 스위치 등과 같은 능동적, 변환적 또는 비직선적인 기능을 다하는 회로망.

니켈-수소 합금 전지(Nickel-Metal Hydride battery ; NiMH battery) : 전극에 니켈과 수소 흡장 합금(수소 저장 합금)을 사용한 2차 전지의 하나. 니켈-카드뮴 전지를 개량한 전지로, 양극(陽極)에 카드뮴 대신 수소 흡장 합금을 사용함으로써 니켈-카드뮴 전지보다 2배 정도의 고 용량화를 실현하고 있다. 발생 전압은 1.2 V로 니켈-카드뮴 전지와 같다. 이 때문에 충전기는 니켈-카드뮴 전지와 니켈-수소 전지 모두에 대응할 수 있다. 건전지 크기의 2차 전지로 널리 사용되고 있으며, 이밖에 하이브리드 자동차의 배터리 등에도 폭넓게 채용되고 있다.

ㄷ

다운링크(Down Link) : 위성과 수신 지구국 간을 결합하는 무선회선을 말한다. 쉽게 풀어 말하자면 인공위성에서 송출하고 지구국에서 수신하는 무선회선이다. 반대개념으로 업링크(up link)는 지구국에서 위성으로 송출하는 무선회선이다.

다경로 전파(multipath propagation) : 2개 이상의 경로가 있는 전파(電波)의 전파(傳播). 단파가 전파하는 경우의 경로는 단일하지 않고, E층, F1층, F2층에서 반사하는 것 등 다수의 경로를 경유하여 각기 전파 시간이 어긋나게 수신 안테나에 도달하는 수가 있다. 초단파에서는 불규칙한 대지, 산악, 건물 등으로 인해 직접파보다 다소 늦게 수신 안테나에 도달하는 수가 있다.

다운 컨버터(down converter) : 출력 주파수가 입력 주파수보다 낮은 주파수 변환기. 마이크로파 회선용 중계기의 수신 주파수 변환기는 입력이 마이크로파대 주파수이지만, 출력이 중간 주파수(예: 140 MHz 등)이기 때문에 다운 컨버터의 일종이다.

다원 연결(multi-link) : 위성 통신 등 장거리 통신망에서 효율을 높이기 위해 여러 개의 연결을 통신 경로에 표시할 수 있도록 하는 것.

다원접속 : multiple access 다수의 지구국이 하나의 위성을 이용하여 동시에 필요한 통신로를 설정하는 것을 말하며, 각 지구국의 신호가 서로 간섭(干涉)하지 않도록 정보를 주파수, 시간, 공간 등으로 나누어 할당하여 통신을 행하는 방식

다이버시티 수신(diversity reception) : 페이딩의 영향을 줄이기 위해 전계 강도 또는 신호 대 잡음비(S/N)가 다른 여러 개의 수신 신호를 합성하거나 바꾸어 단일 신호 출력을 얻는 수신 방식. 보통 서로 다른 전파로 편파(偏波), 주파수 및 입사각 등을 단독으로 조합하지만 다시 이들을 상호 조합할 때도 있다.

다이폴 안테나(dipole antenna) : 실효 안테나 길이가 2분의 1파장인 도선의 중앙부에서 급전하여 안테나의 중앙을 기준으로 상하 또는 좌우의 선상 전위 분포 및 극성이 언제나 대칭이 되어 다이폴과 같이 작용하는 안테나. 안테나의 이득이나 지향성 안테나의 지성향성을 규정하는 표준 안테나로 이용된다.

다중 반사 간섭(multiple reflection interference) : 한 조의 두 반사면 사이에서 광파의 일부가 반사를 반복하여 중첩될 때 나타나는 간섭 현상. 서로 마주 보고 있는 반사면의 반사율이 높을 때 간섭무늬는 폭이 뚜렷이 좁게 나타난다. 반사 간섭을 이용하여 근소한 파장 차의 간섭무늬를 분리하면 물체의 표면을 관찰할 수 있다.

다중 시스템(multisystem) : 2대 이상의 중앙 처리 장치(CPU)를 갖는 시스템 구성. 그 운전 형식에 따라 다중 처리 장치 시스템, 양방향 시스템, 복식 시스템 등으로 구분된다.

다중 위상 변조(multi-phase modulation) : 변조하려는 위상각이 기준 위상에 대하여 n개가 있는 위상 변조 방식. n으로서는 2, 4 또는 8 등이 사용된다.

단말기(terminal) : ① 디지털 자료 전송 시스템에서 자료를 만들거나 보기 위한 기기. 또는 자료를 보내거나 받기 위한 기능을 수행하는 기기로서 사람과 직접 대면하게 되는 자료 처리의 기본기기. ② 정보가 통신망에서 입출력되는 지점.

달착륙선(Lunar Module) : 두 사람의 우주 비행사를 달 표면에 내려주고, 다시 모선으로 돌아가게 하는 우주선.

대기 잡음(atmospheric noise) : 지구 대기 내에서 자연 방전으로 인하여 발생하는 전기적 잡음. 대기 및 전리층에 의한 열잡음, 공전 잡음 및 빗방울, 모래 섞인 먼지, 눈보라 등에 의한 침적(沈積) 잡음 등을 들 수 있는데 공전 잡음이 가장 강하다.

대류권 산란(tropospheric scattering) : 대류권 내의 대기 굴절률의 불규칙한 분포 때문에 생기는 전파의 산란. 영향 주파수대는 100 MHz~10 GHz이며, 도달 거리는 200~800 km이다.

도파관(waveguide) : 속이 빈 금속판으로 만든 마이크로파 전송로. 평행 2선식 선로나 동축 케이블 등에 비해 감쇠가 적다. 단면의 모양에 따라 원형 도파관, 네모꼴 도파관, 타원 도파관 등으로 나뉜다. 도파관은 일종의 고역 필터로, 관 내 모드는 일정한 차단 파장을 가지며 그것보다 긴 파장의 전파는 통과시키지 않는다. 단면 치수는 반 파장 이상의 것이 사용되며 주로 1 GHz 이상의 마이크로파대에서 널리 이용된다.

도플러 효과(Doppler Effect) : 광운과 관측자의 속도에 따라 파장이나 진동수가 다르게 측정되는 현상을 도플러 효과라 한다. 관측자에게서 멀어지는 광원이 내는 빛을 파장은 긴 쪽으로 편향되어 나타나는데 이를 적색편이(Red Shift)라고 하고, 다가오면서 빛을 내는 경우에는 푸른색 쪽으로 편향되어 나타나는데 이를 청색편이(Blue Shift)라고 한다(발생점과 관측점이 가까워질 때는 주파수가 높아지고, 멀어질 때는 주파수가 낮아진다). 그런데 은하가 내는 빛의 적색편이 정도는 그 은하까지의 거리에 비례한다는 것이 발견되어(허블의 법칙)적색편이를 측정하면 그 은하까지의 거리를 알 수 있다.

동기 궤도(synchronous orbit) : 위성의 궤도운동과 천체의 위치 간의 기하학적인 관계가 일치하는 궤도이다. 지구동기궤도는 위성의 궤도주기가 지구의 항성주기(sidereal period)와 같아서 매일 어떤 위도 및 경도를 동일한 시각에 통과한다. 태양동기궤도의 경우에는 위성의 궤도면과 태양이 이루는 각도가 일 년에 걸쳐서 동일하기 때문에 태양동기 위성역시 지구의 위도면을 통과하는 지방시가 항상 일정하게 유지된다.

등가 잡음 대역폭(equivalent noise bandwidth) : 어떤 장치의 진폭-주파수 응답 특성에 의해 결정된 주파수 폭이며, 지정된 특성 잡음원(雜音源)에서 주어지는 잡음 전력을 정의하는 것.

디지털 위성 방송(digital satellite radio : DSR) : 위성으로부터 송신되는 펄스 부호 변조(PCM) 스테레오 방송. 통신 분야에서는 이미 디지털 방식이 보편화되어 있으나 방송 분야에서는 오랜 기간 아날로그 방식을 사용해 왔다. 그러던 중 독일에서 1990년 8월부터 16 스테레오, 20.48 Mbps, 직교 위상 편이 변조(QPSK) 방식으로 디지털 위성 방송 서비스를 시작했다. 이어 미국은 1994년 디렉트(Direct) TV가, 일본은 1996년 퍼펙트(Perfect) TV가 디지털 위성 방송을 시작했고, 우리나라에서도 1996년 7월부터 KBS에서 실용화 시험 방송을 실시했다.

ㄹ

라디오 존데(Radiosonde) : 항공기, 자유기구, 연 또는 낙하산으로 보통 운반되는 기상원조업무를 행하는 자동무선송신기로서 기상자료를 전송한다.

랜덤 위성(random satellite) : 적도 상공 약 3만 5786 km보다 낮은 타원 궤도에서 수 시간의 주기를 가지고 지구의 자전과 비동기적으로 운동하는 위성. 주회(周回) 궤도 위성이라고도 한다. 통신 위성으로 이용하려면 복수의 위성을 발사하여 두 지점 사이에 같이 볼 수 있는 위성으로 차례로 절체하여 추적한다.

레이다(Radar) : 피 측정 위치로부터 반사 또는 재송신되는 전파신호와 기준신호와의 비교를 기초로 하는 무선측위 시스템.

레이다 비이콘(Radar Beacon) : 레이다에 의해서 기동될 때 제공범위, 방위 및 식별 정보를 기록하는 레이다의 표시면상에 나타낼 수 있는 특유신호를 자동적으로 돌려보내는 고정된 항행표시와 관련된 송, 수신기.

레이더 반사기(radar reflector) : 레이더의 응답을 강하게 하기 위해 입사 전자파 에너지를 원래의 방향으로 반사하는 성질이 있도록 만든 장치.

레이돔(radar dome ; radome) : 풍우 등의 기상 조건에서, 레이더 등의 회전 안테나를 보호하기 위해 이것들을 위에서 아래까지 모두 덮은 둥근 모양의 구조물. 전파의 감쇠가 적은 물질로 만들어져 있다. 초기의 지구국 안테나에도 사용되었으나 현재는 거의 사용하지 않는다. 또 고정 통신에 사용하는 파라볼라 안테나의 개구면만을 덮은 판형의 레이돔도 사용되고 있다.

레이저 라만 분광(laser Raman spectroscopy) : 레이저를 여기(勵起) 광원으로 사용하는 물질의 라만 산란 분광 기술. 주로 자외선에 가까운 영역에서부터 가시(可視) 영역 및 적외선에 가까운 영역에 이용된다.

레이저 레이더(laser radar) : 전자파로서 레이저 광을 이용한 레이더. 라이다라고도 한다. 기존의 레이더보다 방위 분해능, 거리 분해능 등이 우수하다. 레이저 광은 마이크로파에 비해 도플러 효과가 크다는 점을 이용하여 아주 작은 저속도 목표물의 속도 측정도 하는 레이저 도플러 레이더와, 목표 물체의 분자의 라만 시프트(raman-shift)에 의한 송신광과 다른 파장의 수신광을 검출하여 그 파장, 강도 등으로부터 대기의 성분 분석 등을 동시에 실행하는 레이저 라만 레이더 등이 있다.

ㅁ

무선 주파수 링크(radio frequency link, RF link) : 일반적으로 지구국과 위성에 탑재한 우주국 사이에 설정되는 전파 회선. 신호가 전송되는 방향에 따라서 업 링크 또는 다운 링크라고 부르는데, 간섭을 방지하기 위해 각각 다른 주파수 대역이 사용된다. 그런데 주파수가 높은 쪽이 전파 전파(傳播) 손실이 크기 때문에 지구국에서 우주국으로 전송하는 업 링크에 높은 주파수가 사용된다.

무선 측위(radiodetermination) : 전파의 전파(傳播) 특성을 이용하여 물체의 위치, 속도 및 기타의 특성을 결정하거나, 이들 제원에 관련되는 정보를 취득하는 것. 무선 방위 측정기에 의한 방향이나 위치 측정, 로란에 의한 위치 결정 등을 말한다.

무선 방향 탐지 : 무선국 또는 물체의 방향을 결정하기 위하여 전파를 수신하여 행하는 무선측위.

무선통신 : 전파를 이용하여 모든 종류의 기호, 신호, 문언, 영상 또는 음향 등의 정보를 송신하거나 수신하는 것.

무선항행(Radionavigation) : 장애물 경보를 포함하여 항행을 목적으로 사용되는 무선측위.

무인 중계국(unattended repeater station) : 보수나 조작을 위한 인원을 두지 않고 원격 조작 또는 자동화하여 일정 기간 동작시키는 무선 중계국.

미확인비행물체(unidentified flying object UFO , 未確認飛行物體) : 훈련을 쌓은 지상 또는 항공 요원이 보고 인정하거나 또는 전파탐지 등의 방법에 의해서도 확인할 수 없는 비행체.

밀리파대의 이용(use of millimetric waves) : 30~300 GHz의 주파수 대역을 갖는 밀리미터파대의 이점을 개발하여 이용하려는 것. 50 GHz의 주파수를 사용하는 간이 무선국은 음성만이 아니라, 데이터, 팩스, 화상 등의 단거리 전송을 손쉽게 할 수 있으며, 광범위한 이용이 가능하다. 기존의 간이 무선국에 비해 광대역 신호의 전송, 쌍방향 통신, 주파수의 반복 사용이 쉬운 특징이 있다. 현재 밀리파대의 개발 이용 촉진을 위해 여러 가지 검토가 이루어지고 있다. 밀리파의 단파장 특성, 광대역성, 전파 특성의 이점을 활용하는 응용 분야로서 빌딩 간 통신, 이동 통신에서의 화상, 데이터의 광대역 전송, 구내 및 폐공간에서의 통신 및 각종 센서, 레이더 등이 고려되고 있다.

ㅂ

반사관형 중계 구조(bent pipe architecture) : 수신된 신호를 주파수 변환, 전력 증폭만 하는 위성 중계 시스템 구조. 위성 중계기는 지상의 무선 주파수(RF) 신호를 지상 지구국 수신 대역에 맞도록 주파수만 변환하여 신호를 증폭 · 재전송하는 역할을 하는 수동형 중계 방식이다.

반작용 조절용 바퀴(reaction wheel) : 위성의 제어용 회전 짝힘을 발생시키는 장치의 하나. 속도 조절용 바퀴를 전기 모터로 가속 또는 감속함으로써 발생하는 반작용 회전 짝힘을 이용한 것이다. 반작용 조절용 바퀴 장치는 주로 제로 운동량 방식에 사용되며, 이 제어 회전 짝힘에 의해 위성의 자세를 변화시키거나 외부로부터의 힘에 의한 회전 짝힘을 조절용 바퀴의 각 운동량으로 축적시킬 수 있다. 반작용 조절용 바퀴가 갖는 각운동량은 적어 양방향 회전에서 사용하는 것이 일반적이다.

발사의 창(launch window) : 인공위성의 발사 가능 시간대. 인공위성의 발사는 발사 후 궤도에 올려놓을 때까지 태양 전지나 애포지 킥 모터(AKM) 등에 대한 태양 광선의 입사 상황을 적절히 하기 위하여 일정 한도의 시간 안에 발사하지 않으면 안 된다. 이와 같이 인공위성의 발사가 가능한 시간대는 발사할 위성의 구조, 기능, 발사 장소, 궤도, 발사 시기 등에 따라 다르다.

방송 위성(broadcasting satellite) : 가정에서 직접 수신할 수 있도록 방송 전파를 증폭하여 지상으로 송신하는 위성 방송용 정지 위성. 중계 증폭기, 성형 빔 안테나, 태양 전지 패널, 위성의 통신 장치, 위치 자세 제어 장치 등이 설치되어 있다.

버스 기기(bus equipment) : 인공위성에 있어서 원격 측정, 원격 지령, 전원 공급 관련 기기 등 위성 자체의 운용, 유지와 위성의 임무 수행에 공통적으로 필요한 기기.

복수 빔 안테나(multi beam antenna ; MBA) : 하나의 안테나로 복수의 방향에 거의 이득이 같은 전파 빔(스폿 빔)을 방사할 수 있는 안테나. 복수 개의 방사 소자를 배열하는 방법과 반사경을 갖는 안테나에 복수 개의 1차 방사기를 배치하는 방법이 있다. 주파수 다중 이용화 및 목적 방향으로의 유효 등방성 복사 전력(EIRP)의 증가를 실현할 수 있기 때문에 위성 탑재용 안테나로 유용하다.

분해능(resolution) : 화상에서 구별해 볼 수 있는 최소 각 크기.

비행 모델(flight model ; FM) : 실제로 발사에 제공될 위성 또는 로켓. 시제품 모형의 성과를 평가하여 시제품과 동일한 특성, 기능, 이력을 갖고 있는 부품으로 동일한 순서로 제작한다. 제작 완료 후에는 실제 예상되는 수준의 환경시험을 실시한 다음 발사용으로 제공된다. 개발 기간의 단축이나 개발 비용의 절감을 꾀하기 위해, 시제품 모형의 인정 시험(검수 시험) 과정에서 피로해지거나 약화, 열화(劣化), 오염된 부품과 재료를 일부 갈아 끼워서 비행 모델로 만드는 경우도 있다. 이런 경우에는 시제품 비행 모델(PFM : proto flight model)이라고 한다.

빔 식별(beam discrimination) : 위성 통신에서 주파수 대역을 효율적으로 활용하기 위한 주파수 재이용 기술의 하나. 위성에서 동일 주파수대의 복수 개 집중 빔을 발생시켜 이것을 따로따로 이용한다. 인텔샛 4A 신호에서는 동 · 서 2개의 반구형 빔 상호 간에 동일 주파수대를 사용했으며, 인텔샛 5호에서는 지역 빔 상호 간, 집중 빔 상호 간에도 각각 동일 주파수대를 이용하고 있다.

빔 주사 안테나(beam scanning antenna) : 안테나의 전파 빔으로 공간을 주사하도록 한 레이더용의 안테나. 안테나를 기계적으로 회전시키는 방식과 안테나는 고정시키고 전기적으로 주사시키는 방식이 있다.

빛의 속도(Speed of Light) : 진공 속에서의 빛의 속도는 광운이나 관측자의 운동에 관계없이 항상 일정한 값으로 관측된다. 진공 속에서의 빛의 속도는299.792.458/see이다.

ㅅ

상호 가시성(mutual visibility) : 통신용 인공위성에서, 2개의 지구국이 부여되었을 때 위성이 쌍방에서 동시에 보이는 것.

새턴로켓(Saturn Rocket) : 미국에서 인간을 달세계에 착륙시키려는 아폴로 계획을 위하여 개발된 로켓.

선박 탑재 지구국(earth station on board vessel : ESV) : 고정 위성 업무(FSS)에 사용되는 지구국과 유사한 지구국을 선박에 설치하여 멀티미디어 서비스를 제공하기 위한 선박의 지구국. 기존의 고정 업무 및 고정 위성 업무용 무선국 간의 간섭이 문제가 되나 고정 위성 업무에서 다른 1차 업무에 간섭을 주지 않고, 다른 1차 업무로부터의 간섭에 대해 보호 요청을 할 수 없는 조건으로 운용된다.

섭동(perturbation) : 인공위성이 단순한 케플러의 2체문제 궤도로부터 벗어나게 하는 현상. 지구 궤도상에서 인공위성의 운동은 지구가 완전 구형이 아니기 때문에 여기에 지구의 비대칭 중력장이 작용하고, 달과 태양의 인력 작용과 태양 복사압 등이 궤도 요소에 변화를 주기 때문에 섭동 현상이 일어난다.

수동 센서(passive sensor) : 지구 탐사 위성 업무 또는 우주 연구 업무의 측정 계기. 이것으로 자연 발생 전자파를 수신하여 정보를 얻을 수 있다.

수동 통신 위성(passive communication satellite) : 송신, 수신 양국 간의 통신 신호를 반사 중계할 뿐이며, 증폭 기능은 가지고 있지 않은 통신용 위성. 에코 통신 위성 등이 있다.

수직편파(vertical polarization) : 편파방식의 하나이다. 대지와 수직 장치인 안테나로부터 발사된 전파. 영어로 수직을 의미하는 VERTICAL을 써서 V편파라고도 한다.

수평편파(hoizontal polarization) : 편파방식의 하나이다. 대지와 수평장치인 안테나로부터 발사된 전파. 영어로 수직을 의미하는 Horizontal을 써서 H편파라고도 한다.

스페이드 방식(SPADE system) : 위성 통신에서 호가 발생할 때마다 1쌍의 주파수를 할당하고, 통화가 끝나면 할당을 해제하는 접속 요구 할당 방식. 회선의 할당 제어는 각 지구국이 행하는 분산 제어 방식을 쓰고 있다. 사용 대역폭은 36 MHz로 이 안에 약 800의 음성 회선과 하나의 공통 신호선 및 파일럿을 설정하고 있다. 인텔샛의 대서양 위성에서 사용된다.

실용 위성(application satellite) : 실용적인 용도를 주 임무로 하는 인공위성. 대표적인 것으로는 통신 위성, 기상 위성, 항공 위성, 해사 위성 등이 있다.

ㅇ

아리안(Ariane) : 실용위성(實用衛星)을 쏘아 올리기 위하여 유럽우주기구(ESA)가 개발한 로켓.

아마추어 위성(amateur satellite) : 아마추어 무선 업무용으로 사용되는 통신 위성. 아마추어 무선국 상호 간에 위성을 경유하여 원거리 통신이 가능하게 하는 위성을 말한다. 아마추어 위성은 정지 궤도 위성이 아니고 저궤도 선회 위성이다. 현재 운용 중인 것으로는 미국 아마추어 위성 협회(AMSAT)의 오스카(OSCAR) AO-7, AO-10, AO-40과 일본 아마추어 무선 연맹 (JARL)의

JAS-1b, JAS-2, 러시아의 RS-15 등이 있고, 기타 일부 대학교나 연구 기관에서 쏘아 올린 아마추어 위성이 운영되고 있다.

안테나 격납(antenna stow) : 지구국의 안테나를 사용하지 않을 때 풍압 하중이 최소가 되는 위치에 고정하는 것. 파라볼라 안테나의 경우는 주 방사 방향이 천정(天頂)을 향하는 위치에 격납한다.

안테나 이득(Gain of an Antenna) : 주어진 방향의 동일한 거리에서 전계강도 또는 전력속밀도를 생기게 하기 위하여 무손실 기준안테나의 입력부에 필요로 하는 전력과 주어진 안테나의 입력부에 공급되는 전력의 비(통상 데시벨로 표시). 안테나의 이득은 별도의 규정이 있는 경우를 제외하고 최대 복사방향에서의 이득을 말하며 특정편파에 대하여 고려되어질 수 있다. 또한 이득은 선택한 기준안테나에 따라 다음과 같이 구별한다. ① 절대이득 또는 등방이득(G_i) : 기준안테나가 공간에 격리된 등방성 안테나일 때 ② 반파장다이폴에 대한 이득(G_d) : 기준 안테나가 공간에 격리된 반파장 다이폴로서 그공간의 수평 2등분 면이 주어진 방향을 포함하는 것일 때 ③ 단소 수직 안테나에 대한 이득(G_v) : 기준 안테나가 파장의 4분의 1보다 아주 짧은 직선 도체로서 주어진 방향을 포함하는 완전도체 평면에 수직인 것일 때.

안테나 포인팅(antenna pointing) : 일반적으로 위성에 탑재된 안테나의 빔이 지향하는 방향.

역추진로켓(retro-rocket) : 진행방향의 반대방향을 향해 분사하는 형의 로켓.

열 제어(thermal control) : 위성 및 위성을 구성하는 장치, 부품 등을 알맞은 온도 조건에서 작동시키기 위한 수단.

열대 강우 관측 임무(tropical rainfall measuring mission : TRMM) : 지구 환경 문제의 일환으로 지구 규모의 기후 변동에 결정적인 영향을 끼치는 열대 강우를 관측하기 위해 미국과 일본이 공동으로 수행하는 위성 관측 임무.

우주발전소(space power satellite, 宇宙發電所) : 우주에서 태양광으로 발전하여 그 전력을 지구로 보내는 인공위성.

우주선폭풍(cosmic ray storm, 宇宙線暴風) : 태양면의 폭발과 함께 우주선의 세기에 심한 변화가 일어나는 현상.

원자시계 : 세슘이나 루비듐등과 같은 원자의 고유 진동 주파수를 기준으로 한 시계. 블록 II의 GPS 위성에서는 세슘과 루비듐 원자시계를 2개씩 탑재하고 있다.

위성 묘지(grave of artificial satellite) : 우주 공간을 지구 자전과 같은 방향으로 일정 속도로 회전하고 있는 정지 위성은 궤도에서 벗어나게 되면 궤도를 수정해야 하는데, 수정할 수 없을 때 위성이 향하는, 지구의 중력이 가장 작은 부분. 인도 남단인 코모린 곶 남쪽 상공과 남미의 갈라파고스 제도 서쪽 상공 2군데가 있으나, 그곳에 모이는지는 정확하지 않고 그곳을 기점으로 하여 진자와 같이 동서로 움직이는 것으로 알려져 있다.

위성 중계기(transponder) : 통신 위성 또는 방송 위성 등에 탑재되는 중계기(repeater)로, 수신된 지구국의 신호를 증폭하여 지상으로 재송신하는 기기. 수신부와 송신부로 구성되며 높은 신뢰성이 요구되어 중복 구성 방식을 채택하고 있다.

위성의 수명(satellite lifetime) : 위성이 소정의 기능을 수행할 수 있는 기간. 위성의 수명을 결정하는 주요 요소로는 ① 위성의 궤도 수정이나 자세 제어 등을 행하는 데 필요한 추진제의 탑재량, ② 주 전원인 태양 전지의 발전 전력, ③ 위성식(衛星蝕) 기간에 사용하기 위한 축전지의 용량, ④ 탑재 기기의 신뢰성과 특성 등이 있다. 인텔샛 통신 위성의 수명은 1960년대에 발사된 I, II, III호는 각각 1.5년, 3년, 5년이었으나 1980년대에 발사된 V호는 7년이고 1989년 발사된 Ⅵ호는 설계 수명이 14년이다. 국내 위성인 무궁화 I, II호의 설계 수명은 10년이며 III호는 12년이다.

위성의 우주 환경(space environment) : 인공위성이 부딪히게 될 여러 가지 환경. 발사나 상승 시의 환경과 우주 공간의 환경으로 크게 분류된다. 전자는 공기층을 통과하여 최종 단계의 로켓 엔진이 작동되어 분리할 때까지의 기간에 경험하는 과도적인 환경으로 추진력, 급격한 온도 상승, 가속도, 감속도, 충격, 진동, 급격한 기압의 저하 등이 있다. 후자는 최종 단계의 로켓 엔진에서 분리되어 궤도에 진입할 때까지와 궤도에 진입한 후 비행하는 기간에 부딪히는 환경으로 태양열, 극저온, 초 진공, 우주선, 방사선, 무중력, 태양풍 등이 있다.

위성의 환경시험(environmental test of satellites) : 인공위성의 발사 시와 비행 중에 마주치는 음향, 열, 진동, 가속도, 기압, 방사선, 진공, 태양 광선 등 혹독한 환경에 대비하기 위해 하는 실험. 주요 환경 시험 장치로는 환경 시험실(ETC), 진동 시험 장치, 충격 시험 장치, 질량 특성 시험 장치, 전파 시험 장치, 자기 시험 장치 등이 있다.

위성통신용 주파수 : 위성에 탑재된 송신기의 출력은 작기 때문에 위성에서 발사되어 지구국에 도래되는 전파의 전계강도는 대단히 미약하여 수신신호의 세력은 대단히 약하게 되고 각종 잡음의 영향을 받게 된다. 따라서 잡음의 영향을 적게 받는 주파수 대역을 이용하기 위한 연구가 진행되었으며, 그 결과 우주잡음(sky–noise)이 감소하는 주파수대역은 2~10 GHz임이 밝혀져, 이 주파수 대역을 위성통신에 사용하기 시작하였으며 현재의 위성통신에도 가장 많이 사용되고 있다. 우주 잡음의 영

향을 가장 적게 받는 2~10 GHz의 주파수 대역을 마이크로파 창(microwave window)이라고도 한다. 마이크로파 창 내에 해당하는 6/4 GHz(C밴드)를 위성통신에 사용하여 왔으나 위성통신기술의 진보에 따라 세계 각국에서 자국의 위성을 보유하게 되어 6/4 GHz의 주파수대역이 포화상태에 이르게 되고, 지상M/W 주파수와 간섭을 일으키는 등의 문제가 발생되어 새로운 주파수대의 개발이 필요하게 되었다. 이러한 요구에 부응하여 개발된 것이 14/12 GHz의 Ku 밴드와 30/20 GHz의 Ka 밴드이며 50/40 GHz의 주파수대역도 연구개발 단계에 있다. 위성통신에는 주로 준밀리파인 SHF 대역을 이용하고 있다.

이득 대 잡음 온도비(gain to noise temperature ratio ; G/T ratio) : 위성 통신 지구국 수신계의 성능을 나타내는 지수. 안테나 이득 G를 수신기의 등가 잡음 온도 T로 나눈 것인데 dB/K(dB:데시벨, K:켈빈)로 표시한다. G/T의 값이 클수록 성능이 양호한 지구국이다. 인텔샛에서는 위성의 효율적인 이용을 위한 지구국의 표준적 특성을 규정하고 있는데, 이에 따르면 표준 A 지구국의 G/T는 4 GHz에서 40.7 dB/K 이상, 표준 B 지구국의 G/T는 4 GHz에서 31.7 dB/K 이상을 충족시켜야 한다.

임계주파수(cirtical frequency): 지상에서 상공을 향하여 수직으로 전파를 발사하면 발사주파수가 낮을 때에는 전리층에서 반사되어 지상으로 되돌아온다. 그러나 발사주파수를 점차 높혀 가면 어떤 주파수 이상에서는 보통 반사되던 전파도 지상으로 돌아오지 않고 전리층을 투과해버린다. 이와 같이 수직으로 입사한 전파가 반사되지 않는 한계의 주파수를 임계주파수라 한다.

ㅈ

자원 탐사 위성(Earth Exploration Satellite) : 지구상의 자원을 탐사, 개발, 이용, 보존하기 위해 각종 센서를 탑재하여 데이터를 수집하는 위성. 1972년 미국이 발사한 어츠(ERTS)가 역사상 최초의 자원 탐사 위성이다.

저궤도 위성(low earth orbit–satellite, LEO–satellite) : 지구 궤도상 200~6,000 km 상공에 떠 있는 위성 궤도로 지구 주위를 선회하는 위성. 지구를 일주하는 시간은 1시간에서 수 시간이다. 지구 탐사 위성, 기상 위성 등의 관측 위성과 이동 통신 위성 등이 이 위성에 속한다.

저잡음 증폭기(low noise amplifier) : ① 수신기 전체의 잡음 지수를 낮출 목적으로 만들어진 고주파 증폭기. 전파 손실이 큰 가시거리의 통신 회선 등, 미소한 입력 전압의 수신 전파에 사용된다. 피라미터 증폭기, 저잡음 트랜지스터 증폭기, 메이저 증폭기 등이 있고, 최근 반도체 기술의 발달에 따라 상온 파라메트릭 증폭기, 갈륨비소(GaAs), 전계 효과 트랜지스터(FET) 등이 사용되고 있다. ② 메이저 증폭기, 파라메트릭 증폭기, FET 증폭기 등을 초단(初段)에 넣은 잡음이 적은 고주파 증폭기. 지구국의 수신부 등에 사용된다.

전리층 산란(Ionospheric Scatter) : 전리층의 이온화의 불규칙성 또는 불연속성에 기인하는 산란에 의한 전파의 전파.

전파(電波) : 전자파(electromagnetic wave) 중에서도 통신에 이용되는 파를 말하며 전파법에 의하면 10 kHz에서 3000 GHz까지의 전파로 정하고 있다. 음파가 공기 속을 진행하는 것처럼 전파가 공간을 퍼져나가는 것을 전파(propagation)라 한다.

정밀 자동 추적 장치(vernier autotracker ; VAT) : 위성 통신용 지구국의 안테나에 부착되는 위성 자동 추적 장치. 위성이 지구국 안테나의 주 빔 방향에서 5° 이내에 들어올 때 안테나를 자동적으로 위성 방향으로 지향 시킨다.

정지위성궤도(Geostationary-Satellite Orbit) : 지구의 적도 위쪽 고도 약 3만 6000 km의 상공을 동쪽을 향하여 회전하고 인공위성의 궤도. 정지위성궤도는 지구 자전주기 24시간(정확히는 1항성일 =23시간 56분 4초)과 똑같은 주기로 회전하므로 지구에서는 정지해 있는 것처럼 보인다.

주파수 재사용 위성 통신망(frequency reuse satellite network) : 위성이 안테나 편파 판별 또는 다중 안테나 빔에 의해서나 그 둘 다에 의해서 두 번 이상 동일 주파수 대역을 이용하는 위성 통신망.

중궤도 위성(middle earth orbit satellite, MEO-satellite) : 지상 1만 km 정도의 지구 궤도를 이용하는 통신 위성. 정지 위성 궤도(GEO)는 적도 상공 약 3만 6000 km 고도를 이용하며 저궤도(LEO)는 지상 약 1,000 km 고도를 이용한다. 중궤도는 저궤도와 정지 위성 궤도의 중간 궤도로서 프로젝트-21(ICO:Intermediate Circular Orbit) 서비스와 오디세이 서비스가 이 궤도 위성을 이용하고 있는데, ICO는 고도 1만 355 km에서 2개의 원궤도에 5기씩 10개의 위성을 운용하고 오디세이는 고도 1만 354 km에서 3개의 궤도에 12개의 위성을 운용한다. 중궤도 위성 방식은 저궤도 위성 방식에 비해 단말기의 소형화는 어렵지만 위성의 수가 적기 때문에 이동 통신에서 시스템 비용을 낮출 수 있다.

지구 자원 탐사 위성(earth resources observation satellite ; EROS) : 기상 위성에 이어 나온 실용 위성. 미국국립항공우주국(NASA)과 내무부가 계획하여 1980년에 제1호를 발사했으며 광학 카메라, 분광계, 레이더, 레이저, 텔레비전 카메라 등을 적재하여 우주 공간에서 밤낮으로 적외선 사진을 촬영하고 레이더 전파 방사선으로 측정을 한다. 또한 일본에서도 1992년 JERS-1이란 자원 탐사

위성을 발사했다. 고도 약 570 km, 궤도 경사각 98°의 태양 동기 준회귀 궤도를 선회하면서 남극을 포함한 지구 자원 상황 등을 촬영한다.

ㅊ

천이 궤도(transfer orbit) : 고도가 다른 제1궤도로부터 제2궤도로 올려놓기 위한 중간의 궤도. 정지 궤도와 같이 궤도 고도가 높은 곳에 위성을 발사할 때에는 일단 저고도의 원 궤도에 올려놓은 다음, 정지 궤도로 유도하기 위한 중간 위치의 타원 궤도에 올려서 거기서부터 정지 궤도로 투입하는 방법이 일반적이다.

추적(tracking) : 지구국의 안테나를 위성 방향으로 지향시키는 것. 추적 방법에는 자동 추적, 프로그램 추적, 수동 추적이 있다. ① 자동 추적은 위성에서 발사되는 비콘파 또는 신호파를 수신하여 그 수신 상태로부터 안테나의 지향 방향과 위성 방향과의 오차를 검출, 안테나가 자동적으로 위성 방향을 지향하도록 하는 방법이다. ② 프로그램 추적은 미리 어떤 위성 궤도의 예측 데이터와 실제로 안테나가 향하고 있는 방향을 컴퓨터 등으로 비교 계산하여 안테나를 위성 방향으로 지향시키는 방법이다. ③ 수동 추적은 자동 추적 또는 프로그램 추적에 따르지 않고, 운용자가 안테나를 직접 조작하여 궤도 예측 데이터 등을 사용하여 안테나가 위성 방향을 향하도록 하는 방법이다. 이 방법은 자동 추적 및 프로그램 추적이 고장으로 동작하지 않을 경우, 또는 안테나 측성의 특정 · 보전 등을 할 경우에 사용한다.

추적, 원격 측정 및 지령(tracking, telemetry and command ; TT&C) : 위성 통신에서 위성의 추적(궤도 위치 정보의 파악), 원격 측정(위성의 감시) 및 위성에 대한 지령(위성 상태의 변경 제어)을 실행하는 것, 또는 그것들을 실행하는 지상의 국.

측지 위성(geodetic satellite) : 측지학적인 관측을 위해 쏘아 올린 인공위성. 지구상의 지점이나 어느 부분의 위치, 지구의 모양이나 크기, 대륙 간 거리 등을 정밀하게 측정하는 일을 한다. 측정에는 위성으로부터 발사되는 전파, 섬광 또는 위성 표면으로부터의 반사광이 사용된다.

ㅋ

컨버터(Convertor) : 흔히 LNB라고도 한다. 이는 위성으로부터의 신호를 변경하는 신호변경 장치로서 위성에서부터 송출하는 4~12 GHZ대의 주파수를 1 GHz대의 주파수로 변경하는 장치이다.

이는 안테나의 중앙에 위치하고 있다.

콤샛(COMSAT ; Communication Satel-lite Corporation) : 미국 연방 정부에서 1962년에 제정한 통신 위성법에 따라 1963년에 설립된 국책 회사. 인텔샛(INTELSAT)의 창설과 위성을 이용한 대륙 간 국제 통신의 발전에 주도적 역할을 담당하고 있다. INTELSAT 회원국으로서의 미국 정부의 창구 역할을 수행하는 외에 INTELSAT의 운용과 발전을 위한 기술 업무의 상당한 부분을 담당하고 있다. 한편, 자체 통신 위성을 운영하여 국내에서 위성 방송과 위성 통신 서비스를 제공하고, 미국과 영국 간의 국제 원격 회의 서비스 등도 제공하고 있다.

ㅌ

타원 궤도(elliptical orbit) : 위성이 비행하는 궤도 가운데 긴반지름과 짧은반지름의 비가 큰 것. 일반적으로 짧은반지름 부근의 위성 고도는 180~200 km이며, 긴반지름은 위성의 목적에 따라 선택된다. 정지 궤도와 같이 고도가 높은 위성을 발사할 때 제1단계의 원궤도에서 제2단계의 원궤도로 올려놓기 위한 중간 궤도인 천이 궤도는 타원 궤도이다. 타원의 이심률(離心率)이 0이 되면 원궤도가 된다.

탈출 속도(escape velocity) : 비상체가 지구의 인력권을 탈출하는 데 필요한 속도. 대기의 존재를 무시하고, 지구의 자전이나 다른 천체의 영향을 고려하지 않고 이 속도를 지구 표면에 대하여 계산하면 11.2 km/sec가 된다.

태양 동기 궤도(sun synchronous orbit) : 궤도면과 지구의 공전면이 이루는 각이 일정하고, 궤도면의 회전 방향과 주기가 지구의 공전 방향 및 주기와 같은 궤도. 이 궤도면은 태양에 대하여 항상 일정한 각도이고 위성 내의 온도 조절이 간단하며, 태양 에너지가 유효하게 사용된다.

태양풍(solar wind): 태양으로부터 나오는 고온의 전하 입자들.

튜너(TUNER) : 위성방송 및 통신위성용 튜너를 말하며, 컨버터부에서 낮은 주파수로 변환한 신호를 받아 TV로 송출하기위해 영상신호와 음성신호로 고치는 일을 한다.

특성주파수 (Characteristic Frequency) : 주어진 발사에서 용이하게 식별되고 측정할 수 있는 주파수. 예를 들면 반송주파수는 특성주파수로서 표시될 수 있다.

ㅍ

편차 식별(polarization discrimination) : 전파의 직교 편파를 식별함으로써 동일 주파수를 이중으로 이용할 수 있는 기술. 지금까지 육상에서의 마이크로파 통신에서도 연구되었으나 위성 통신에서의 주파수 재이용 기술의 하나로 인텔샛 5호계 위성에서 본격적으로 채용되었다.

표류 궤도(drift orbit): 지상에서 발사된 정지 위성이 정지 궤도에 진입하기 직전의 원에 가까운 준정지 궤도. 즉, 정지 위성을 정지 궤도에 올릴 때 원지점 모터의 점화에 의해서 천이 궤도로부터 궤도면이 변환되어 도달하는 궤도이다. 이 궤도는 궤도 경사각이 0°인 동기 궤도와 대략 같고, 궤도의 미세 제어를 받는 위성은 최종적으로 정지 궤도에 옮겨진다. 위성의 정지 위치 수정 시에 사용된다.

표준 지구국(standard earth station): 인텔샛이 위성을 최대한 유효하게 이용하기 위해 정해 놓은 표준적 특성을 만족시키는 지구국. 특성이 불량한 지구국은 위성의 통신 용량을 저하시키고 같은 위성에 접속하는 다른 지구국에도 나쁜 영향을 미칠 가능성이 있다. 이러한 이유로 표준 특성을 충족시키지 못하는 지구국이 인텔샛 위성에 접속하는 경우 인텔샛의 승인을 받을 것을 의무화하고 있다.

ㅎ

하이브리드위성(hybrid satellite) : 방송위성 · 통신위성과 같이 특정한 업무를 전문으로 하는 위성이 아니라, 복수의 다른 업무를 동시에 할 수 있는 다목적 위성.

할당주파수(Assigned Frequency) : 한 무선국에 할당된 주파수 대역의 중앙주파수.

할당주파수대역(Assigned Frequency Band) : 무선국의 발사가 인정되는 주파수 대역. 이 주파수대의 폭은 필요주파수대역폭과 주파수 허용편차의 절대치 2배의 값을 더한 것과 같다. 우주국의 경우 할당주파수대는 지구표면의 어느 한 지점과의 관계에 있어서 생길 수 있는 도플러효과에 의한 최대편이의 2배의 값을 포함한다.

항행 위성(navigation satellite) : 무선 항행 위성 업무에 이용되는 인공위성. 항행 중인 선박이나 항공기에 위치 정보를 제공하고 선박이나 항공기상의 이동국(지구국)에서 그 정보를 수신하여 지구에 대한 인공위성의 위치를 알고 이동국 자신의 위치를 측정하게 된다. 미국 해군 항행 위성 시스템(NNSS)에 사용되는 트랜싯 위성이나 미국 국방부의 위성 위치 확인 시스템(GPS)에 사용되는 NAVSTAR 등이 대표적인 예이다.

해사 통신 위성(maritime satellite ; MARISAT): 미국이 해군 함정, 민간 상선, 해양 개발 기지 등의 통신 중계에 사용하기 위해 1976년 2월 19일 발사한 정지 위성. 1982년 1월까지 운용되다가 이후 인마샛(INMARSAT)에 이관되었다.

해양 관측 위성(Marine Observation Satellite ; MOS): 각종 원격 감지용 기기나 데이터 수집용 트랜스폰더를 탑재하여 해양의 각종 데이터를 관측하는 데 사용되는 위성.

혼신(Interference) :전파통신 시스템에서 수신되는 경우, 하나 또는 그 이상의 발사, 복사 및 유도의 조합에의거 불필요한 에너지의 효과가 성능 저하, 오역 또는 이런 한 불요에너지가 없을 때의 입수할 수 있는 정상적 정보의 손실이 명백한 상태.

참고문헌

1. Zhou, D.K. Larar, A.M. Xu Liu Reisse, et al., "Geosynchronous Imaging Fourier Transform Spectrometer(GIFTS): Imaging and Tracking Capability", 2007 IEEE International Geoscience and Remote Sensing Symposium, pp3855-3857, July 2007, Barcelona.
2. Pieternel F. Levelt, Gijsbertus H. J. van den Oord, et al., "The Ozone Monitoring Instrument", IEEE Transactions on Geoscience and Remote Sensing, Vol. 44, No 5, May 2006.
3. 국립환경과학원, "환경탑재체 기본설계", 2012.
4. 은종원, "우리나라 위성 산업 경쟁력 제고 방안에 관한 연구", 통신위성우주산업연구회논문지, 제8권 제1호, 2013.3.
5. 은종원 외, "환경위성 지상국 상세기술 분석연구-시스템 및 인터페이스 중심으로, 국립환경과학원, 2013. 11.
6. 은종원, 조황희, "ST-IT 컨버전스 위성 • 통신융합기술", 도서출판 영, 2014.
7. 은종원 외, "환경위성 지상국 상세기술 분석연구-시스템 및 인터페이스 중심으로",국립환경과학원, 2013. 11.
8. Mean time between failures, http://en.wikipedia. org/wiki/Mean_time_between_failures
9. Failure rate, http://en.wikipedia.org/wiki/ Failure_rate
10. Pratt, Timothy & Boston, Charles W., Satellite Communications (John Wiley & Sons), 1986.

11. She, Jieyu & Pecht, Michael G., IEEE Trans. on Reliability, 41, 72, 1992.
12. Maral, G. & Bousquet, M., Satellite Communications Systems (John Wiley & Sons), 1993.
13. Hughes, Availability Models/Predictions for ECS Project (Hughes Information Technology System: Maryland), 1996.
14. AIRBUS Defence & Space(http://airvusdefenceandspace.com)
15. DigitalGlobe(http://www.digitalglobe.com)
16. DLR(http://www.dlr.de)
17. ESA(http://www.esa.int)
18. Eurospace(http://www.eurospace.org)
19. Go-Globe(http://www.go-globe.com)
20. JAXA(http://www.global.jaxa.jp)
21. NASA(http://www.nasa.gov)
22. NOAA(http://www.noaa.gov)
23. SIA(http://www.sia.org)
24. Space Imang Middle East(http://www.spaceimagingme.com)
25. USGS(http://www.usgs.gov)
26. 국가수자원관리시스템(http://www.wamis.go.kr)
27. 기상청(http://www.kma.go.kr)
28. 미래창조과학부(http://www.msip.go.kr)
29. 한국항공우주연구원(http://www.kari.re.kr)
30. 해양과학기술원(http://www.kadowa.com)
31. 분석: 빅데이터의 현실적인 활용, 2012, IBM 비즈니스 가치 연구소.
32. 빅데이터 산업의 현황과 전망, 한국과학기술정보연구원, 2013.
33. 빅데이터 활용현황 및 정책과제 연구, 대한상공회의소, 2014.
34. 새로운 미래를 여는 빅데이터 시대, 김성태, 2013.
35. 우주개발 비전과 우주산업 활성화 방안, 이창진, 2012, 과학기술정책연구원.
36. 원격탐사 입문, 김응남, 2012, 에듀컨텐츠 휴피아.
37. 원격탐사와 디지털 영상처리, John. R. J., 2004, 시그마프레스.
38. 위성분야 연구개발 동향, 한국기상산업진흥원, 2013, 한국기상산업진흥원.

39. 자연환경부문의 원격탐사기법 도입방안에 관한 연구, 정성우, 박종화, 1997, 한국환경정책·형가연구원.
40. CAGEX 관측자료를 이용한 LOWTRAN7의 대기 복사전달 모의에 대한 조사, 장광미 외., 1997, 대한원격탐사학회지 제13권 2호, 대한원격탐사학회.
41. CVA 변화탐지 기법을 이용한 식생 변화 탐지, 김혜진 외., 2004, 2004 GIS/RS 공동 춘계 학술대회 논문집, 한국지형공간정보학회.
42. DEM을 이용한 고해상 위성영상의 정사보정 소프트웨어 개발, 허재위 외., 2009, 대한원격탐사학회 춘계학술대회 논문집, 대한원격탐사학회.
43. LANDSAT TM을 이용한 홍수지역의 변화탐지: Cange Vector Analysis 방법을 중심으로, 윤근원 외., 2003, 지형공간정보 제11권 2호, 한국지형공간정보학회.
44. Landsat 영상을 이용한 변화탐지 분석 기법 연구, 최철웅 외., 2009, 한국지리정보학회지 제12권 3호, 한국지리정보학회.
45. LANDSAT 영상자료를 이용한 사막지역의 토지피복 변화 분석, 에르덴치멕 외., 2010, 한국측량학회지 제28권 4호, 한국측량학회.
46. LANDSAT 위성영상을 이용한 부산지역 해안환경변화 분석, 손정우, 최철웅, 2010, 2010한국지형공간정보학회 추계학술대회, 한국지형공간정보학회.
47. LandsatTM을 이용한 도시온도와 도시NDVI의 상관계수 추출을 위한 래스터GIS기반 중력모델에 관한 연구, 신언석 외., 한국톤덴츠학회 종합학술대회 논문집 제2권 2호, 한국콘텐츠학회.
48. Utilizing UPCA and SPCA in Unsupervised Classification Using LANDSAT TM data, Lee B. G., Kang I. J., 2003, 한국측량학회 학술대회논문집, 한국측량학회.
49. WorldView-2 위성영상의 방사 해상도와 영상분할에 관한 연구, 김민호, 2013, 국토지리학회지 제47권 1호, 국토지리학회.
50. 고해상도 위성영상을 위한 감독분류 시스템, 전영준, 김진일, 2003, 정보과학회논문지, 제3권 3호, 정보과학회.
51. 광학 위성영상과 SAR 위성영상의 DEM 융합에 관한 연구, 유복모 외., 2002, 한국지형공간정보학회 2002년도 추계학술대회, 한국지형공간정보학회.
52. 국내 위성산업의 경제적 파급효과, 김수현, 여재현, 2006, 한국데이타베이스학회지 제13권 1호, 한국데이타베이스학회.
53. 다목적 실용위성 2호 고해상도 영상을 이용한 지리 정보 추출 기법, 양병윤, 황철수, 2012, 대

한지리학회지 제47권 2호, 대한지리학회.

54. 다시기 원격탐사 영상을 이용한 서해안 간척지의 변화 추적 기법, 양인태 외., 1999, 1999년도 학술발표회 논문집 제4권, 대한토목학회.

55. 다중시기 원격탐사 화상의 변화탐지를 위한 임계치 자동 추정, 박노욱 외., 2003, 대한원격탐사학회지 제19권 6호, 대한원격탐사 학회.

56. 다중시기 위성영상을 이용한 새만금 방조제 내측 해수면에 의한 심포항 연안의 간석지 지형 변화 탐지, 이홍로, 이재봉, 2005, 한국지리정보학회지 제8권 1호, 한국지리정보학회.

57. 독립 요소 분석 기반의 KOMPSAT EOC영상 무감독 분류, 변승건 외., 한국GIS학회 2003년도 춘계학술대회 논문집, 한국GIS학회.

58. 무감독분류 기법을 이용한 동아시아지역의 식생변화 경향 분석, 김상일 외., 2011, 한국지형공간정보학회지 제19권 4호, 한국지형공간정보학회.

59. 빅데이터 동향 및 정책 시사점, 배동민 외., 2013, 방송통신정책 제25권 10호, 방송통신정책연구원.

60. 빅데이터관점에서의 기상정보와 타산업간의 융합방안, 한국기상산업진흥원, 2013, 한국기상산업진흥원.

61. 소형위성 SAR 설계 기술, 안진홍 외., 2015, 전자공학회지 제42권 4호, 대한전자공학회.

62. 아리랑 2호/3호 영상을 이용한 영상융합 비교 분석, 오관영 외., 2014, 한국측량학회지 제32권 2호, 한국측량학회.

63. 영상 빅데이터 분석기술 동향, 고종국 외., 2014, 전자통신동향분석 제29권 4호, 한국전자통신연구원.

64. 영상의 차연산과 비연산 기법에 의한 도시지역의 토지피복 변화 탐지, 이진덕, 조창환, 2004, 지형공간정보 제12권 2호, 한국지형공간정보학회.

65. 원격탐사를 이용한 남해안의 적조영역 검출과 통계적 특징 분석에 관한 연구, 서형수, 이칠우, 2007, 정보처리학회논문지B 제14권 2호, 한국정보처리학회.

66. 인공위성 영상을 이용한 토지피복의 감독 분류 및 무감독 분류 비교, 한승재, 최민하, 2011, 한국수자원학회 2011년도 학술발표회, 한국수자원학회.

67. 주성분분석을 이용한 다중시기 원격탐사 자료분석, 정종철, 1999, 한국지리정보학회지 제2권 3호, 한국지리정보학회.

68. 지표변화와 지리공간정보의 연관성 분석을 통한 공주지역 지표환경 변화 분석, 장동호, 2005, 대한지리학회지 제40권 3호, 대한지리학회.

69. 초분광 원격탐사의 특성, 처리기법 및 활용 현황, 김선화 외., 2005, 대한원격탐사학회지 제21권 4호, 대한원격탐사학회.
70. 토지피복 변화에 따른 식생지수(NDVI)분포 및 변화에 관한 연구, 성효현, 박옥준, 2000, 한국GIS학회지 제8권 2호, 한국GIS학회.
71. 특허분석을 통한 빅데이터 기술개발 동향, 김빙룡, 외., 2014, 전자통신동향분석 제 29권 제2호, 한국전자통신연구원
72. 퍼지 클래스 벡터를 이용하는 다중센서 융합에 의한 무감독 영상분류, 이상훈, 2003, 대한원격탐사학회지 제19권 4호, 대한원격탐사학회.
73. 국가환경위성센터 지상국 개발을 위한 기술기준에 관한 연구, 최원준, 은종원, 2015, 한국위성정보통신학회논문지 제10권 제4호, 한국위성정보통신학회.
74. 환경위성지상국 시스템 가용도 예측분석 연구, 은종원, 최원준, 이은규, 2015, 한국위성정보통신학회논문지 제10권 제4호, 한국위성정보통신학회.
75. Joseph M. Usoff, Michael T. Clarke, Chao Liu, and Mark J. Silver, Optimizing the HUSIR Antenna Surface.
76. General Dynamics SATCOM Technologies Business Overview
77. www.highgai.co.kr, ㈜하이게인 안테나 홈페이지
78. Henning Vangli, Satellite communication, Construction of a remotely operated satellite ground station for low earth orbit communication.
79. Earth Station Handbook, Intelsat
80. Scientific-Atlanta Application Note
81. Jacob Baars, MPI for Radio Astronomy, Bonn Radio Net Workshop ERATec Goeborg, 1-2 September 2014.
82. 중앙전파 관리소 홈페이지
83. SES, Earth Station Performance Requirements.
84. Wireless Technologies Review: Satellite RF Fundamentals, GMU
85. Site Survey Report Operator.s Guide, MIDAS
86. Carlos Jorge Rodrigues Capela,PROTOCOL OF COMMUNICATIONS FOR VORSAT SATELLITE- Link Budget-,FEUP
87. ITU Handbook on Spectrum Monitoring, ITU

[저자 소개]

은종원 남서울대학교 정보통신공학과 교수

은종원 교수(jweun@nsu.ac.kr)는 유타주립대학교에서 물리학 박사 학위 취득 후 미항공우주국(NASA) 마샬 스페이스 플라이트 센터에서 선임연구원으로 근무했습니다. 이후 한국에서는 한국전자통신연구원(ETRI)에서 20여 년간 책임연구원으로, 한국과학재단에서는 우주전문위원으로 재직했습니다.

은종원 교수는 우리나라 최초로 위성지상국 관제시스템을 국산화 개발 공로 등으로 대통령, 정보통신부장관, ETRI원장 상을 수상하였습니다.

은종원 교수는 2009년 9월부터 남서울대학교 정보통신공학과에서 후학을 지도하며, 위성정보융합연구센터장으로 2019년 발사 예정인 환경위성지상국 상위 설계를 수행하였습니다.

또한 은종원 교수는 2007년부터 2010년까지 영국 런던에 본부를 둔 '월드 DMB포럼' 부회장으로 지상파 DMB 글로벌 확산에 크게 기여했으며, DMB 베트남 확산 및 기술이전으로 베트남 TV 사장 상을 수여받았습니다. 2012년부터 2014년까지 은 교수는 사단법인 통신위성우주산업연구회 회장으로 우주과학문화 대중화를 위해, 2013년 1월 30일 나로호 발사 시 KTV (한국정책방송), KBS 라디오, MBN TV에서 해설위원으로 활약하였습니다.

은종원 교수는 2011년부터 2013년까지 대덕 넷 컬럼리스트로 '은종원의 IT 컨버전스'를 통해 IT에 기반한 다양한 융합기술을 소개하였습니다. 은종원 교수는 2014년부터 현재까지 국회뉴스 논설위원으로 제2의 새마을 운동이라 칭하는 'IT를 활용한 재난방재 운동'에 참여하고 있습니다.

최명진 (주)인스페이스 대표이사

(주)인스페이스의 최명진 대표(prime@inspace.re.kr)는 KAIST에서 응용수학을 전공하였으며, KAIST 인공위성연구센터에서 근무하였고, 이후 한국항공우주연구원 위성정보처리팀에서 선임연구원으로 근무하였습니다. 이후 2012년 2월 한국항공우주연구원에서 (주)인스페이스를 창업하였고 4명으로 시작해 지금은 36명의 직원들과 함께하며, 현재 항공우주, 환경기상 및 수문방재 분야를 중심으로 정부시범사업 및 연구개발사업, 민간 솔루션 공급 및 구축을 주축으로 활동하고 있습니다.

최명진 대표는 '웨이블릿 이론'을 일반화시켜 구성한 '프레임릿 이론'을 기반으로 새로운 위성영상 융합기술을 소개한 공로 등을 인정받아 2007년 33세의 나이로 세계 3대 인명사전 가운데 하나인 미국 '마르퀴즈 후즈 후(Marquis Who's Who)'의 'Science and Engineering'부문에서 10주년 기념 판에 등재되었습니다.

뿐만 아니라, 독보적 기술력으로 선진국 위주의 위성영상 활용 비즈니스 영역에 진출하여 국내 항공·우주산업 발전에 기여하고 있습니다.

최명진 대표는 재직 중 과학기술연합대학원대학교 위성시스템 및 활용 공학 겸인 조교수로 활동하였으며 이공계 학생들이 처한 상황에 대해 보다 현실적이고 구체적인 정보와 대안을 제시하며 과학 문화 교류에 힘쓰고 있습니다. 더불어 과학발전을 주제로 한 다양한 커뮤니티 활동 전개로 과학문화 확산을 선도하고 과학기술문화 토크콘서트 등의 참여를 통해 창업에 대한 대외적 이미지 제고 역할에 힘써왔습니다.

최명진 대표는 현재 한국위성정보통신학회에서 총무이사와 한국우주기술진흥협회 감사로 역임하고 있으며 항공우주 기술을 바탕으로 새로운 개념의 연구 개발 활동에 주력하고 새로운 기술 개발을 기반으로 글로벌 시장 진출 교두보 확보 및 가속화에 힘쓰고 있습니다.

이동진 ㈜하이게인 안테나 연구소장

이동진 박사(djlee00kr@yahoo.co.kr)는 한양대학교에서 기계공학 학 · 석사 학위 취득 후 단국대학교에서 전자공학 박사학위를 취득하였고, 현재 ㈜하이게인 안테나 연구소장으로 재직하고 있습니다.

이동진 박사는 한국전자통신연구원(ETRI)에서 2004년부터 5 년간 초빙연구원으로 위성통신 시스템을 연구하였고, 2007년부터 2009년도까지는 정보통신국가표준전문위원회 전파방송 전문위원으로 활동하였습니다.

이동진 박사는 인덕대학교 정보통신학과 겸임교수를 재직하였으며 2016년 현재 단국대학교 융합기술대학 겸임교수로 재직 중입니다.

또한 이동진 박사는 우리나라의 위성지구국 안테나 시스템 및 방위산업용 저고도 탐지레이더 안테나, 위상배열 안테나 설계 및 제작을 통해 국산화 하였습니다.

이동진 박사는 1990년부터 현재 까지 범 부처 국가 연구개발 사업관련 기획, 평가 위원으로 활동하고 있습니다.

이동진 박사는 2013년부터 현재까지 창조경제타운 멘토, 대한민국 기술 사업단 자문위원 과 미래 창조과학부가 추진하는 위성사업 전담 관리 평가위원으로 활동하고 있습니다.

위성 지상국 융합기술_지구관측위성을 중심으로

초판인쇄 | 2016년 3월 25일
초판발행 | 2016년 3월 30일

지 은 이 | 은종원 · 최명진 · 이동진
발 행 인 | 현영덕
발 행 처 | 도서출판 YOUNG
등록번호 | 105-90-67568

주　　소 | 경기도 고양시 일산동구 호수로 358-25 (동문굿모닝타워2차 1005호)
전　　화 | 031) 904-7905~6
팩　　스 | 031) 904-7907
E-mail | youngpub@naver.com

ISBN 978-89-92843-89-8 93560 [정가 26,000원]